“十四五”国家重点出版物出版规划项目

军事高科技知识丛书·黎　湘　傅爱国　主编

海洋环境保障与水下预警探测

孟　洲　张　韧　费建芳★编著

Marine Environment Support and Underwater Early Warning Detection

国防科技大学出版社

·长沙·

图书在版编目（CIP）数据

海洋环境保障与水下预警探测/孟洲，张韧，费建芳编著．—长沙：国防科技大学出版社，2023.10

（军事高科技知识丛书/黎湘，傅爱国主编）

“十四五”国家重点出版物出版规划项目

ISBN 978－7－5673－0628－8

Ⅰ．①海…　Ⅱ．①孟…②张…③费…　Ⅲ．①海洋环境预报②水下探测　Ⅳ．①X321②U675.7

中国国家版本馆 CIP 数据核字（2023）第 189486 号

军事高科技知识丛书

丛书主编：黎　湘　傅爱国

海洋环境保障与水下预警探测

HAIYANG HUANJING BAOZHANG YU SHUIXIA YUJING TANCE

编　　著：孟　洲　张　韧　费建芳

出版发行：国防科技大学出版社

责任编辑：廖雪辉　　责任美编：张亚婷

责任校对：张少晖　　责任印制：丁四元

印　　制：长沙市精宏印务有限公司　　开　　本：710×1000　1/16

印　　张：20　　字　　数：296 千字

版　　次：2023 年 10 月第 1 版　　印　　次：2023 年 10 月第 1 次

书　　号：ISBN 978－7－5673－0628－8

定　　价：126.00 元

社　　址：长沙市开福区德雅路 109 号

邮　　编：410073

电　　话：0731－87028022

网　　址：https://www.nudt.edu.cn/press/

邮　　箱：nudtpress@nudt.edu.cn

军事高科技知识丛书

主　　编　黎　湘　傅爱国

副 主 编　吴建军　陈金宝　张　战

编委会

总序

孙子曰："凡战者，以正合，以奇胜。故善出奇者，无穷如天地，不竭如江河。"纵观古今战场，大胆尝试新战法、运用新力量，历来是兵家崇尚的制胜法则。放眼当前世界，全球科技创新空前活跃，以智能化为代表的高新技术快速发展，新军事革命突飞猛进，推动战争形态和作战方式深刻变革。科技已经成为核心战斗力，日益成为未来战场制胜的关键因素。

科技强则国防强，科技兴则军队兴。在人民军队走过壮阔历程、取得伟大成就之时，我们也要清醒地看到，增加新域新质作战力量比重、加快无人智能作战力量发展、统筹网络信息体系建设运用等，日渐成为建设世界一流军队、打赢未来战争的关键所在。唯有依靠科技，才能点燃战斗力跃升的引擎，才能缩小同世界强国在军事实力上的差距，牢牢掌握军事竞争战略主动权。

党的二十大报告明确强调“加快实现高水平科技自立自强”“加速科技向战斗力转化”，为推动国防和军队现代化指明了方向。国防科技大学坚持以国家和军队重大战略需求为牵引，在超级计算机、卫星导航定位、信息通信、空天科学、气象海洋等领域取得了一系列重大科研成果，有效提高了科技创新对战斗力的贡献率。

站在建校70周年的新起点上，学校恪守“厚德博学、强军兴国”校训，紧盯战争之变、科技之变、对手之变，组织动员百余名专家教授，编纂推出“军事高科技知识丛书”，力求以深入浅出、通俗易懂的叙述，系统展示国防科技发展成就和未来前景，以飨心系国防、热爱科技的广大读者。希望作者们的努力能够助力经常性群众性科普教育、全民军事素养科技素养提升，为实现强国梦强军梦贡献力量。

国防科技大学 校　长 黎明

政治委员 傅爱国

院士推荐

杨学军

强军之道，要在得人。当前，新型科技领域创新正引领世界军事潮流，改变战争制胜机理，倒逼人才建设发展。国防和军队现代化建设越来越快，人才先行的战略性紧迫性艰巨性日益显著。

国防科技大学是高素质新型军事人才培养和国防科技自主创新高地。长期以来，大学秉承“厚德博学、强军兴国”校训，坚持立德树人、为战育人，为我军培养造就了以“中国巨型计算机之父”慈云桂、国家最高科学技术奖获得者钱七虎、“中国歼－10之父”宋文骢、中国载人航天工程总设计师周建平、北斗卫星导航系统工程副总设计师谢军等为代表的一茬又一茬科技帅才和领军人物，切实肩负起科技强军、人才强军使命。

今年，正值大学建校70周年，在我军建设世界一流军队、大学奋进建设世界一流高等教育院校的征程中，丛书的出版发行将涵养人才成长沃土，点燃科技报国梦想，帮助更多人打开更加宏阔的前沿科技视野，勾画出更加美好的军队建设前景，源源不断吸引人才投身国防和军队建设，确保强军事业薪火相传、继往开来。

中国科学院院士 楊學軍

❖
❖

院士推荐

包为民

近年来，我国国防和军队建设取得了长足进步，国产航母、新型导弹等新式装备广为人知，但国防科技对很多人而言是一个熟悉又陌生的领域。军事工作的神秘色彩、前沿科技的探索性质，让许多人对国防科技望而却步，也把潜在的人才拦在了门外。

作为一名长期奋斗在航天领域的科技工作者，从小我就喜欢从书籍报刊中汲取航空航天等国防科技知识，好奇“在浩瀚的宇宙中，到底存在哪些人类未知的秘密”，驱动着我发奋学习科学文化知识；参加工作后，我又常问自己“我能为国家的国防事业作出哪些贡献”，支撑着我在航天科研道路上奋斗至今。在几十年的科研工作中，我也常常深入大学校园为国防科研事业奔走呼吁，解答国防科技方面的困惑。但个人精力是有限的，迫切需要一个更为高效的方式，吸引更多人加入科技创新时代潮流、投身国防科研事业。

所幸，国防科技大学的同仁们编纂出版了本套丛书，做了我想做却未能做好的事。丛书注重夯实基础、探索未知、谋求引领，为大家理解和探索国防科技提供了一个新的认知视角，将更多人的梦想连接国防科技创新，吸引更多智慧力量向国防科技未知领域进发！

中国科学院院士 [signature]

院士推荐

费爱国

站在世界百年未有之大变局的当口，我国重大关键核心技术受制于人的问题越来越受到关注。如何打破国际垄断和技术壁垒，破解网信技术、信息系统、重大装备等“卡脖子”难题牵动国运民心。

在创新不断被强调、技术不断被超越的今天，我国科技发展既面临千载难逢的历史机遇，又面临差距可能被拉大的严峻挑战。实现科技创新高质量发展，不仅要追求“硬科技”的突破，更要关注“软实力”的塑造。事实证明，科技创新从不是一蹴而就，而有赖于基础研究、原始创新等大量积累，更有赖于科普教育的强化、生态环境的构建。唯有坚持软硬兼施，才能推动科技创新可持续发展。

千秋基业，以人为本。作为科技工作者和院校教育者，他们胸怀“国之大者”，研发“兵之重器”，在探索前沿、引领未来的同时，仍能用心编写此套丛书，实属难能可贵。丛书的出版发行，能够帮助广大读者站在巨人的肩膀上汲取智慧和力量，引导更多有志之士一起踏上科学探索之旅，必将激发科技创新的精武豪情，汇聚强军兴国的磅礴力量，为实现我国高水平科技自立自强增添强韧后劲。

中国工程院院士 费爱国

院士推荐

陆建华

当今世界，新一轮技术革命和产业变革突飞猛进，不断向科技创新的广度、深度进军，速度显著加快。科技创新已经成为国际战略博弈的主要战场，围绕科技制高点的竞争空前激烈。近年来，以人工智能、集成电路、量子信息等为代表的尖端和前沿领域迅速发展，引发各领域深刻变革，直接影响未来科技发展走向。

国防科技是国家总体科技水平、综合实力的集中体现，是增强我国国防实力、全面建成世界一流军队、实现中华民族伟大复兴的重要支撑。在国际军事竞争日趋激烈的背景下，深耕国防科技教育的沃土、加快国防科技人才培养、吸引更多人才投身国防科技创新，对于全面推进科技强军战略落地生根、大力提高国防科技自主创新能力、始终将军事发展的主动权牢牢掌握在自己手中意义重大。

丛书的编写团队来自国防科技大学，长期工作在国防科技研究的第一线、最前沿，取得了诸多高、精、尖国防高科技成果，并成功实现了军事应用，为国防和军队现代化作出了卓越业绩和突出贡献。他们拥有丰富的知识积累和实践经验，在阐述国防高科技知识上既系统，又深入，有卓识，也有远见，是普及国防科技知识的重要力量。

相信丛书的出版，将点燃全民学习国防高科技知识的热情，助力全民国防科技素养提升，为科技强军和科技强国目标的实现贡献坚实力量。

中国科学院院士 陈建峰

❖
❖

院士推荐

王怀民

《“十四五”国家科学技术普及发展规划》中指出，要对标新时代国防科普需要，持续提升国防科普能力，更好为国防和军队现代化建设服务，鼓励国防科普作品创作出版，支持建设国防科普传播平台。

国防科技大学是中央军委直属的综合性研究型高等教育院校，是我军高素质新型军事人才培养高地、国防科技自主创新高地。建校70年来，国防科技大学着眼服务备战打仗和战略能力建设需求，聚焦国防和军队现代化建设战略问题，坚持贡献主导、自主创新和集智攻关，以应用引导基础研究，以基础研究支撑技术创新，重点开展提升武器装备效能的核心技术、提升体系对抗能力的关键技术、提升战争博弈能力的前沿技术、催生军事变革的重大理论研究，取得了一系列原创性、引领性科技创新成果和战争研究成果，成为国防科技“三化”融合发展的领军者。

值此建校70周年之际，国防科技大学发挥办学优势，组织撰写本套丛书，作者全部是相关科研领域的高水平专家学者。他们结合多年教学科研积累，围绕国防教育和军事科普这一主题，运用浅显易懂的文字、丰富多样的图表，全面阐述各专业领域军事高科技的基本科学原理及其军事运用。丛书出版必将激发广大读者对国防科技的兴趣，振奋人人为强国兴军贡献力量的热情。

中国科学院院士

院士推荐

宋君强

习主席强调，科技创新、科学普及是实现创新发展的两翼，要把科学普及放在与科技创新同等重要的位置。《“十四五”国家科学技术普及发展规划》指出，要强化科普价值引领，推动科学普及与科技创新协同发展，持续提升公民科学素质，为实现高水平科技自立自强厚植土壤、夯实根基。

《中华人民共和国科学技术普及法》颁布实施至今已整整21年，科普保障能力持续增强，全民科学素质大幅提升。但随着时代发展和新技术的广泛应用，科普本身的理念、内涵、机制、形式等都发生了重大变化。繁荣科普作品种类、创新科普传播形式、提升科普服务效能，是时代发展的必然趋势，也是科技强军、科技强国的内在需求。

作为军队首个“科普中国”共建基地单位，国防科技大学大力贯彻落实习主席提出的“科技创新、科学普及是实现创新发展的两翼，要把科学普及放在与科技创新同等重要的位置”指示精神，大力加强科学普及工作，汇集学校航空航天、电子科技、计算机科学、控制科学、军事学等优势学科领域的知名专家学者，编写本套丛书，对国防科技重点领域的最新前沿发展和武器装备进行系统全面、通俗易懂的介绍。相信这套丛书的出版，能助力全民军事科普和国防教育，厚植科技强军土壤，夯实人才强军根基。

中国工程院院士 宋君强

海洋环境保障与水下预警探测

编　　著：孟　洲　张　韧　费建芳
校　　阅：张振慧　孟　洲

前言

海洋约占地球表面积71%，是生命的摇篮、资源的宝库、风雨的故乡、交通的要道，是人类实现可持续发展的重要财富，同时又是世界主要国家军事角力的重要战场。目前，海洋已经成为国家政治、军事、经济、外交的重要战略因素，围绕维护海洋权益的斗争空前激烈。现代海战已成为涉及太空、空中、海面、水下和海底多层空间的立体战争。作为战场空间的海洋环境，与敌我双方的活动、对抗、装备的适应性，以及作战保障、后勤保障等具有十分紧密的关系。海上军事装备体系所形成的各种海上作战能力，均受海洋环境的影响。

随着科学技术的飞速发展和对海洋认识的不断提升，水下空间已成为国际战略竞争的新焦点，各军事强国竞相制定以经略水下为重点的海洋强国战略，纷纷出台新政策、制定新战略、提出新概念、研发新技术、抢占制高点，争夺水下作战空间和军事优势的斗争愈演愈烈。当前美、俄、日在该领域走在了世界前列，但由于海洋通透性差、环境复杂多变，即便美国也难以在水下实现单向“透明”和全时全域掌控，水下仍是我国大有可为的战略空间。

海洋环境包括海面、水下和海洋上空等物理空间范畴及其气象、水文、地理要素和声、光、电磁等现象。海洋环境不仅是海军武器装备和作战兵力实施海上作战任务和遂行海上军事活动的空间，而且其蕴含的“天时”“地利”内涵也是战斗力的重要组成部分。西方国家将海战场环境称为“兵力倍增器”，将其与先进的武器装备、占据优势的作战信息并列，称为“海上高技术作战的三大基本保证”。海洋环境保障旨在科学认知和准确预测海洋环境空间分布特征和时间变化规律，以及在理解和弄清海洋环境对海军武器装备和海上军事行动的影响效应、影响机理的基础之上，客观评估海洋环境对武器装备和军事行动的影响程度和利弊大小，并提出趋利避害的决策建议。海洋环境保障宏观上包含了海面、水下和海洋上空范畴，但水下环境更加复杂、水下信息更加稀缺、水下要素时空特征和演变更具特殊性和不确定性，导致水下环境保障或水下预警探测，无论是从高层次的指挥决策，还是具体到舰艇的探测、反探测、攻防决策、软硬武器使用等，都受水下环境的严重影响和制约。为此，本书将水下预警探测作为重点单独进行阐述。

全书共分三篇：

第一篇海洋环境基础，阐述我国周边海域的海洋环境特征，描述海洋环境风险区划的基本原理和方法步骤，以及热带气旋和风暴潮等海洋灾害事件的活动规律和基本特征。介绍海洋表层要素信息的卫星遥感反演方法、技术途径和遥感产品；介绍海洋中海洋内波、尺度涡和海洋锋等影响，以及制约声呐探测和潜艇活动的海洋中尺度现象信息提取与特征诊断方法，旨在为后续海洋环境保障和水下预警探测提供海洋环境的背景引述和知识铺垫。

第二篇海洋环境保障，介绍海洋环境调查技术，充分开展海洋环境对海上作战的影响研究，从而有效发挥海洋环境的作战效能。介绍海洋环境信息获取、资料处理、数据同化以及三维要素场重构的原理和方法，介绍国内外主流的海洋环境要素预报技术和数值模式。在此基础之上阐述海洋环境对海军主战武器装备和军事行动的影响。通过对海战场环境保障多个经典案例经验教训的归纳总结，引出现代战争对海战场环境保障的要求和思考。

第三篇水下预警探测，介绍水声探测与对抗的含义、地位和作用；介绍水声探测基本原理、关键技术，以及水声对抗原理与关键技术；介绍水声探测和水声对抗的典型系统及作战应用。未来随着海洋环境、海洋保障研究的不断深入，了解环境，进而利用环境，扬长避短，提高水声探测与对抗装备的性能，必将使其更充分发挥作战效能。

通过本书，广大读者能够更加系统、全面地了解海洋环境保障与水下预警探测的相关知识，拓宽海洋安全方面的科技视野，增强海洋信息化科技素养。

全书共6章，第1章、第2章和第4章由张韧撰写，第3章由费建芳撰写，第5章和第6章由孟洲撰写，全书由张振慧和孟洲统稿。

由于海洋环境和水声预警探测的复杂性，加之我们的水平有限，书中难免存在错误和不足之处，敬请读者批评指正。

作　者

2023年7月

第一篇　海洋环境基础

第1章　中国周边海洋环境概述　3

1.1　中国周边海区划分　4

1.2　海洋气象要素特征　5

1.2.1　基本气象要素　5
1.2.2　主要天气现象　8

1.3　海洋水文要素特征　12

1.3.1　潮汐、潮流　12
1.3.2　海流、海浪　15
1.3.3　海面温度　19

1.4　海洋环境风险区划　21

1.4.1　风险区划基本概念　21
1.4.2　风险区划方法步骤　22
1.4.3　海洋环境风险区划分类　23

1.5 海洋重大灾害现象 29

1.5.1 热带气旋 29
1.5.2 风暴潮 31

第2章 海洋环境要素反演与特征诊断 34

2.1 卫星遥感反演海面要素 35

2.1.1 卫星遥感反演海面温度 36
2.1.2 卫星遥感反演海洋水色 38
2.1.3 卫星遥感反演海面动力高度 39
2.1.4 卫星遥感反演海面风场 41
2.1.5 卫星遥感反演海面盐度 44

2.2 海洋中尺度现象特征诊断 46

2.2.1 海洋内波的特征诊断 46
2.2.2 海洋中尺度涡的特征诊断 56
2.2.3 海洋锋的特征诊断 61

第二篇 海洋环境保障

第3章 海洋环境调查技术 67

3.1 海洋调查概述 68

3.2 海洋调查技术 69

3.2.1 浮标技术 69
3.2.2 潜标技术 72
3.2.3 潜水器技术 73
3.2.4 水声传感技术 74
3.2.5 航空航天遥感技术 74
3.2.6 海洋调查数据处理技术 75

3.3 船舶调查技术 76

3.4 海洋综合观测系统 77

3.4.1 区域海洋立体观测系统 78
3.4.2 国际全球海洋观测系统 79
3.4.3 中国全球海洋观测网 79

第4章 海战场环境保障 81

4.1 海战场环境保障概述 82

4.1.1 海战场环境保障基本概念 82
4.1.2 海战场环境保障作用与概况 83

4.2 海洋信息处理与要素预报 85

4.2.1 海洋资料的基本特点 85
4.2.2 海洋资料的客观分析 87
4.2.3 海洋资料同化与数据融合 88
4.2.4 “深海遥感”与 MODAS 92
4.2.5 海洋环境要素预报 96

4.3 海洋环境对武器装备和军事行动的影响 99

4.3.1 海洋环境对水面舰艇的影响 99
4.3.2 海洋环境对潜艇活动的影响 106
4.3.3 海洋环境对舰载机的影响 115
4.3.4 水文气象条件对登陆作战的影响 122
4.3.5 海洋环境对水声探测与对抗装备性能的影响 124

4.4 海战场环境保障案例 132

4.4.1 偷袭珍珠港 132
4.4.2 诺曼底登陆 133
4.4.3 仁川登陆作战 134

4.4.4 马岛战争——英军劳师远征南大西洋 135
4.4.5 古巴导弹危机——加勒比海封锁作战 139
4.4.6 “莫斯科号”沉没 144

4.5 海战场环境影响评估 149

4.5.1 效能指标与风险指标 149
4.5.2 海战场环境影响评价指标体系 150
4.5.3 指标权重确定与融合方法 155
4.5.4 航母编队反潜效能影响实验评估 157

4.6 海战场环境保障决策 165

4.6.1 决策方法 165
4.6.2 航母编队保障体系概念模型 172
4.6.3 联合作战智能海战场评估决策体系 174

4.7 海战场环境信息不完备问题 178

4.7.1 小样本案例信息扩散 178
4.7.2 临界条件阈值“点 - 集映射” 180

第三篇 水下预警探测

第5章 水声探测与对抗技术 185

5.1 水声探测与对抗概述 186

5.1.1 水声探测基本概念 186
5.1.2 水声对抗基本概念 187
5.1.3 水声探测与对抗的地位和作用 188

5.2 水声探测原理 189

5.2.1 声呐的分类 189
5.2.2 声呐的工作方式 191
5.2.3 声呐方程 193

5.3 水声探测技术 196

5.3.1 水声换能器技术 197
5.3.2 阵列水声探测系统 204
5.3.3 典型水声探测技术 206
5.3.4 现代水声信号处理 213

5.4 水声对抗技术 223

5.4.1 水声软对抗技术 223
5.4.2 水声硬对抗技术 232

第6章 水声探测与对抗系统 238

6.1 水声探测典型系统 239

6.1.1 拖曳式线列阵声呐 239
6.1.2 潜艇用舷侧线列阵声呐 247
6.1.3 固定式岸用声呐 253
6.1.4 艇艏声呐 260
6.1.5 机载声呐 262
6.1.6 潜标、浮标声呐 263

6.2 水声对抗典型系统 264

6.2.1 鱼雷报警声呐系统 265
6.2.2 潜艇水声对抗系统 269
6.2.3 水面舰艇水声对抗系统 270
6.2.4 编队水声对抗系统 275
6.2.5 网络水声对抗系统 279

参考文献 282

第一篇　海洋环境基础

第1章 中国周边海洋环境概述

· 史海钩沉

“予奉使河北，遵太行而北，山崖之间，往往衔螺蚌壳及石子如鸟卵者，横亘石壁如带。此乃昔之海滨，今东距海已近千里。所谓大陆者，皆浊泥所湮耳。”“沧海桑田”在古人的描述中十分形象。事实上，地球经历了漫长的沧桑之变。

地质学研究认为，最近一个泛大陆——盘古大陆形成于3亿至2亿年前的中生代早期，当时所有大陆联合在一起，大陆周围是统一的大洋。此后，泛大陆开始分裂，大约在距今2亿年前分裂成为两个大陆——冈瓦纳大陆和劳亚大陆。距今约6 500万年前，七大洲和四大洋的轮廓初步显现。此后，经过6 500万年的分裂和漂移，最终形成七大洲、四大洋的海陆格局。

沧海桑田，即海陆变迁，指在地球表面发生的由海变为陆或由陆变为海的变化，是地壳运动的结果。地壳运动按运动方向分为水平运动和垂直运动。水平运动可形成巨大的褶皱山系，以及巨型凹陷、岛弧、海沟等。垂直运动可形成高原、断块山、盆地和平原，还可引起海侵和海退，使海陆变迁。按运动规律，地壳运动以水平运动为主，有些垂直运动是水平运动派生出的一种现象。

1.1 中国周边海区划分

中国位于亚洲大陆的东南部，面向太平洋，地跨热带、亚热带和温带，不仅幅员辽阔、资源丰富，而且还有广阔的海域和众多的岛屿。毗邻中国大陆和岛屿边缘的海洋有黄海、东海、南海和台湾以东海域，渤海则是伸入中国大陆的内海。渤海、黄海、东海和南海四海相连，自北向南呈弧状分布，是太平洋西部的边缘海，环绕亚洲大陆的东南部。

渤海是我国的内海，位于37°07′~41°00′N，117°35′~121°10′E，是一个深入中国大陆的浅海，其北、西、南三面被辽宁、河北、天津和山东等省、市包围，仅东面有渤海海峡与黄海沟通。渤海和黄海的界限，一般以辽东半岛西南端的老铁山岬经庙岛群岛至山东半岛北部的蓬莱角连线为界，渤海形似葫芦，南北长约556千米，东西宽236千米，面积约7.7万平方千米。

黄海位于31°40′~39°50′N，119°10′~126°50′E，也为三面被陆地包围的半封闭浅海，北岸为我国辽宁省和朝鲜平安北道；西岸为我国山东省和江苏省；东岸为朝鲜平安南道、黄海南道和韩国京畿道、忠清南道、全罗北道和全罗南道；西北有渤海海峡与渤海相通；南部与东海相接，并以长江口北岸的启东嘴与韩国济州岛西南角连线为界。一般又以东西向最窄处的我国山东半岛成山角与朝鲜的长山串连线为界，把黄海划分为北黄海和南黄海。黄海南北长约870千米，东西最宽约556千米，面积约38万平方千米。

东海位于21°54′~33°17′N，117°05′~131°03′E。西北接黄海，东北以韩国济州岛东南端至日本福江岛与长崎半岛野母崎角连线，以朝鲜海峡为界，并经朝鲜海峡与日本海沟通；东以日本九州、琉球群岛及我国台湾省连线与太平洋相隔；西濒我国上海、浙江、福建等省、市；南至我国福建省东山岛南端沿台湾浅滩南侧至台湾省南端鹅銮鼻连线与南海相通。东海的东北至西南长约1 300千米，东西宽约740千米，面积约77万平方千米。

南海位于2°30′S~23°30′N，99°10′~121°50′E，四周被大陆和众多岛屿

环绕。北临我国广东、广西、台湾和海南等省、自治区；西邻越南、柬埔寨、泰国、马来西亚、新加坡；东临菲律宾的吕宋、民都洛、巴拉望岛，南部沿岸有印度尼西亚的苏门答腊岛、邦加岛、勿里洞岛、西加里曼丹省以及马来西亚和文莱。南海四周有众多海峡与太平洋、印度洋及邻近海域沟通，北经台湾海峡与东海相连；东有巴士海峡、巴林塘海峡、巴布延海峡与太平洋相通，并有民都洛海峡、利纳帕次海峡、巴拉巴克海峡与苏禄海相通；南有邦加海峡、加斯帕海峡、卡里马塔海峡与爪哇海相通；西南有马六甲海峡与印度洋的安达曼海相通。南海外形似菱形，长轴为东北—西南向，长约3 100千米，短轴为西北—东南向，宽约1 200千米。南海面积约为350万平方千米，相当于渤海、黄海、东海总面积的2.8倍。南海有两大海湾——泰国湾和北部湾。

台湾以东海域为开阔的太平洋，大体指琉球群岛以南、巴士海峡以东的太平洋洋域。台湾省东北的苏澳镇与日本的与那国岛隔海相邻，东南的兰屿、高台石向南隔巴士海峡与菲律宾的巴坦群岛相望。

1.2 海洋气象要素特征

1.2.1 基本气象要素

气温

中国近海泛指渤海、黄海、东海和南海等海区。其气温的基本特点：渤海和黄海，冬冷、夏暖，四季分明；东海和南海北部，冬季出现较强的水平温度梯度，夏季等温线分布均匀，地区差异小；南海中部、南部，终年气温较高，季节变化不明显，气温北冷南暖，主要受太阳辐射和海流的影响，等温线大致呈纬向分布。

近岸海域，受陆地影响，渤海、黄海、东海等温线大致呈东北—西南走向，但在黑潮及对马暖流海域，等温线呈舌状向北伸出，年平均气温随纬度递减而递增，南、北海区气温差以冬季大、夏季小为特色。中国近海气温年变化可分四种类型：

（1）温带型：37°N 以北的渤海和部分黄海，受陆地影响较大，气温年变化呈单峰型，1 月最低，8 月最高，变幅较大，气温年较差 25 ℃以上，春季升温和秋季降温都比较迅速。

（2）亚热带型：从 20°N 向北至 37°N，气温呈单峰型变化。1 月（或 2 月）最低，8 月最高，年较差为 8 ~25 ℃。

（3）热带型：从 20°N 往南至 8°N，气温年变化呈双峰型，1 月最低，6 月和 8 月最高，年变幅显著减小。

（4）赤道型：0° ~8°N 附近的南海南部，气温年变化一般以 1 月最低，5 月略高，年较差仅 2 ~3 ℃。

气温年较差由南往北逐渐递增，渤海年较差最大，为 27 ~28 ℃；黄海北部为 26 ℃左右；黄海南部为 21 ~24 ℃；东海北部为 18 ~28 ℃，东海中、南部为 11 ~17 ℃；台湾以东海域为 8 ~11 ℃；南海北部为 7 ~13 ℃；南海中部为 3 ~5 ℃；南海南部为 2 ~3 ℃。

风

风是海洋气象中最重要的因素之一，它不仅对海上航行、海洋工程和舰船装备产生重要影响，而且是波浪、风生流、流冰、风寒的重要诱因。

中国近海区域季风现象显著：冬季风强而稳定，平均风速高于夏季风；春、秋季为过渡季节，风速多变，平均风速较小。夏季主要盛行西南季风，夏季风 4 月首先出现在中南半岛及其赤道附近海域，5 月北进到南海 10°N 附近，6 月夏季风迅速遍及中国东南沿海和南亚地区，5 ~8 月为西南季风盛行期；9 月之后西南季风逐渐减弱，10 月夏季风迅速撤离中国大陆。随着冷空气的活跃，东北季风开始出现，并可南伸至台湾海峡附近；11 月至翌年 4 月，冬季风（东北季风）完全建立并控制南海。

受冬、夏季风影响，中国近海盛行风向比较有规律。冬季（1 月）中国近海受大陆冷高压控制，盛行风向自北向南呈顺时针方向偏转：渤海及黄海北部，盛行风向为西北风和北风，东海以北风和东北风为主，台湾海峡和南海，以东北风为主。夏季（7月）受大陆热低压影响，中国近海的主要风向自南向北呈逆时针方向偏转：南海南部主要为西南风；南海北部和台湾海峡，以南风和西南风为主；东海及黄海南部，则盛行南风；黄海北部及渤海，则逐渐转为东南风和南风。春、秋季为过渡季节，特别是春季4、5月，主要风向不明显，风向比较零散。

中国近海风速较大的海区有三处：台湾海峡、吕宋海峡和九州西南部海域，其平均风速均在8米/秒以上；另一较大风速区在南海中南部海域，年平均风速大于7米/秒。

大风是指风力等级≥8级的风，中国一年四季均有大风出现，秋、冬季大风频率高于春、夏季。我国近岸的大风日数：渤海中部和西部，全年大风日数为80天左右；渤海海峡和黄海中部110天左右；渤海、黄海的大风集中在11月至翌年4月，平均每月10～16天；东海西北海域的大风日数比渤海、黄海略多，为120～140天，夏季受台风影响，也有5～10个大风日；琉球群岛附近，大风日数明显减少，全年仅10～40天；台湾海峡的大风日数为100～120天，西北部多，东南部少，大风日也集中在10月至翌年4月，尤以11～12月最多；南海北部大风日数较多，东部和南部较少；西沙群岛附近为40天左右；越南近海和南沙群岛为50天左右；南沙群岛以东、以南降至40天以下，大风主要出现在6～9月台风季。中国近海观测到的最大风速为40～50米/秒，风速极值多由热带气旋造成。

云

中国近海云量的分布与盛行气流、天气系统、海面热力状况和地形因素有关。另外，还受海流的影响。中国近海总云量分布特点：渤海、黄海，冬季自沿岸向海区中央云量迅速增大；东海黑潮流经海域，全年大部分时间均有云带维持；南海，冬春季与夏秋季，云量悬殊；南海南部常年云量较多，且相对稳定。

中国近海平均总云量的年变化存在单峰型和双峰型两种类型。

（1）单峰型包括四种，一是冬少、夏多型：渤海和黄海北部，冬季云量1~3成，夏季云量5~6成，年均2~4成；二是冬多、夏少型：东海南部及台湾海峡于12月至翌年6月，云量较多，7~9月云量较少，年均总云量6~8成，年变化3~5成；三是春少、夏多型：南海中部，冬、春季云量较少，以春季最少，仅3~4成，夏季7~8月，在西南季风影响下，云量达8成以上，年平均云量5成左右，为中国近海云量年变化最大的海域；四是春少、冬多型：南海南部赤道附近，春季和夏季云量略少，秋、冬季较多，年均云量高于6成，年变化在中国近海为最小。

（2）双峰型变化海区主要有两处，一处是黄海东南部，冬季12月至翌年1月和夏季7月云量较多，春季5月和秋季10月较少，年平均云量5成左右，年变化较小；另一处是北部湾海域，冬季和夏季云量较多，达8~9成，春季5月和秋季10月的云量为5~6成，年平均云量为6~8成。

1.2.2 主要天气现象

降水

中国近海降水主要受季风、温带气旋和热带气旋等天气系统的影响，有明显的季节变化。降水频率是指观测到的降水次数占总观测次数的百分比，一定程度上反映了降水次数的多少。中国近海的降水频率空间分布差异较大。

各海域降水频率的年变化。渤海降水频率呈单锋型：7月最高、10月最低。南黄海出现双锋型，除6~7月频率较高外，12月至翌年1月频率也较高；3 ~5月、9~10月频率较低。东海西侧降水频率高值出现在3月（春雨季）和6月（梅雨期），7~12月相对较低。黑潮主干区和东海东南部，降水频率呈单峰型，12月至翌年6月频率较高，7~10月较低；在高值时段中，出现1、3、6月三次升高，分别对应冬雨期、春雨期和梅雨期。冬、夏季降水频率差别以南海为最大：越南沿岸降水多在冬季，11月至翌年1月频率较高，2～9月频率很低；南海南部及赤道附近海域，10月至翌年2月频率较高，4～9月多晴好天气，频率降低。

中国近海降水量分布的基本形势：南方多于北方，东部多于西部，沿岸多于海区中央。其中，渤海年降水量为500～600毫米，中部少，沿岸多，尤其是东岸，可达600～700毫米/年。黄海的年降水量为600～750毫米，南黄海多于北黄海，为800～900毫米/年，朝鲜半岛近海可达1 000毫米/年。东海年降水量多于渤海、黄海，尤其是琉球群岛附近，超过2 000毫米/年。东、西岸相差一倍左右，原因除了东部黑潮主干海域气团变性强、气旋频数多以外，还与黑潮暖流蒸发量大、水汽丰富有关。南海温度高，湿度大，对流旺盛，年降水量达1 500～3 300毫米。其中，北部沿岸为1 500～2 200毫米/年；越南近海为1 800～2 100毫米/年；西沙群岛附近为1 500毫米/年；南沙群岛附近达1 900～2 000毫米/年；吕宋岛西海岸是西南季风的迎风面，年降水量增加到2 000～2 500毫米/年；南部年降水量为中国近海最多的海域，达2 200～3 300毫米/年；加里曼丹岛附近降水量最高，达3 000～4 000毫米/年。

中国近海降水量的季节变化可归为三种类型：

（1）夏雨型，主要有两处：一是在渤海和北黄海，雨量主要集中在7～8月，这两个月降水量可占全年降水量的50%以上；二是在南海热带海域，降水量集中在6～9月，该期间降水量占全年雨量的60%～75%，因而也称湿季，12月至翌年4月降水总量仅占年降水量的5%～10%，因而称为干季。

（2）双峰型，主要出现在东海和南海北部。一年可出现两个雨季，即春雨期和秋雨期。盛夏时台风虽也带来丰富的降水，但大部分时间受到副热带高压控制，雨量相对减少。冬季月份虽然降水次数多，甚至有的海区出现阴雨连绵的天气，但降水量不大。

（3）近赤道海域，各月降水量都很大，月降水量均在200～300毫米。冬季月份更为强盛，有些站冬季的月降水量可达500～700毫米。

降水量的日变化在中纬度不明显，原因是这里多移动性扰动和锋面系统，造成日降水量的不规则性。在热带却不同，降水量的日变化很显著。

海雾

海雾是指受海洋热力状况和水汽条件影响而生成于海上或沿岸海域的雾，包括平流雾、锋面雾、辐射雾和蒸发雾等。中国近海以平流雾为主，是暖空气流经冷海面所产生的水汽凝结过程。因此，该类雾的产生与海面温度、海－气温差、湿度、大气稳定度、风和降水要素关系密切。海雾可使海上水平及垂直能见度降低，严重影响航行、飞行及海上活动安全，是海上重要灾害性天气之一。

中国近海的海雾有较强的区域性和季节性特点。就区域而言，海雾主要发生在沿岸附近，相对集中在六个多雾区，自北向南分别是：青岛外海、成山角外海、朝鲜半岛西岸、舟山群岛、台湾海峡西部和北部湾。相比而言，黄海雾多于东海，东海雾多于南海。就季节而言，中国近海的雾主要发生在2～7月。随时间的推移及暖空气的北上，雾区由南向北推移。南海雾季主要为2～4月，东海为3～6月，黄海为5～7月。8月除了局部海域仍出现海雾外，海雾频率可降至1%以下。

我国沿岸的海雾，有明显的日变化。南海沿岸的海雾，多在上午6～9时，12～15时很少有雾。东海及台湾海峡，海雾在早晨最多，夜间次之，中午最少。北方海域的海雾在一日各时之间差异较小。海雾频率分布，除地区间的差异外，沿岸和海上也有差异，特别是北方海域更加明显。沿岸的雾日变化大，海上雾日变化小。另外，无论全年还是各月的雾日数，均有明显的年际差异。一般认为，雾日的逐年差异与海面水文条件和冷暖空气活动的年际变化有关。

海雾除了范围大、浓、厚等特点外，另一重要特点是持续时间长。海雾生成后，如果环流形势变化较小，则雾会持续维持。在东海和黄海，持续3～4天的雾是常见的。东海海雾的持续时间短于黄海，一般1～3天。华南沿海和北部湾海雾的连续日数较少，一般可连续1～2天，最多3～4天。雾的持续时间与雾的种类有关，平流雾持续时间长，锋面雾较短。另外，海岛附近持续日较沿岸地区长。

能见度

能见度表示正常人视力能够从天空背景中辨认目标物的最大水平距离。海洋上的能见度主要受雾、降水、降雪、低云、霾及波浪等因素的影响。雾可使能见度小于1千米；大雨可使能见度小于4千米，中雨可使能见度降低至4～10千米；大雪可使能见度恶化到低于0.5千米。云高在200米以下时，通常伴随较差的能见度；即使云高在600米以上，若云层很厚，海面能见度仍可降至10千米以内。

能见度一般可分为四级：一级是恶劣能见度（<1千米），属航行危险气象条件；二级是低能见度（<4千米），属于复杂气象条件；三级是良好能见度（≥10千米），是海洋测量、飞行起落的基本条件；四级是最佳能见度（≥20千米），可满足海上活动的更高要求。

中国近海的能见度年变化特点有四个：

（1）渤海、黄海、东海（黑潮主干区除外），低能见度（<4千米）频率呈单峰型变化，峰值出现时间不一致；6月渤海海峡、黄海西北部，7月黄海东南部，5月东海西北部，4月台湾海峡会出现平流雾，8～12月各海区能见度良好。

（2）台湾东北部及黑潮主干区，能见度变化幅度很小，除11月至翌年3月，因冬雨绵绵，能见度稍差，其余4～10月的能见度良好。

（3）南海北部，2～4月因海雾和降水影响，能见度稍差，5～12月则能见度良好。

（4）北部湾能见度变化呈双峰型，2、4月能见度较差，分别对应蒙雨期和前汛期；5～12月能见度良好。另外，南海中部和南部全年能见度良好。

1.3 海洋水文要素特征

1.3.1 潮汐、潮流

中国近海是太平洋边缘海，中国沿海的潮汐多是由太平洋传入的潮波引起。太平洋潮波经日本九州与中国台湾之间诸水道进入东海后，其中一部分进入台湾海峡，大部分向西北方向传播，形成渤海、黄海、东海的潮振动；太平洋潮波经巴士海峡进入南海，部分进入台湾海峡（与北部进入的部分潮波相遇于台湾海峡中部），其余绝大部分向西南传播，形成了南海的潮振动。

潮波在运动过程中，受地转偏向力和曲折岸线及海底地形影响，致使中国沿岸潮汐性质复杂，潮差变化显著。潮位除在潮振动作用下，产生周期性水位变化外，还可在气象因素（风、气压、降水）的作用下产生非周期性的水位变化，故实际的潮位是周期和非周期两种水位变化的共同产物。潮波进入河口后，可在河床变形和摩擦效应以及上游来水的共同作用下形成复杂的河口潮汐现象。

潮汐类型及分布

潮汐可分为日潮（每日 1 次涨潮、落潮）和半日潮（每日 2 次涨潮、落潮）；根据涨潮、落潮的时间规律又可分为正规日/半日潮（涨潮、落潮时间规则）和不正规日/半日潮（涨潮、落潮时间不规则）。

中国近海的潮汐类型主要为正规半日潮、正规日潮和混合潮三大类，其中混合潮又分为不正规半日潮和不正规日潮两种。黄海、渤海海区的潮汐，由于受太平洋潮波的影响，形成左旋潮汐系统，潮波向左旋转一周约 12 小时。另外由于黄海、渤海海区较浅，沿岸多河流、港湾和岛屿，因此潮汐的情况较为复杂。渤海沿岸多属不正规半日潮，黄海沿岸多属正规半日潮。

东海的大陆沿海一带基本上属于正规半日潮，仅杭州湾南侧和东山岛以南海区为不正规半日潮；台湾岛的西岸为正规半日潮，东岸为不正规半日潮。

南海北部的潮汐与东海、黄海和渤海不同，只有正规日潮、不正规半日潮和不正规日潮，无正规半日潮，其中北部湾为世界著名的日潮不等海区；西沙群岛的潮汐属不正规日潮，南沙群岛的潮汐属正规日潮，日潮不等现象显著。

潮差

潮差是相邻的高潮和低潮的水位高度差，中国近海的潮差分布基本构型如下：

黄海、渤海沿岸，因受港湾、岛屿影响，潮差变化较为复杂。黄海南部、成山角东北、秦皇岛以东和黄河口东北，形成了四个无潮点，潮差很小，但愈向外潮差愈大。渤海沿岸以辽东湾沿岸的平均潮差最大，渤海湾次之。黄海沿岸、辽南沿岸的潮差自西向东逐渐增大，成山角至石岛一带沿岸平均潮差较小，山东半岛南部沿岸潮差有向南逐渐增大的趋势。黄海、渤海沿岸平均潮差的季节变化不明显，除了塘沽（0.55 米）和营口（0.31 米）以外，其他都在0.2 米以内。平均潮差的最大值一般出现在秋季或春季，最小值出现在冬季或夏季。

东海北部和南部海岸潮差较小，中间一段海岸潮差较大。北部的长江口两侧和舟山海区潮差为 2 ~4 米；中间段从象山到厦门，一般潮差在 4 米以上；南部的厦门以南的海岸潮差在4 米以下。其中杭州湾、乐清湾、三沙湾、兴化湾的潮差较大，达6 米以上。台湾岛的潮差西岸大于东岸，西岸又是中部大于两端，尤以后龙附近潮差最大，达4.2 米。潮差全年一般 8 ~9 月最大，2 ~3 月最小。

南海北部潮差较小。沿岸各港湾年平均潮差大多在 2 米以下，珠江口附近小于1.5 米，表角至大星山及海南岛（西部除外）沿岸的平均潮差不到 1 米。潮差较大的地区是湛江港和北部湾北部，平均潮差 2.17 米，最大潮差 5.45 米。南海中部的潮差大致相同，是南海潮差最小海区，平均潮差约 0.5 米，最大潮差为 1 ~2 米；南海南部潮差分布为东部小、西部大。西沙群岛累年月平均潮差 0.72 ~ 1.00 米，月最大潮差 1.35 ~ 1.89 米，东岛附近 1.7 米。南沙群岛月平均潮差 0.84 ~ 1.14 米，月最大潮差 1.46 ~ 2.06 米。

潮时

潮时指涨潮时间和落潮时间，高潮间隙是指月亮上中天或下中天的时间到当地发生高潮的时间间隙。

黄海、渤海由于潮波传播的先后不同，高潮间隙一般自东南向西北、自外海向沿岸逐渐增加。

东海与台湾岛东海岸的潮时较早，西海岸的潮时较晚。东海岸的高潮间隙不到 7 小时，西海岸的鹿港附近，高潮间隙为 11 时 40 分，表明潮波从东岸传到西岸中部需要 4 ~ 5 小时。

南海的潮时北部早、南部晚，同潮时线由巴士海峡开始，向西南传播到赤道附近，潮时差为 14 ~ 15 小时；南海中部潮时基本相同。

潮流

潮流是指在天体引潮力作用下形成的海水在水平方向的运动，是与潮汐现象（垂直方向涨落）对应的海水平流运动。

黄海、渤海海区由于水浅、海流弱，潮流作用更显突出。一般在近岸及海峡、水道、港湾等狭窄处，因受地形限制，多为往复流；而外海，则多为回转流，即流向流速不断改变。潮流周期，一般是顺时针方向回转一周；连云港附近及海州湾等处则为逆时针方向。黄海北部的流速是由西向东增大，黄海南部的流速是由北向南增大。黄海最大流速出现在朝鲜西岸，渤海海峡流速也较大。最小流速出现在黄海中部。黄海潮流的流速，一般为 1.5 节，最大流速在高低潮前后。渤海潮流的流速，一般为 1 ~ 2 节，最大流速在青岛高潮前 3 小时和后 2 小时。

东海海区的潮流，主要来自太平洋的潮波。潮流性质在大陆沿岸、港湾、水道附近均为往复流，而在近海基本上属回转流（福建近海除外）。流速外海弱，沿岸强。外海大潮时 1 ~ 1.5 节，小潮时 0.5 ~ 1 节。沿岸一般 1 ~ 3 节。

杭州湾、舟山、三都澳及闽江口附近，可达6~8节，杭州湾在涌潮时可达10节以上，是我国的强流区。台湾海峡及台湾岛周围潮流受海流、季风、地形影响和作用，显得比较复杂，但一般不超过2节，澎湖以南为3~5节。

南海海区在近岸、海峡、水道、港湾及江河口等处多为往复流，琼州海峡西口为回转流，东口浅滩之间流向更加复杂，红海湾以西至珠江口有一顺时针方向回转流，大部分海区的流速为1~2节，但南澳岛附近及榆林港以西为2节以上，琼州海峡中部最大流速达4~5节，而珠江口、南鹏岛附近最大流速不超过1节。

1.3.2 海流、海浪

海流

海流是指海水大范围相对平稳的流动，既有水平运动，又有垂向运动，即三维流动。其中，由于风驱动生成的海流称为风生流或漂流；由于海水密度分布不均匀产生的海水运动，称为密度流、梯度流或地转流。海洋中最著名的海流是黑潮和湾流。

黄海、渤海海区的海流，除表层为风生流外，整个环流主要由沿岸流和暖流两个系统组成。暖流北上，沿岸流一般南下，两者大体上形成了半封闭性逆时针方向的流动。

黄海暖流为对马暖流的一个分支流，流向终年偏北，流速冬强夏弱，平均为0.1节。夏季黄海暖流有一小部分进入渤海。渤海海峡在稳定情况下，终年有北进南出的环流，流速夏强冬弱。入渤海后，因受地形影响，又分成两个支流：一支右转入辽东湾；另一支左转入渤海湾，构成渤海环流。黄海沿岸流，为渤海南部沿岸流沿山东半岛北岸绕成山角南下，途径终年不变。此外，在黄海北部辽东半岛东南岸还有一股自东向西的辽南沿岸流，流速冬弱夏强。渤海的表层海流，受风影响很大，流速平均为风速的2.5%，冬季强而夏季弱。

东海海流主要分为台湾暖流、沿岸流、风生流三个系统，其中台湾暖流比较强，其他都比较弱。黑潮是北太平洋赤道流的一个分支，沿吕宋岛和台湾东岸向北进入东海，流向日本南方，流向稳定，流速在0.9~3.0节。黑潮在台湾以北有一个分支，称为台湾暖流，沿台湾岛东侧、东海南部和东部向北或东北流去，流向稳定，流速强，平均流速为0.3~0.4节，冬、夏两季没有多大区别，只是夏季的流速比冬季稍强一些。另一分支流，经巴林塘海峡向西北流去，其流速、流向都随季节而变。在长江口以北的中国沿岸，终年有一股向南流的沿岸流。在长江口以南，沿岸流受季风影响很大，流速较弱。冬季，这股沿岸流汇合长江、钱塘江后不断加强，并同季风汇合，继续南下，经过台湾海峡流入南海，平均冬季流速0.3节；夏季，则在33 °N左右转向东去，流向济州岛方向，平均夏季流速0.4节。在济州岛与长江口之间有一个逆时针的小环流。东海季风风生流的特点是流速弱，流向随季节变化，冬季东北季风时期，流向西南，通过台湾海峡入南海，流速大部分不超过1节；夏季西南季风时期，由台湾海峡入东海，流速为1.5节左右。

南海的海流主要是风生流，其次是沿岸流和暖流。南海的风生流随季风而变，在东北季风时期，南海盛行西南向流，同时整个海域又形成了一个逆时针的大环流，表层流速为1节左右。南下的环流在越南沿岸往往加强到2节，流至加里曼丹岛附近折向东流，在菲律宾沿海为北上逆流。西南季风时期，南海盛行东北向流，而偏南流动的逆流仅出现在南海中部和南部的局部范围之内，流速小于1节，在越南中部沿海增加到1节以上。在季风转换的4、5月和9、10月，南海风生流减弱，出现一些局部的密度环流。在东北季风时期，海流为全年最强。华南沿海的沿岸流以116°E线为分界线。分界线以东终年为东北流，流速0.5~1.0节，最大可达1.5节。分界线以西有明显的季节变化，冬季（12月至翌年3月）在东北季风的作用下，为西南流，流速为0.5节；夏季（6~9月）在西南季风的作用下为东北流，流速0.5~1.0节，最大可达1.5节。暖流位于沿岸流的外缘，随季风的变化而消长。一般终年为东北流，比较稳定。在西沙群岛以北，有一个顺时针环流。该环流流速大、厚度大、稳定性差，最大流速达1.9节。北部湾海区，夏季为顺时针环流，冬季为逆时针环流，春、秋季节流的总趋势与冬季相似。流速较弱，一般不超过0.6节，秋、冬两季比夏季稍大些。

海浪

海浪包括风浪和涌浪。风浪是在风的直接作用下产生的，涌浪是风浪传出风区或风停后余留的海浪。

黄海、渤海海区的海浪，主要受季风控制，总的说来：冬季较大，夏季较小；风浪为主，涌浪次之；浪的波长和周期较短。1月，黄海、渤海海面风场主要为冬季西伯利亚大陆高压所控制，北部以西北浪为主，其浪向频率约为30%，也是全年大浪（波高≥2米，以下同）频率出现最大值的月份，约为25%。黄海中、南部海区北浪占30%，西北浪占20%，大浪频率约为30%以下。黄海、渤海海区涌浪大体相似，以1月为典型，可观测到40%的偏北涌，大涌等值线在黄海基本与海岸线平行，黄海北部及渤海大涌频率小于20%。2月与1月基本相似，但强度减弱。4月，为季风转换过渡期，渤海偏南浪增多，黄海浪向不稳，大浪频率均在25%以下。渤海涌向散布，黄海偏北涌略占多数，大涌频率减至30%以下，渤海小于10%。7月，为偏南季风盛行期，渤海以东南浪为主，黄海偏南浪为最盛期，大浪频率大部海区在15%以下，渤海西部海区小于5%。受台风影响，黄海、渤海以偏南涌为主，大涌中心南移。10月，季风逐渐转换，黄、渤海出现30%～40%的偏北浪，整个海区大浪频率均增强到20%以上。渤海涌向不定，黄海以北涌为主，大涌出现频率已逐渐增多。整个黄海、渤海海区5级以上的大浪，在冬季多由寒潮造成，夏季多由台风造成，春季多由气旋波造成。

东海的海浪南部比北部大，台湾海峡为较大的浪区。整个东海在一般情况下波高不超过1米，最高2米。海上最大波浪一般不超过7级，但在冬季寒潮和夏季热带气旋的影响下可达9级。由于沿海一带冬季盛行东北风，夏季盛行西南风，故海浪在风的影响下，亦呈明显的季节变化。冬季的海浪大，夏季的海浪小，每年10月至翌年2月盛行东北风，海浪的方向主要是北—东北方向，约占80%。3、4月东北浪减少，南向浪开始出现，但仍以东北浪为主，约占一半。5~8月东北浪进一步减少，约占20%，南向浪进一步增加，并出现西南浪。9月偏北方向浪又恢复优势。台湾岛附近终年风力较大，因此海浪也较大，而且涌浪大于风浪。一年中以4级浪最多，约占全部海浪的42%。台湾岛东部的海浪较大，台湾岛西岸次之，台湾海峡西部稍小。台湾岛附近海区主要为东北浪，约占全部海浪的40%，其次为北向浪及东向浪，各占12%、16%。

整个南海涌浪大于风浪。一年中以3、4级浪为最多，占全部浪级的44%~47%，最大浪一般不超过7级。在台风、冷空气、西南大风或邻近海区地震、火山爆发的影响下，可以形成8~9级的海浪。南海的海浪随季风的变化而不同。一为东北浪盛行期。10月南海北部和中部，海浪以东北浪为主，而南部则浪向多变，最南部西南浪占优势。11月至翌年3月，整个南海盛行东北浪，占全部浪向的56%以上。4月仍有较多的东北浪，但平均频率不高，年际变化较大。这一时期由于季风持续时间长、风速大、风区广，成为全年大浪频率最高的时期，台湾海峡西南方大浪频率最高，高达50%以上。由此向东北和西南延伸，形成了从东北向西南的大浪带。随着东北季风的减弱，大浪频率逐渐降低。二为西南浪盛行期。6~9月西南浪的频率为40%以上。这一时期南海台风活动频繁，大浪频率一般比浪向交替时期高一些。但是由于西南季风比东北季风持续时间短、风力小，所以大浪频率远不如东北季风期高，一般在20%~30%。9月大浪分布比较均匀，绝大部分海区都在20%以下。10月，南海北部海区大浪增多，中南部海区则相对比较平静。三为浪向交替期。5月和10月为浪向交替期。5月浪向多变，浪速小，大浪频率不足10%，为南海最平静的时期。由西南浪到东北浪过渡是比较迅速的。南海北部9月，中部9月下旬到10月，南部10月由偏南浪很快地转为偏北浪，这时大浪又逐渐增多起来。

1.3.3 海面温度

中国近海温度状况的地区差异悬殊。渤海和黄海北部，三面靠陆，易受大陆气象的影响，温度季节变化最大。黄海南部和东海，沿岸流系和外海流系交汇明显，温度状况受海流影响较大。南海地处亚热带和热带，显示若干热带深海的特征——终年高温，地区差异和季节变化都小。因此，中国近海海水温度分布的基本特征为：自北向南逐渐递增，其年较差却由北向南逐渐减小。

以2月、5月、8月和10月分别代表渤海、黄海、东海、南海的四季，表征上述海域温度、盐度、密度的季节变化，南海因深度较大，深层的温度、盐度、密度分布的地区差异较小，主要讨论表层及混合层以下100米层的情况。

冬季陆架浅水区垂向混合可达海底，表、底层水温分布形势基本相同。渤海表层水温为－1～2 ℃，温度分布自海区中央向沿岸递减，东、中部高，北、西、南沿岸低，沿岸浅水区有程度不同的结冰现象，是中国近海温度最低的海域。黄海各层水温分布趋势相似，由于受黄海暖流的影响，黄海水温分布的特点是，高温水舌自济州岛以西，沿黄海中央由南向北伸展至渤海海峡附近，暖水舌中央水温明显高于两侧，温度由南向北逐步递减。黄海北岸水温为1～2 ℃，也有结冰现象；西岸为2～5 ℃；东岸为3～7 ℃。

东海各层水温分布以等温线密集，冷、暖水舌清晰以及地区差异悬殊为主要特征。东部黑潮区，水温高达20～23 ℃，为东海水温最高海域，等温线由西南向东北较均匀地呈舌状分布。东北部，水温为12～19 ℃，由对马暖流带来的暖水舌，明显地分为两支：一支指向朝鲜海峡，另一支指向济州岛以西进入黄海。西部的浙、闽沿岸，水温为9～12 ℃，为东海水温最低的低温带，这是由于东海沿岸流贴岸南流的缘故。其外侧，台湾暖流北上，水温增至12～20 ℃。在沿岸流与台湾暖流交汇海域，等温线密集，其走向为西南—东北，形成较强的温度锋。西北部，来自黄海西岸的冷水舌南下伸向东南，插入东海北部，被南面的台湾暖流暖水舌和北面的黄海暖流暖水舌包围形成相互交错的形势。台湾海峡的水温在12~23 ℃，由西向东逐渐递增，等温线分布与海峡走向一致。台湾以东海域，终年受黑潮控制，温度高，一般在23~25 ℃，温度由南向北递减，但差异很小，暖水舌明显。

南海的温度地理分布与渤海、黄海、东海不同。最显著的差异是冬季南海表层水温较高，通常在20~28 ℃。表层水温分布总的趋势是：大致以17°N为界，该线以北，水温低而水平温差大；该线以南，水温高而温差小；东、西向同一纬度比较而言，东高、西低。北部陆架浅水区及北部湾，易受陆地及气象因子影响，水温较低，一般为18~23 ℃。等温线密集，走向大体与海岸平行，温度由岸向外递增。北部湾水温南北地区差异悬殊，湾口暖水舌向湾内伸展，与外海水入侵的路径一致。南海中部水温达24~26 ℃，因受东北季风漂流的影响，等温线并不与纬度平行，而与越南海岸成一交角，呈东北—西南走向，并向西南倾斜。南海南部距赤道较近，水温高达27~28 ℃，为中国近海水温最高的海域。在巴拉望岛以西海域，存在一片水温高于27℃的暖水区，暖水中心水温为28 ℃。南海北部陆架浅水区，冬季因垂向混合强，水温垂直分布较均匀，深水区上均匀层厚度为40~90米，该深度以下，水温垂直分布存在起伏现象。100米层的水温分布与表层有显著不同：一是在吕宋岛西北，出现一个水温低于17℃的闭合冷水区，这是由东北季风所导致的吕宋西北的上升流区，有人称之为“吕宋冷涡”，该冷水区在50米层、150米层、200米层和300米层温度图上均清晰可见；二是巴拉望岛西侧的暖水块依然存在，但范围比表层的有所缩小；三是万安滩—广雅滩一带，出现一片低温区，低温中心低于19 ℃。南海深层水温分布比较均匀，没有明显的地区差异，如500米层，整个南海海盆水温为8.5 ℃左右；到了1 000米层，南海海盆水温为4.2 ℃左右。

1.4 海洋环境风险区划

1.4.1 风险区划基本概念

区划，泛指区域的划分。根据不同的区划对象通常将区划划分为行政区划、经济区划、自然区划三大类。其中，自然区划是根据地域分布规律，按照自然地理区域的相似性和差异性的程度进行区域划分，将自然条件差异性较小、相似性较大的区域划分为同一类属，并按区域等级的从属关系，建立起一定的区域等级体系。根据对象和侧重点不同，自然区划又可划分为部门自然区划和综合自然区划。部门自然区划是以自然地理的某一组成要素为划分对象所进行的区域划分，如以地貌为研究对象所进行的地貌区划，以气候为对象进行的气候区划，以水文为研究对象进行的水文区划等。综合自然区划是根据自然地理综合体的相似性和差异性逐级进行区域划分，并根据其程度不同排列成一定的区域等级系统。所以综合自然区划是对自然地理综合体的地域划分，它反映了自然地理系统的地域差异和联系。

风险区划比自然区划的研究起步要晚，它是将风险理论与自然区划理论相结合的产物。在自然灾害、环境等风险分析研究中，由于其致灾因子及承灾体本身具有较强的地域分布特征，使得对应的风险也具有较强的地域分布规律。为了表现某类风险的空间分布格局及内在规律，研究者往往会在风险评估的基础上制作风险空间分布图，这就是风险区划。在风险分析领域，特别是在各类自然灾害风险分析领域，风险区划是进行国土管理、防灾规划、风险管理、减灾政策制定等方面的重要依据。虽然风险区划已较多地应用于实践，然而对风险区划的系统性的理论研究并不多，对于风险区划的尺度、基本单元、区划目的与原则、风险区划方法和实用性等方面都还缺少深入的研究，甚至对于风险区划的概念至今没有形成共识。下列为较具代表性的风险区划概念：

（1）反映社会面临的灾害风险现状或一定时间内可能遭遇的灾害风险程度，包括单类灾害风险区划和综合风险区划。

（2）风险区划是一种半随机、半确定的区划，它依据灾害的大量历史数据，全面反映承灾体在不同时段形成不同强度、烈度灾害的可能性，它是对灾害的“准周期性”与“地域性分布”两个规律的定量反映。

综合国内外风险与风险区划的研究成果，可以认为风险区划是对风险区域分布规律的一种具体的量化体现，是按照风险在时间上的演化和空间上的分布规律，对其空间范围进行区域划分的过程，其结果可以反映出区域风险的差异性，是一个对风险的区域差异性进行分类、评估并按一定标准进行划分的过程。风险区划是风险分析的产品之一，不同的风险评估体系会产生不同的风险区划图，而评估体系的建立又依赖于人们对风险的认识水平。

1.4.2 风险区划方法步骤

风险区划单元

确定基本的评价单元是风险区划的基本步骤。评价单元是风险评估的最小空间单元，评价单元的划分影响最终风险区划结果的合理性。传统的风险区划通常以行政区（省、市、县、区）为基本的评价单元；海洋环境风险区划以空间自然地理状况（如评估目标站点分布）或卫星等探测信息源的分辨率作为基本单元。随着地理信息系统（geographic information system，GIS）技术的发展，GIS 技术支持生成的风险基本评估单元得到越来越多的应用，如将研究区以高分辨率的规则做网格划分，以规则网格作为基本的评价单元，如 100 米×100 米，1 千米×1 千米，10 千米×10 千米等。除了以规则网格作为基本评价单元外，在实际的风险评估中，还可根据实际情况通过图层叠加得到基本评价单元，如海洋环境要素和海洋天气现象与地理信息相叠加后划分的评价单元。

风险区划单元确定后，根据风险评估模型或风险要素的聚类模型，计算分析各评价单元对应的风险值，对风险值进行等级划分，再按照不同等级对风险区域进行合并，最终得到风险区划图。

风险区划基本步骤

由于风险区划种类繁多，开展风险区划、编制风险区划图的步骤也不尽相同，一般而言，步骤大致如下：

（1）根据区划目的和目标，建立统一的风险评估指标体系；确定收集资料的范围、内容。

（2）基于收集的资料，按照地理信息系统框架，根据评估指标体系的要求，编制实际的信息表，建立风险评估空间信息数据库。

（3）根据区划目的、要求以及资料的时空分辨率，确定区划图比例和评价单元大小。

（4）选择评估方法，建立区域评估模型，确定指标等级，分别计算各评价单元的指标值。

（5）采用等值法或地区标度法进行区划，编制各类风险区划图。

（6）分析、研究各区划单元的风险特点与时空规律，提出降险、减灾对策。

1.4.3 海洋环境风险区划分类

海洋环境风险区划包括单灾种风险区划和多灾种综合风险区划两大类。

单灾种风险区划

单灾种风险是指在某单一致灾因子危险性、承灾体脆弱性和孕灾环境敏感性（危险性、脆弱性、敏感性）三方面共同作用下产生的综合风险效应。

（1）海上航行大风（浪）风险区划

首先，比较大风（浪）风险的三要素（危险性、脆弱性、敏感性）对海上航行的综合风险的贡献大小，并以此确定相应权重。在指标合成的乘法原则中，若某指标的变化引起综合指标值的变化越显著，则其相应的权重就越大。在历史灾情资料不足的情况下，可根据专家经验，通过两两比较法粗略计算得到权重，建立判别矩阵 $\boldsymbol{A}$，得到权重向量 $\boldsymbol{W}$，且满足一致性检验条件，进而计算得到致灾因子危险性、承灾体脆弱性和孕灾环境敏感性的权重。将计算结果代入风险模型即可计算出各评价单元内海上航行大风（浪）综合风险。

将大风综合风险与大风危险性、承灾体脆弱性和孕灾环境敏感性进行比较，可以发现，综合风险图与其风险三要素区划图之间既有相似，也有不同。1 月，南海风险明显大于其他海域，普遍在二级左右，其中巴士海峡和台湾海峡风险最高，达到一级；而广大印度洋海域的风险较小，普遍在四级以下，只有在风较为强盛、船舶通行量较大的海域（如索马里东北、阿拉伯海西南部之间以及科摩林角和斯里兰卡附近海域）达到三级风险。7 月，阿拉伯海大部分海域大风综合风险在二级左右，亚丁湾以东的部分海域达到一级风险。而南海风险普遍较小，一般在三级以下，只有南沙群岛以西及南海东北部部分海域达到二级风险。

（2）低能见度风险区划

低能见度致险程度与其发生频率和强度有关。能见度越低，船舶发生碰撞或搁浅的可能性越大。根据国际雾级规定，凡能见度低于 4 千米的称为不良能见度；在此基础上，依据国际气象能见度分级编码以及我国地面观测规范，考虑到研究海域能见度在 0.2 千米以下的情况极少，将其整合为一级，最终给出低能见度等级划分如表 1.1 所示。

表 1.1　低能见度等级划分

等级标记	等级描述	水平能见度范围/km	水平能见度中间值/km
一	能见度较差	1 ~ 4	2.5
二	能见度差	0.5 ~ 1	0.75
三	能见度极差	<0.5	0.3

尽管低能见度频率与船舶事故概率间的具体函数关系尚不十分清楚，但可以肯定的是，两者呈负相关关系。为此可粗略取反比关系，即能见度可表示为：$Int_{\text{Visibility}}=\frac{k}{l}$，式中 $Int_{\text{Visibility}}$ 为能见度指数，l 为能见度距离值，k 为标准参数，一般取 $k=6.0$。

统计出低能见度发生频率和强度后，对两者权重进行计算。一般认为强度指数比发生频率更为重要，因此两者权重分别取0.6和0.4，并代入能见度评估模型进行计算，再将计算结果标准化，采用自然断点法分级（如表1.2），按分级标准分别绘制出各月的低能见度危险性等级区划。

表1.2 低能见度危险性等级划分

等级标记	等级描述	危险性值
一	低能见度危险性极高	>0.5
二	低能见度危险性较高	0.3～0.5
三	低能见度危险性中等	0.1～0.3
四	低能见度危险性较低	0.02～0.1
五	低能见度危险性极低	<0.02

区划结果表明，南海—印度洋无论冬季还是夏季，低能见度的危险性总体都较小。2月份在南海北部沿岸、孟加拉湾北部部分海域以及望加锡海峡的危险性较高，在三级左右；其中，尤以南海北部湾沿海的危险性最高，达到二级。7月份，南海—印度洋大部分海域的低能见度危险都在四级以下，只有孟加拉湾北部明显高于其他海域，危险性达到三级。此外，在孟买的西北近海、苏门答腊岛西部沿海以及望加锡海峡中有零星的三级危险性区域。

多灾种综合风险区划

由于风、能见度、云、海浪、涌浪是影响海上航行的主要危险因子，客观分析这些气象水文要素的季节变化规律和地域分布特征，可为海洋环境综合气候区划和风险分析评估提供事实依据和信息支持。

采用1970—1995年共26年太平洋海域的船舶报资料，约653万个观测样本，资料范围：(100°E～100°W；0°～60°N)。侧重对西北太平洋海域进行区划分析，将26年观测资料进行季节和全年平均，然后根据经纬度信息，用克里金插值方法将各零散的船舶报资料和缺损样本客观插值到1°×1°经纬网格点内，得到多年平均的规则格点资料（西北太平洋海域共81×60个格点）。对每个格点内的样本分别按1月（代表冬季）、7月（代表夏季）和全年进行平均，得到该海域风速、温度、露点、海面温度、海平面气压、总云量、能见度、海浪高度、涌浪高度等要素的冬季、夏季和全年的格点平均值。

(1) 基于模糊聚类的风险区划

1）将全年平均的风速、能见度、总云量、海浪高度、涌浪高度等5个因子组成五维空间，并对样本数据作归一化处理，使归一化的每维数据服从正态分布。

2）利用减法聚类客观确定样本点的聚类数目（分析结果是5类）。

3）基于所得聚类数目，用模糊C－均值聚类方法对样本进行5类聚类分析。

4）将所获得的5个聚类结果投影到地图上，绘制出气候区划结果图。

第一类位于25°～35°N，130°E以东纬度带，小部分位于我国台湾东南部。上述气候特征分析表明，该海域是风速、海浪高、涌浪高的较大值区，总云量也是相对较大，水文环境并不是太好，初步判定该海域属于舰船航行的较高风险区。

第二类位于赤道至10°N的低纬度带。上述气候特征分析表明，该海域是风速、总云量、海浪高、涌浪高的小值区，能见度最好，水文环境是最好的，初步判定该海域属于舰船航行的安全区。

第三类位于东亚大陆沿海海域及赤道附近5°～15°N的狭长纬度带。气候特征分析表明，该海域是风速、海浪高、涌浪高的较小值区，水文环境相对较好，可判定该海域属舰船航行的较安全区。

第四类主要位于15°～25°N，130°E以东的纬度带。气候特征分析表明，该海域的风速、海浪高、涌浪高中等，总云量小、能见度好，水文环境一般，因而可判定该海域属舰船航行中等风险区。

第五类位于海域 140°E 以东，30°N 以北中高纬海域。气候特征分析表明，该海域是风速、总云量、海浪高、涌浪高的最大值区，加之其能见度最低，相应水文环境最差，因此可判定该海域属于舰船航行的高风险区。

上述风险分析判别结果可归纳如表 1.3 所示。

表 1.3 西北太平洋海域区划的主要因子及对舰船航行的风险判定

分类 因子	第一类		第二类		第三类		第四类		第五类	
	范围	定级	范围	定级	范围	定级	范围	定级	范围	定级
风速/($m \cdot s^{-1}$)	7.1～9.0	较大	0～6.6	小	5.7～8.2	中等	5.9～8.1	中等	7.6～10.8	大
能见度/km	17.1～23.2	中等	14.9～28	较高	13.5～22.9	较低	18.3～35	高	1.4～17.6	低
总云量/成	5.8～7.5	中等	4.2～7.6	较少	6.2～8.2	较多	0～6.2	少	7.0～10	多
海浪高度/m	1.2～1.6	较大	0～1.0	小	0.8～1.3	较小	0.9～1.4	中等	1.2～3	大
涌浪高度/m	2.1～2.9	较大	0～1.8	小	1.4～2.2	较小	1.6～2.5	中等	1.9～4	大
风险估计	较高风险		安全		较安全		中等风险		高风险	

资料来源：基于 1970—1995 年西太平洋海域船舶报资料统计区划的主要因子及对舰船航行的风险判定（黄志松、张韧，2007）

（2）基于模糊推理的风险区划

上述模糊 C－均值聚类的气候区划结果，反映了各海洋环境风险因子的自然分布，各风险因子的影响权重是同等的。然而在实际的舰船航行保障和决策中，风险评估是在综合不同风险因子对舰船航行影响程度的基础之上实现的，各因子的影响权重并不相同，如风速、海浪高和涌浪高等因子的影响权重要大于总云量因子。因此，模糊 C－均值聚类的气候区划并不能完全代表实际的风险区划。

引入模糊推理方法进行西北太平洋海域气象水文要素影响舰船航行的风险分析评估。模糊系统的核心是对复杂系统或过程建立一种语言分析的数学模式，将专家知识或实践经验从自然描述语言转化为模糊规则和模糊集合表示的定量的计算机算法和控制系统。模糊推理优势在于知识表达与逻辑推理，其核心内容包括：风险因子选择、隶属度函数调制、推理规则编辑和模糊映射实验等。模糊推理的风险评估建模过程包括：

1）风险因子选择：根据气象水文要素对影响舰船航行的理论知识、保障经验和评价规范，选择风速、能见度、总云量、海浪高度和涌浪高度五个要素作为影响舰船航行的风险因子。

2）隶属度函数调制：根据聚类分析以及各要素对舰船航行影响的理论知识，归纳出各要素隶属度分布和取值范围。评估风险指数（%）分为五级：安全（0~30）、较安全（30~45）、中等风险（45~60），较高风险（60~75）、高风险（75~100）。

3）推理规则编辑：根据舰船航行的环境影响参数规范和保障经验，基于上述所选环境风险因子分类值域范围和隶属度结构，提取若干诸如 if... and...，then... 格式的模糊推理规则。

4）映射曲面分析：通过对所建模型的映射曲面的特征分析，可直观判别影响因素与评估目标的特征映射和逻辑关系是否符合常规的保障规范和判别经验，并视情况对评估模型做修改调试。

5）推理模型动态仿真：通过对舰船风险评估模型的动态仿真，可进一步观察和考察模型的推理评估效果以及评估目标对各影响因子的依存度和敏感性，进而为改进、完善和调整模型提供依据。

基于上述所建立的风险评估模型，将西北太平洋海域各个格点的年平均风速、能见度、总云量、海浪高度和涌浪高度等要素值输入风险评估推理模型，即可得到每格点的风险指数的模糊推理结果，通过对所得风险指数按级分类，得到西北太平洋海域舰船航行的气象水文要素影响风险评价区划。其中，高风险区主要位于40°N以北至150°E以东海域，较高风险区位于高风险区外围，中等风险区主要位于较高风险区外围和东亚沿岸地区，安全和较安全的区域主要位于副热带海域和低纬信风区。

1.5 海洋重大灾害现象

海洋灾害指海洋环境发生异常或剧烈变化导致海上或海岸出现的灾害。海洋灾害主要有狂风、暴雨、巨浪、海啸、热带气旋、风暴潮、海冰以及赤潮等。其中热带气旋和风暴潮是发生最多、影响最大的海洋重大灾害现象。

1.5.1 热带气旋

热带气旋是发生在热带洋面上的气旋性涡旋的通称，西太平洋地区俗称“台风”，加勒比海地区俗称“飓风”，印度洋地区俗称“热带风暴”。热带气旋强度可按气旋中心附近气压高低或按气旋中心附近的最大风速划分为热带低压、热带风暴、强热带风暴、台风、强台风、超强台风等六个等级（如表1.4）。

表1.4 基于中心附近最大风速的热带气旋等级划分

等级	名称	属性
一	热带低压（TD）	底层中心附近最大平均风速10.8～17.1 m/s，即风力6～7级
二	热带风暴（TS）	底层中心附近最大平均风速17.2～24.4 m/s，即风力8～9级
三	强热带风暴（STS）	底层中心附近最大平均风速24.5～32.6 m/s，即风力10～11级
四	台风（TY）	底层中心附近最大平均风速32.7～41.4 m/s，即风力12～13级
五	强台风（STY）	底层中心附近最大平均风速41.5～50.9 m/s，即风力14～15级
六	超强台风（Super TY）	底层中心附近最大平均风速≥51.0 m/s，即风力16级以上

热带气旋的范围通常以气旋系统最外围近圆形等压线为准，直径一般在600~1 000千米，最大可达2 000千米，最小仅100千米。热带气旋（台风）呈圆形结构，中心5~30千米范围是台风眼，台风眼以下沉气流为主，这里微风、干暖、少云，天气较好。环绕眼区8~19千米为最大风速区，气压梯度很大，并伴有强烈的对流和降水。从风暴边缘到最大风速区，存在一条或几条螺旋雨带或螺旋云带，伴随有发展的对流云、高云和降水以及大范围的中低云。台风的垂直范围一般可达对流层顶（10~15千米）。在垂直方向上，可分为三层：地面到3千米为气流的流入层；3~7.6千米为中层，该层垂直气流强盛；7.6千米至台风顶部是流出层，最大流出层在12千米左右。热带洋面高温、高湿空气上升凝结释放潜热，使得台风中心温度很高，尤其对流层上部，其温度比周围高出10~15 ℃。暖心温度结构是台风最明显的特征之一，在红外云图上台风眼表现为圆形密蔽云团中的一个小黑点（如图1.1）。

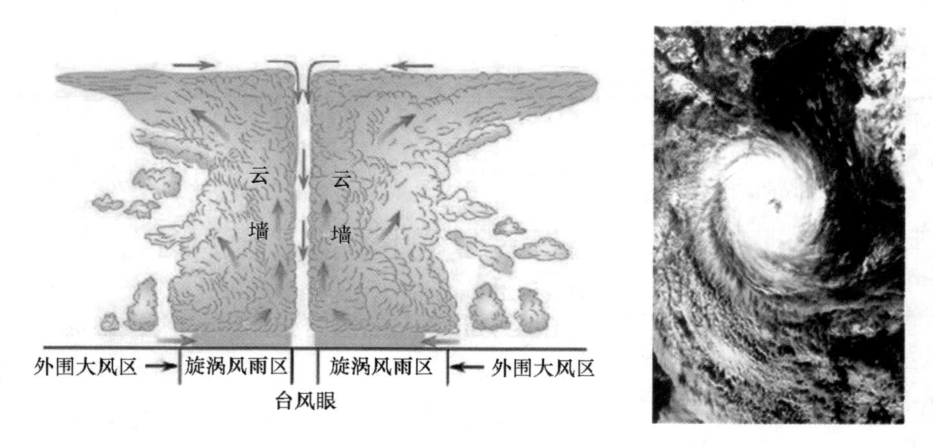

图1.1 热带气旋（台风）的基本结构与卫星云图

热带气旋（台风）作为海上灾害性天气系统，其所经之处，产生狂风、暴雨、巨浪、风暴潮，威胁海上作业及沿海人民的生命财产安全，登陆台风若遇上天文大潮，其造成的灾害更加严重；登陆后的台风，其强度尽管已减弱为热带低压，但若有冷空气与之配合，带来的大风、降雨所造成的风暴潮灾害损失，也是触目惊心。

根据1961—2006年的资料统计：南海和西北太平洋平均每年有27个热带气旋生成，最多年为40个（1967年），最少年为16个（1998年）；南海和西北太平洋每月均可有热带气旋发生，7～10月为热带气旋活跃期，以8月最多（平均5.9个），2月最少（平均0.2个）。在西北太平洋和南海海域所生成的热带气旋中，登陆中国的最多，其次是菲律宾，第三是日本。每年平均有7个热带气旋在我国登陆，最多年达12个（1971年），最少年仅4个（1982、1997、1998年）。热带气旋登陆地点遍及中国沿海地区，但以广东、福建、浙江等东南沿海地区和台湾岛、海南岛居多。

西北太平洋和南海是全球热带气旋发生的主要源地，包括关岛以南的加罗林群岛周围，菲律宾以东洋面及南海中部。热带气旋生成后的移动路经一般为：西行、西北行和转向北行等正常路径和转向、回旋、蛇行、抛物线等异常路径。其中热带气旋的强度变化和异常路径是目前预报的难点，也是重大海洋气象灾害的潜在风险源。

1.5.2 风暴潮

风暴潮是自然界一种巨大的海洋灾害现象，它是由剧烈的大气扰动，如强风和气压骤变（通常指台风、温带气旋、寒潮大风等灾害性天气系统）导致海水异常抬升，使受其影响的海区潮位大大超越正常潮位的现象。风暴潮又称为“风暴增水”“风暴海啸”或“气象海啸”。若风暴潮期间正好赶上天文大潮，则其影响更剧烈，会造成海水强烈冲击港口、码头，漫溢海堤内陆，酿成巨灾。

风暴潮的基本特征

风暴潮的空间范围一般为几十千米至上千千米，时间尺度或周期为1～100小时，介于地震海啸和低频天文潮波之间。有时风暴潮影响区域随大气扰动因子的移动而变化，因而有时一次风暴潮过程可影响上千千米的海岸区域，影响时间多达数天。

根据风暴潮的成因，通常可分为台风风暴潮和温带气旋风暴潮两大类。

（1）台风风暴潮：多见于夏秋季节，其特点是来势猛、速度快、强度大、破坏力强。凡是有台风影响的海洋国家、沿海地区均有台风风暴潮发生。风暴潮强度与台风（热带气旋）的中心—外围的气压差成正比，中心气压每降低1百帕，海平面可能上升1厘米。

（2）温带气旋风暴潮：多发生于春秋季节，夏季也时有发生，其特点是增水过程比较平缓，增水高度低于台风风暴潮。主要发生在中纬度沿海地区，以欧洲北海沿岸、美国东海岸以及我国北方海区沿岸为多。

风暴潮灾害与孕灾环境

风暴潮能否成灾，在很大程度上取决于其最大风暴潮位是否与天文潮的高潮相叠，尤其是与天文大潮期的高潮相叠。当然，也取决于受灾地区的地理位置、海岸形状、岸上及海底地形和影响对象（承灾体）情况。若最大风暴潮位恰与天文大潮高潮相叠，则可导致特大潮灾。如：1992年8月28日至9月1日，受第16号强热带风暴和天文大潮共同影响，我国东部沿海发生了自1949年以来影响范围最广、损失极为严重的一次风暴潮灾害；2006年8月超强台风“桑美”在浙江苍南登陆时最大风速达17级，恰遇天文大潮，引发巨大的风暴潮灾害。

风暴潮灾害一般划分为四个等级，即特大潮灾、严重潮灾、较大潮灾和轻度潮灾。若风暴潮位非常高，虽未遇天文大潮或高潮期，也会造成严重的风暴潮灾，1980年第7号台风风暴潮即属此情况，当时正逢天文潮平潮，但由于出现5.94米的特高风暴潮位，仍造成了严重风暴潮灾害。

风暴潮对于海峡、水道、岛屿和沿海地区都是一个强烈的致灾因子。统计分析表明：中国受热带风暴潮袭击的频繁程度居世界首位，风暴潮的灾情仅次于孟加拉国，属环太平洋国家中最为严重的。

· 知识延伸

中外历史上因风暴潮导致了多次重大灾难。日本大阪湾1934年9月21日遭受的一次台风风暴潮，房屋损毁16 793间、死亡1 888人；1959年9月26日，日本伊势湾遭遇的风暴潮夺去了5 200人的生命，毁坏房屋35 025间；1953年1月31日至2月1日在欧洲北海发生的强烈风暴潮，冲毁了荷兰的多处堤坝，淹没了25 000平方千米土地，夺去了2 000条生命，600 000人流离失所。美国墨西哥湾沿岸加尔维斯顿于1900年9月8日发生了一次历史上著名的风暴潮，风速60米/秒，海水平均高出海面5米左右，导致该城全部被冲毁，6 000余人死于非命。2005年在美国新奥尔良登陆的大西洋飓风“卡特里娜”产生的风暴潮冲毁了该市海防大堤，海水倒灌，致使上千人伤亡，财产损失数千亿美元。孟加拉湾也是风暴潮肆虐的海区，1864年和1876年的两次风暴潮使250 000人丧生；1970年11月13日震惊世界的毁灭性风暴潮一次就夺去了300 000人的生命。

第2章
海洋环境要素反演与特征诊断

· 史海钩沉

从古代开始，人类乘船用各种方法观测海洋，但船的航行范围与无垠的大海相比，显得十分渺小，得到的结果也较模糊。1957 年，人类发射了第一颗人造地球卫星。卫星上天，翻开了探索海洋的新篇章，海洋观测进入“卫星时代”。

海洋卫星是一种为海洋环境探测、科学研究及资源开发服务的专用海洋空间遥感技术系统。1978 年，美国发射 Seasat – A，这是第一颗以海洋探测为主要任务的卫星。随后，日本于 1987 年和 1990 年先后发射了 MOS – 1 和 MOS – 2 海洋观测卫星。其间，苏联也发射了“宇宙”和“流星”系列海洋卫星。1991 年，欧洲空间局与一些国家合作发射了第一颗综合遥感卫星 ERS – 1。1992 年，美国和法国合作发射了 TOPEX/Poseidon，这是海洋学研究的里程碑。海洋卫星在高空俯视海洋，克服了“以海观海”的局限，实现了对广阔海域全天候的监测，带领人类探索海洋奥秘。

2.1 卫星遥感反演海面要素

卫星海洋遥感是利用电磁波与大气和海洋的相互作用原理，从卫星平台观测和研究海洋的分支学科。它是属于多学科交叉的新兴学科，其内容涉及物理学、海洋学和信息学，并与空间技术、光电子技术、微波技术、计算机技术、通信技术密切相关。卫星海洋遥感研究内容包括遥感物理机制、辐射传输方程、反演理论和模型、图像处理与信号处理、卫星数据海洋学应用、海洋 GIS 等。卫星海洋遥感是20世纪后期海洋科学取得重大进展的关键技术之一，它开辟了研究海洋问题的一个新视角，为海洋观测和研究提供了一个崭新的数据集，推动了海洋科学与其他学科的交叉发展。

与传统的船舶、浮标数据相比，卫星海洋遥感数据具有非常显著的优势：

（1）大范围同步测量，且有较高空间分辨率，可满足区域海洋学研究乃至全球变化研究的需求。

（2）可进行动态观测和长期观测，从而得到连续数据集以满足环境监测和气候研究的迫切需求。

（3）实时或准实时性，可满足海洋动力学实时观测和海洋环境预报的需求。

（4）具有刻画要素区域分布平均的优点，适用于数值模型的检验和改进；卫星资料在数值模型中的数据同化应用研究是当今大气、海洋科学前沿课题之一。

（5）卫星观测可以覆盖几乎所有海域，包括船舶、浮标不易抵达的海区。

近三十多年来，卫星海洋遥感大致经历了三个阶段：第一阶段（1970—1978年）为探索阶段，该阶段主要利用宇宙飞船搭载试验和利用气象卫星、陆地卫星探测海洋环境；第二阶段（1978—1985年）为试验阶段，该阶段美国发射了一颗海洋卫星（Seasat）和一颗雨云卫星七号（Nimbus -7），卫星上搭载了海岸带水色扫描仪，这两颗星皆属实验研究用途；第三阶段（1985

年至今）是应用研究和业务使用阶段，该阶段世界上多个国家发射了多颗海洋卫星，如海洋地形卫星 Geosat、Geosat-FO、TOPEX/Poseidon、Jason－1 等，海洋动力环境卫星 ERS－1、ERS－2、Radarsat、Quikscat 等，以及海洋水色卫星 Seastar、IRS－P 3、ROCSAT－1 等，除此以外，还在别的卫星上搭载海洋探测器，开展了卓有成效的应用研究。

海洋卫星观测的所有传感器都是基于电磁辐射原理获取海洋信息。遥感技术采用的电磁波包括可见光、红外、微波。其中，可见光光谱范围在 0.4～0.7 微米，红外波谱在 1～100 微米，微波波段在 0.3～100 吉赫。传感器按工作方式可分为主动式和被动式。被动式传感器如可见光红外扫描辐射计、微波辐射计；主动式传感器如微波高度计、微波散射计、合成孔径雷达等。

所谓卫星资料反演，是指从卫星原始数据获得定量海洋环境参数的数学物理方法，即从电磁场到物质性质或地球物理性质的逆运算。从卫星平台观测海洋，海洋信息经过复杂的海洋－大气系统被星载传感器接收，然后再传输到卫星地面站。反演方法有准解析、数值模拟、统计回归或以上几种的组合。反演方法和模式有适用于全球的，也有适用于区域的，后者一般比前者有更高的反演精度。

通过海洋卫星以及其他卫星携带的海洋探测器可以反演得出各类海洋要素。下面对卫星遥感反演海面温度、海洋水色、海面动力高度、海面风场和海面盐度的基本原理和方法作简要介绍。

2.1.1　卫星遥感反演海面温度

海面温度（sea surface temperature，SST）是海洋学研究中最重要的参数之一，几乎所有的海洋过程，特别是海洋动力过程都直接或间接与温度有关。例如，SST 是描述海洋锋面和海流的特征量之一，也是全球气候变化模式的主要输入变量之一；热带气旋、海－气交换、厄尔尼诺和拉尼娜现象等都与 SST 变化密切相关；生物种群分布、洄游、繁殖等生命过程都受 SST 的制约和影响，因此掌握 SST 分布特征和变化规律对于海洋学研究有极为重要的意义。

SST 通常利用红外辐射计或微波辐射计进行反演，两种传感器各有利弊。一方面，对海面进行监测的分辨率与波长成正比，接收波长较短的红外辐射计获得的数据具有更高的分辨率和精度，但其对大气较为敏感，有云阻挡时无法进行观测；另一方面，接收波长较长的微波辐射计则能够在很大程度上穿透云层进行观测，但其分辨率较低，且会受到海面风场和降雨的影响。

在红外波段，大气存在两个窗口，即 3～5 微米和 8～13 微米，水汽是主要的吸收因子，故热带大气透射率最低。3.7 微米水汽吸收弱，透射率高，因此红外辐射计的光谱通道常设在 3.7 微米、11 微米、12 微米。在热红外波段，目前尚没有现成的公式去计算海水的发射率，通常使用统计方法反演 SST，这样可以回避海水红外波段发射率未知的问题。例如 NOAA 卫星上搭载的改进型甚高分辨率辐射计设置了上述 3 个通道。由于在微波区普朗克辐射曲线具有更低的信号强度，因此被动式微波辐射计 SST 测量与红外 SST 测量相比，其精度和分辨率都更低。微波频率低于 300 吉赫，满足瑞利－金斯定律条件。因此，在微波辐射计对应的辐射传输方程中，可以使用亮温代替辐亮度。

在多频率扫描微波辐射计反演 SST 的众多算法中，最成功算法之一是统计的逆方法，通常被称为 D－矩阵方法，该方法假定 SST 与各个通道探测的亮温之间有简单的线性关系。由于微波能够穿透较薄的云层，并且更容易纠正大气的影响，因此对于研究多云情况下的海面温度，微波辐射计具有相当大的优势。

在全天候、全天时观测中，红外辐射计和微波辐射计传感器可以相互弥补，发挥积极的作用。美国国家气候数据中心提供了 AVHRR 和 AMSR 两种传感器的融合产品，其时间分辨率为 1 天，空间分辨率为 0.25°，根据该产品绘制的 2008 年 12 月 31 日全球 SST 如图 2.1，图中可清楚辨识西太暖池和秘鲁寒流等现象的存在。

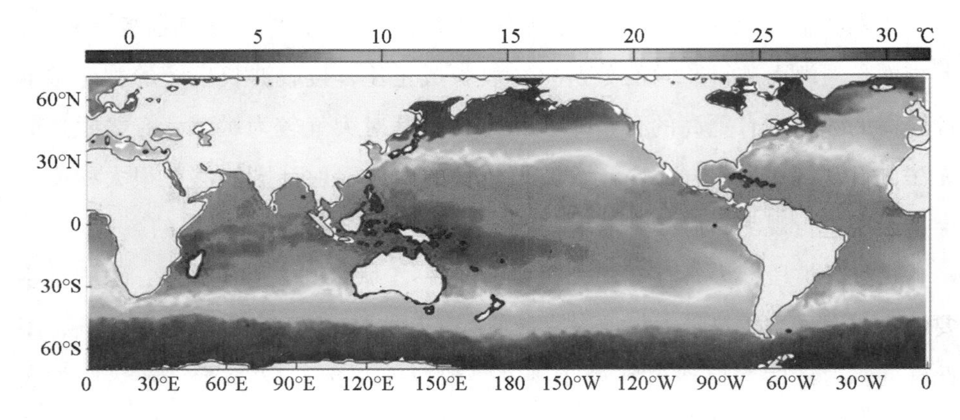

图 2.1 2008 年 12 月 31 日的全球 SST 分布

2.1.2 卫星遥感反演海洋水色

卫星海洋水色遥感是利用星载传感器来探测与海洋水色有关的参数（即水色要素，如叶绿素、悬浮物、可溶有机物、污染物等）的光谱辐射，并经过大气校正和根据生物的光学特性以求得海水中叶绿素浓度和悬浮物含量等海洋要素的一种方法。它常用于监测海洋环境和评估海洋生产力。

在海洋水色遥感研究中，海水被划分为Ⅰ类水体和Ⅱ类水体。其中，Ⅰ类水体以浮游植物及其伴生物为主，海水呈深蓝色，大洋即属于这一类；Ⅱ类水体含有较高的悬浮物、叶绿素和各种营养物质，海水往往呈蓝绿色甚至黄褐色，中国近海就是典型的Ⅱ类水体。

水色传感器通常设置在可见光和近红外波段，且通道数量较多。通道的选择与海洋中主要成分的光学特性有关，每个通道对应各主要成分吸收光谱中的强吸收带和最小吸收带。如 443 纳米通道位于叶绿素强吸收带，520 纳米通道的叶绿素吸收比海水明显偏大，550 纳米通道接近叶绿素吸收的最小值（即位于强透射带内）且对应较小的海水吸收。鉴于海水成分浓度及其引起的后向散射特性与吸收特性间关系的复杂性，现实中常常利用经验算法。例如，可以利用比值法计算叶绿素浓度，即两个或两个以上不同波段的辐亮度比值与叶绿素浓度的经验关系，戈登等人提出适合于I类水体的CZCS传感器双通道算法，利用绿（520纳米/550纳米）与蓝（443纳米）波段的比值来确定叶绿素的浓度，这一比值反映了随叶绿素浓度增加水色由蓝到绿的变化趋势。

含泥沙的水体具有以下特点：随着泥沙含量的增加，光谱反射比也增加；光谱反射比的峰值逐渐由蓝波段向红光位移，也就是水体本身的散射特性逐渐被泥沙的散射掩盖。利用多光谱信息和反射比可从水色资料中提取出悬移质浓度及其运移信息。

监测海水透明度的时空变化，对研究海水的理化特性、渔业生产和军事活动都具有十分重要的意义。海水透明度遥感反演算法从反演途径上可分为直接遥感反演算法和间接遥感反演算法。直接遥感反演算法指利用遥感反演的离水辐亮度或遥感反射率直接获取海水透明度；间接遥感反演算法是指先由离水辐亮度反演水色要素浓度或水体的光学性质，进而反演得到海水透明度，是复合模型。从目前海洋水色遥感所处的阶段来看，直接遥感反演算法并不比间接遥感反演算法精度高，且只适合于局部海区。

2.1.3 卫星遥感反演海面动力高度

海-气界面动力系统、海洋表面动力系统、海洋内波动力系统和海洋环流动力系统是海洋学的四大动力系统。海面动力高度是研究海洋的一种重要属性。科学家可通过测量波高和波谱来研究大尺度的海洋运动特征。

卫星探测海洋动力参数主要依靠微波传感器，其中高度计最为成熟。目前有两类卫星高度计，一类是雷达高度计，另一类是激光高度计，前者发射和接收海面返回的微波，后者发射和接收海面返回的激光。我国神舟飞船留轨舱携带的是激光高度计，国外卫星通常携带的是雷达高度计。星载雷达高度计是一种指向星下点的主动式雷达，通常工作在Ku波段或C波段。

卫星测高是随卫星遥感技术的应用而发展起来的新型边缘学科。其工作原理：以卫星为载体，以海面为遥测靶，由卫星搭载的微波雷达测高仪向海面发射微波信号，该雷达脉冲传播到达海面后，经过海面反射再返回到雷达测高仪。根据脉冲在卫星—海面—卫星的往返时间计算得到测量值。

在星载雷达高度计的工作中，误差分析是其核心内容之一，应对高度计测高误差原因进行分析并予以消除。测高数据误差主要有三类：径向轨道误差、仪器误差和地球物理环境校正误差。具体包括：轨道误差、电磁偏差、电离层误差、干/湿对流层误差、大气压引起的误差、潮汐引起的误差等。

需强调的是，海面动力高度比海表地形和大地水准面的绝对高度更具有意义，它包含了海洋动力过程的各种信息。法国空间局 AVISO 中心提供了经多源卫星高度计融合后的海面动力高度异常数据，该数据融合了 TOPEX/Poseidon、Jason－1、ERS－1/2 和 Envisat 等卫星高度计的资料信息，其时间分辨率为 7 天，空间分辨率约为 1/3°。根据该产品绘制的全球海面动力高度异常如图 2. 2 所示。

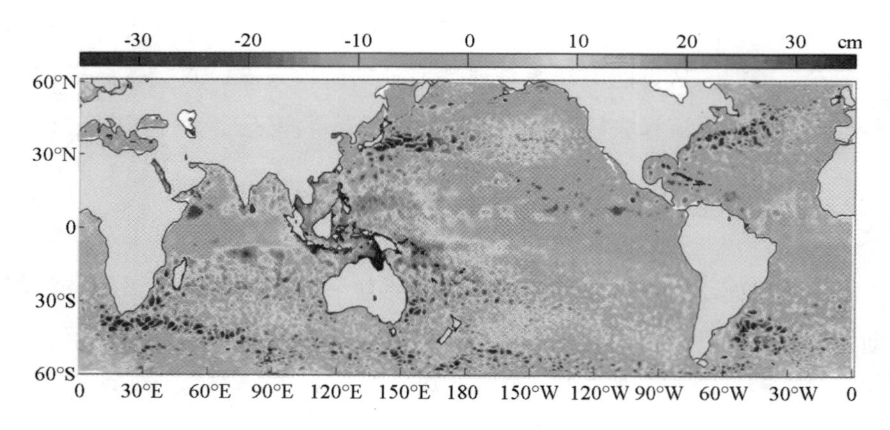

图 2. 2　2008 年 12 月 31 日的全球海面动力高度异常

根据海面动力高度结合地转关系可进一步计算出地转流，包括东海黑潮和南海西边界沿岸流以及中尺度涡旋等。

此外，卫星高度计还可以测量有效波高，这对于研究海浪波谱、海况变化、海洋预报模型等有重要意义。卫星高度计的测波原理是依据海洋表面回波的基本散射理论，微波脉冲与粗糙海面之间相互作用的机理是“准镜面点散射机理”和“布拉格衍射散射机理”。高度计接收到的海面回波信号，其波形上升沿斜率反映了海面有效波高的信息，通过对回波信号上升沿的拟合，可提取到有效波高的信息，推知海面波浪的情况。上升沿斜率是海面波高标准差的函数（此函数可以通过拟合得到），从而可以得到海面的有效波高。波高是指波峰到相邻波谷的铅直距离，一般可以认为波高服从高斯分布。有效波高是指一次观测中所测得的占波浪总数三分之一的大波波高的平均值。有效波高是海面波高标准差的4倍，亦即波高均方根的4倍。图2.3是2002年8月13至22日TOPEX/Poseidon高度计星下点的测量数据插值后获得的全球范围的有效波高分布，该图直观地显示了靠近南极的西风带海域的巨浪区分布。

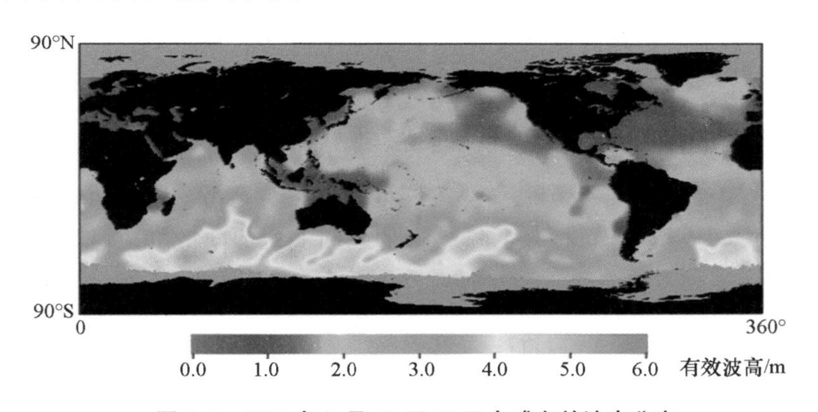

图2.3　2002年8月13至22日全球有效波高分布

注：资料来源于美国宇航局喷气推进实验室。

2.1.4　卫星遥感反演海面风场

海面风场是物理海洋学的重要因素，在改变海洋状态方面扮演着主导性角色，最普遍的过程是风生海浪和风生海流，风的另一重要效应是风应力与大气热交换以驱动海洋循环和维持气候平衡。风是大气边界层和海洋混合层中重要的动力因子和物理参量，在大气、海洋环流和气候模式中占据重要的地位；风也是最易变化的要素，其变化往往引起各种时空尺度的海洋和大气运动响应。

目前，微波散射计、微波辐射计、高度计和合成孔径雷达是四种主要的测量海面风场的传感器。合成孔径雷达作为微波雷达，能够获取高空间分辨率的海面风场信息，但其覆盖范围较小；微波辐射计和高度计只能获得海面风速数据；微波散射计可以全天候地测量海面风速和风向。微波传感器测量海面风速主要是基于海面的后向散射或亮度温度与海面粗糙度相关，而海面粗糙度又与海面风速有一定的经验关系的原理。因此现有的风速算法多是以后向散射或亮度温度与风速的关系建立的。

微波散射计是一种专门监测全球海面风场的主动微波雷达，主要是利用后向散射系数与方位角之间的关系反演全球的海面风场。微波海面散射的物理机制十分复杂。一般认为，海水的雷达后向散射主要有两个机制：当入射角接近天底角时，后向散射主要是镜面反射；当入射角大于20°时，后向散射主要是布拉格（Bragg）散射，海水表面波的波长与入射波波长可比拟，散射波主要来源于那些满足布拉格共振条件的表面波，后向散射决定于这些小尺度的功率谱密度。

利用微波散射计数据进行海面风场反演，需要建立模型函数，准确描述海面雷达后向散射截面积与风速、相对方位角（风向与雷达观测方向之间夹角）、入射角以及极化方式等变量之间的关系。到目前为止，提出的模型函数都是非线性的。模型的非线性以及测量噪声的存在，使风矢量的求解过程变得更加复杂。

微波辐射计是遥感方法获取大范围海面风速的主要途径之一，其测量海面风速的原理主要基于海面微波辐射率与海面粗糙度之间的高相关特征，而海面粗糙度又与风速有关：海面粗糙度增加，则海面辐射率增加，极化特征变弱。辐射计风速反演算法主要有两种：一种是统计回归分析算法，主要是通过微波辐射亮温与现场风速之间的统计回归关系，如D－矩阵算法；另一种是基于辐射传递的物理算法。微波辐射计的观测精度受不透明云、降水和海岸等因素的影响，而且获得的风场空间分辨率较低，但它能给出很宽刈幅的海面风速信息，若能从中提取风向信息，将会进一步提高它的研究和应用价值。但是，微波辐射计提取海面风向方法受到时空平均窗口较大的限制，只能获得较低时空分辨率的产品，尚不能获得比常规方法更有实用价值的海面风向信息。

高度计虽然只能测量海面风速标量，但它可以提供同步的风、浪数据，并且星下点测量风速的空间分辨率高于散射计，在小于10米/秒的风速范围内测量误差小于散射计，因而在实际应用中有其特殊的意义。海面在风的作用下能够产生厘米尺度的波浪，从而引起海面粗糙度（海面均方斜率）的变化，雷达高度计对大于或等于其工作波长（一般为2厘米左右）的海面粗糙度变化有敏感的响应。由于卫星高度计是天底视主动式传感器，海面平静时回波信号最强，海面起伏随风增大时，信号反射回传感器的镜面面积越来越少，回波也就越来越弱。散射理论和实验观测表明，高度计后向散射截面和海面风速之间存在一种反比关系：随着风速的增大，海面粗糙度会随之增加，使得雷达脉冲的侧向散射能量增加，后向散射能量减少，从而导致后向散射截面下降。高度计测量的后向散射截面必须通过模式函数才能转换为海面风速。国际上已公开发表了多种函数模式，从模式导出方式来看，主要有统计回归、加权迭代和理论推导等。

合成孔径雷达（synthetic aperture radar，SAR）作为微波雷达也能获取海面风场的信息，其优点在于具有测量高空间分辨率（数米至数十米）海面风场的能力，可以弥补散射计测风的不足，近年来受到人们的普遍关注。2002年发射的欧洲Envisat卫星上搭载的ASAR就兼负了测量海面风场的重任，这也推动了SAR海面风场测量的研究。SAR是主动式遥感仪器，通过发射微波束、接收来自海面的后向散射获取海面信息。在20°~70°的波束入射角条件下，海面的微波散射主要为布拉格散射。由布拉格散射理论可知，风致海面短波是产生雷达后向散射的主要散射体。因此，根据风速与雷达后向散射截面之间的关系来计算海面风速，是星载SAR图像反演海面风速的一种技术途径。另外，根据SAR图像的方位向模糊原理，利用风与高波数截断波长之间的关系计算海面风速是星载SAR图像反演海面风速的另一种途径。

美国国家气候数据中心提供了基于多源卫星风场的融合产品，该卫星融合产品包含了 QSCAT、AMSR - E、TMI、F13、F14、F15 等 6 类数据，其时间分辨率最高可达 6 小时，空间分辨率 0.25°。根据该产品绘制的 2005 年 8 月 28 日的全球海面风场分布如图 2.4 所示。图中可清楚地看到墨西哥湾发生的卡特里娜（Katrina）飓风和西太平洋发生的泰利（Talim）台风。

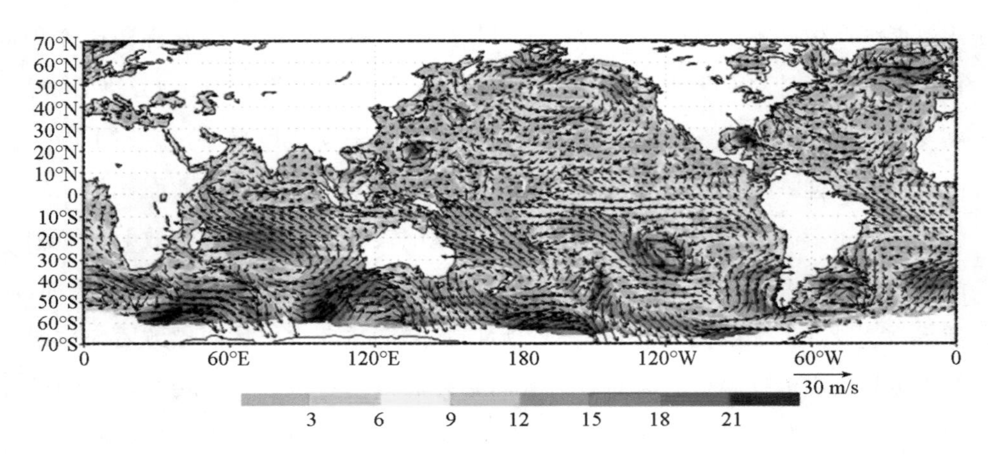

图 2.4　2005 年 8 月 28 日的全球海面风场

注：资料来源于美国国家气候数据中心。

2.1.5　卫星遥感反演海面盐度

海面盐度（sea surface salinity，SSS）是研究大洋环流和海洋对全球气候影响的重要参量。SSS 是估量海气交换所需考虑的关键因子之一，也是研究海洋对气候变异激发和响应的核心要素。另外，SSS 在利用高度计资料计算海洋的热贮存、估算上层海洋的温度和盐度剖面、改进大气环流模型中海表面饱和水汽压等方面都有很好的应用前景。

目前对于海面盐度遥感波段已经有比较统一的认识，即选择以 1.4 吉赫为中心频率的宽度为 20 兆赫的波段。该波段在通常所说的 L 波段中，是受到国际条约保护、用于无线电天文学研究的波段，受人为信号干扰较小。另外，该波段受云的影响可以忽略，除了大雨以外，可以进行全天候观测，因此该波段是海面盐度遥感的首选频率波段。垂直极化亮温和水平极化亮温的平均值对入射角并不敏感，采用双极化观测方式可以选用较大的入射角。海面盐度遥感需要考虑的影响因素来源于3个方面：太空（包括宇宙背景辐射、银河系辐射和天体辐射）、海面（包括海面粗糙度、泡沫和温度）和大气。2009和2011年，欧洲空间局和美国航空航天局分别发射了SMOS卫星（土壤湿度与海水盐度卫星，the soil moisture and ocean salinity）和Aquarius卫星，为人类从太空中全天候监测和获取海面盐度信息提供了数据来源和科学基础。

· 知识延伸

2009年11月2日，欧洲空间局地球探索者系列的第二颗卫星，即SMOS卫星，从俄罗斯北部Plesetsk卫星发射基地成功发射。SMOS卫星基于独特的被动微波干涉成像技术，用L波段1.4吉赫测量地球表面的微波辐射，开拓了全新合成孔径天线测量海面盐度技术。它每三天可以覆盖全球海域，空间分辨率为43千米。SMOS卫星在观测全球气候变化领域起到了关键的作用，能够观测大气与海洋、陆地之间的水汽循环。该卫星是世界上唯一能够同时对土壤湿度和海水盐度变化进行观测的卫星。

Aquarius卫星是2011年6月发射的一颗多用途卫星，是美国航空航天局和阿根廷空间局CONAE的合作项目。Aquarius与SMOS利用欧洲中期天气预报中心提供的风场来估计海面粗糙度，不同点是Aquarius搭载了一个主动微波雷达散射计用于同步探测海浪，以进行海面粗糙度修正。除了常规海面风场和海浪观测外，Aquarius卫星还可进行海面盐度场观测。Aquarius卫星位于地表上方657千米处，大概每七天覆盖全球，空间分辨率150平方千米，能够反演获取精度为0.2的月平均海表盐度场。

2.2 海洋中尺度现象特征诊断

海洋中尺度现象是一个较为笼统的概念，目前尚无清晰和明确的定义。一般泛指空间尺度介于数十至数百千米、生命历程从数小时到数天乃至数月的海洋温-盐结构和环流系统。目前，科学界最关注，也最为常见的海洋中尺度现象包括：海洋内波、中尺度涡、海洋锋、海洋跃层以及局地季节性海温-盐结构。

2.2.1 海洋内波的特征诊断

海洋内波发生的背景特征

海洋内波是发生在海水内部的一种波动现象。由于人类海上活动大多限于海洋表层，人们很少能感受到海洋内波的影响，因此，海洋内波现象不像海浪、潮汐及海流那样为人们所熟知。但是，海洋内部并不平静，而是存在着振幅达数十米甚至上百米的巨大的海水内部波动。

海洋内波是发生在稳定层化海水内部的波动，它几乎贯穿了海洋的整层。作为一个重要的海洋环境动力因子，海洋内波从如下几个方面对海上军事行动产生重要的影响：

（1）海洋内波导致的声速起伏对水中主要探测装备——声呐的工作性能有重大影响。

（2）大振幅的海洋内波对潜行于水中的潜艇航行安全可能产生潜在的威胁。

（3）海洋内波影响潜艇稳定性、操纵性以及鱼雷、潜射导弹等水下武器的发射。

（4）潜艇运动激发的内波（潜生内波）在海面会形成一种特殊纹理，进而可能暴露潜艇行踪。

作为海上作战“撒手锏”的潜艇，其活动空间主要在水下，其安全性和各种战术性能必然受到海洋内波这类海洋内部环境因素的影响。因此，研究海洋内波尤其是海洋内孤立波的发生发展机制，诊断其空间分布特征和时间演化规律，评估其对海上军事活动的影响，具有重要的应用价值。

海洋内波的生成至少需要两个条件：一是海水应是稳定层化的；二是要有扰动源存在，以提供扰动能量。目前海洋学界较为认同的海洋内波的生成机制主要包括：

（1）海洋上大气压力场、风应力场的振荡：一是共振相互作用机制，如外强迫场与内波场的共振耦合作用；二是通过引发海水垂直运动产生内波。

（2）当正（斜）压潮流流过剧烈变化的地形（如陆架坡折处、海峡、海山、海岭和海沟等）时，由于潮流与地形的相互作用在稳定层化的海水中产生了扰动，最终形成内潮波。

（3）锋面地区的波流相互作用。

（4）上升流穿越跃层界面引起跃层波动。

（5）海底地形或海面对内潮的反射。

（6）涡旋导致的海洋混合。

（7）流体的剪切失稳。

（8）海洋内部其他局部动力或运动扰动源。

由此可见，引发海洋内波的扰动源有许多，正是由于海洋内波具有如此之多的扰动源，才使得海洋内波研究十分复杂和困难。鉴于目前海洋内波机理很多方面尚不清楚，因此海洋内波预测主要还限于理论探索和试验模拟阶段。

海洋内波的机理揭示需要一套包含完备动力、热力过程的流体力学方程组来描述，它所涉及的海洋水文要素和激发机制存在复杂的非线性的耦合关系。同时，海洋水文环境千变万化，很难得到海洋内波发生的概率分布，也不易构建精确的内波物理模型和用数学理论来解析内波。然而，对于海洋内波的激发机制和孕育环境，却积累了大量定性认识和经验知识，这些模糊、定性的海洋内波机理信息难以用传统的数学手段来处理，但适合用模糊集理论和模糊推理方法来描述。

海洋内波发生的模糊推理诊断

模糊系统理论是一种将人类自然语言转换为客观定量数学语言和算法模型，并加以处理和计算的有效途径。模糊系统的非线性、容错性、自适应性等特点是对传统集合和线性分析方法的有效补充和完善，在自然科学和工程技术领域中得到了成功实践和广泛应用。鉴于海洋内波复杂的非线性机理、样本个例稀缺和实际中缺少高时空分辨率海洋资料，王彦磊、张韧率先将模糊推理思想引入海洋内波发生发展的诊断分析判别之中。

（1）模糊推理

模糊推理本质上就是将一个给定输入空间通过模糊逻辑的方法映射到另一个特定的输出空间的计算过程。这种映射过程涉及隶属函数拟合、模糊逻辑运算、“if... then...”规则编辑等一些模糊操作。

模糊推理是以模糊判断为前提，运用模糊语言规则推出一个逼近结论的方法，进行模糊映射推理的模糊逻辑控制器基本结构包括“if... then...”形式的模糊规则、定义隶属函数的形式与范围、执行模糊规则的推理单元、输入变量模糊化和推理结果非模糊等5个部分。模糊规则是定义在模糊集合上的规则，它是模糊系统的基本单元，模糊规则的基本形式为：

$$\text{if } A \text{ is } a \text{ and (or) } B \text{ is } b \text{ then } C \text{ is } c$$

其中A、B、C是语言变量，a、b、c是隶属函数映射到的语言值。

人们为了研究这类具有模糊概念的对象，引入了模糊集合思想。对于模糊集合来说，它与经典集合的根本区别在于，一个元素可以同时属于多个属性的集合，属于的“程度”则用“隶属度”来衡量。常用的隶属度函数类型包括：分段线性函数、高斯分布函数、S形曲线、抛物线形曲线等。

（2）海洋内波模糊推理模型

海洋内波的产生需要“海水密度层稳定”的前提条件和“海洋边界扰动”“海洋内部扰动”等激发条件。从大量的观测事实和研究成果出发，选取相关海洋环境水文要素，定义一组环境因子向量以表征海洋内波发生的前提条件与激发条件。然后从海洋内波的激发机制中提炼模糊推理系统中“if... then...”形式的推理规则，选取适合的模糊推理机制以及“if... then...”规则连接词和模糊蕴涵算法，构建海洋内波发生概率模糊推理模型。模型结构如图 2.5 所示。该模型为 Mamdani 类型，由 8 个输入因子、1 个输出因子和 15 条推理规则构成。

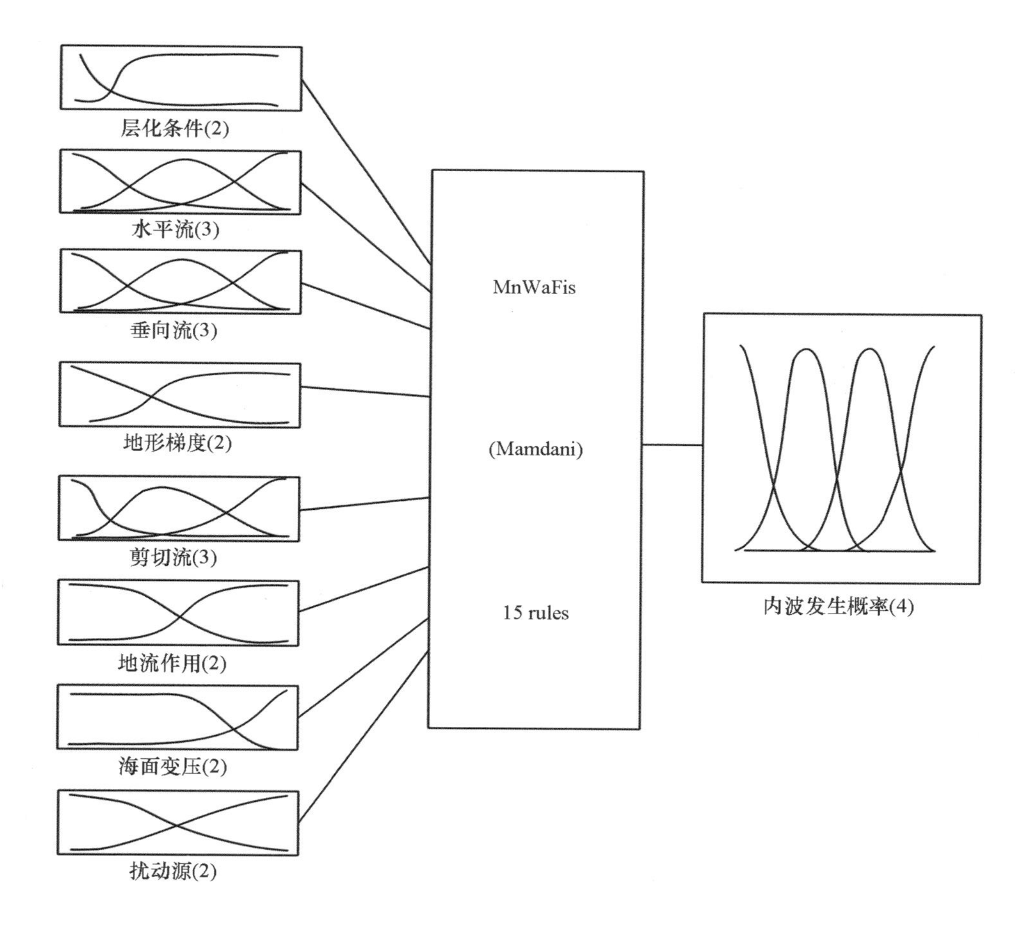

图 2.5　海洋内波发生诊断的模糊推理模型

（3）模糊变量

对实际问题的模糊化是建立模糊推理系统的第一步，也就是选择模型的输入变量并根据相应的隶属度函数来确定这些输入分属于恰当的模糊集合。利用 GODAS、NCEP、ARGO 和海底地形资料，提取海洋环境水文要素，包括海洋层化稳定度、海流（水平流、垂向流、剪切流）、地形梯度、地形与海流相互作用和海面变压等因子，作为模糊推理模型的输入。海洋内波发生概率的推理模型是将海洋水文要素（模糊变量）看作不同物理属性上的集合，如层化稳定度强、层化稳定度弱，剪切流很小、剪切流适中、剪切流很大等。变量模糊化的关键是确定每个模糊集合上的隶属度函数。

变量的模糊化就是依据海洋内波发生机制知识经验以及环境要素不同值域区间对于海洋内波发生概率的贡献，引入相应的隶属函数，将各海洋环境要素划分为合理的模糊集合。根据经验拟合和调试，选定效果相对较好的两种隶属度函数：联合高斯函数和高斯函数，对模型输入做去模糊化处理。所有输入都依据既定模糊规则所需的模糊集合做相应的模糊化过程处理。

（4）推理规则

推理规则是根据内波发生机制提取的海洋环境要素条件模糊集与内波发生概率模糊集的逻辑关系。模型的“if... then...”形式推理规则，包含了模糊逻辑的前提部分和结论部分，每条规则还有一个相对权重值（规则最后括号内的数值即为相对权重）。内波推理模型的 15 条“if... then...”规则如下：

1）if（层化条件 is 弱）then（内波发生概率 is 小）(0.5)

2）if（层化条件 is 强）and（水平流 is 小）and（地形梯度 is 小）then（内波发生概率 is 小）(0.5)

3）if（层化条件 is 强）and（水平流 is 大）and（地形梯度 is 大）then（内波发生概率 is 较大）(0.6)

4）if（层化条件 is 强）and（地形梯度 is 大）and（地流作用 is 大）then（内波发生概率 is 大）(0.8)

5）if（层化条件 is 强）and（地形梯度 is 小）and（地流作用 is 小）then（内波发生概率 is 小）(0.5)

6）if（层化条件 is 强）and（垂向流 is 大）then（内波发生概率 is 较大）(1)

7）if（层化条件is强）and（剪切流is大）then（内波发生概率is大）(0.5)

8）if（层化条件is强）and（海面变压is小）then（内波发生概率is小）(0.5)

9）if（层化条件is强）and（扰动源is存在）then（内波发生概率is较大）(1)

10）if（层化条件is强）and（水平流is中）and（地流作用is大）then（内波发生概率is较大）(1)

11）if（层化条件is强）and（剪切流is中）then（内波发生概率is较小）(0.5)

12）if（层化条件is强）and（水平流is中）and（垂向流is中）and（地形梯度is大）then（内波发生概率is大）(0.8)

13）if（层化条件is强）and（海面变压is大）then（内波发生概率is较大）(0.5)

14）if（层化条件is强）and（扰动源is不存在）then（内波发生概率is小）(1)

15）if（层化条件is强）and（垂向流is小）then（内波发生概率is较小）(0.5)

输入被模糊化后，就可以知道这些海洋环境要素满足相应的模糊推理规则的程度。当模糊规则的条件部分不是单一输入而是多输入时，就要运用模糊合成运算对这些多输入进行综合考虑和分析，得到一个表示多条件输入规则的综合满足程度。模糊合成运算的输入对象是两个或多个经过模糊化的输入变量的隶属度值。海洋内波发生概率推理模型的“if... then...”规则的条件部分，都是利用与操作（and）来连接的。

根据各条规则的权重，进行蕴涵计算。模糊蕴涵计算过程的输入是由前面输入模糊集合的合成运算得到的单一数值，即模糊集合，输出为根据“if... then...”模糊规则推导的结论模糊集合。本模型采用模糊蕴含最小运算。

模糊推理结果取决于所定的模糊规则，模糊计算输出须用某种方式组合起来，以得到一个模糊输出集合，即各规则推理结果组合成输出变量的一个模糊集合。本模型采用最大值（max）合成法，该合成法与顺序无关，各条规则结果的合成顺序并不影响最终结果。

（5）模型映射关系

采用 min（Rc）模糊蕴含肯定式推理方法和最大 - 最小合成算法，基于上述隶属函数调制和模糊推理规则构建以及模糊推理运算，最后建立了海洋内波发生概率的模糊推理模型。模糊推理是将一给定输入空间通过模糊映射到一特定的输出空间。这种映射过程可利用输入—输出间的映射曲面直观表示。海洋内波发生概率推理模型的映射关系是所提取的海洋环境要素与内波发生概率的对应关系。该模型映射曲面如图 2.6 所示。从图中可以看出，当海洋环境要素值接近海洋内波激发条件时，内波发生的概率相应增大，反之亦然。

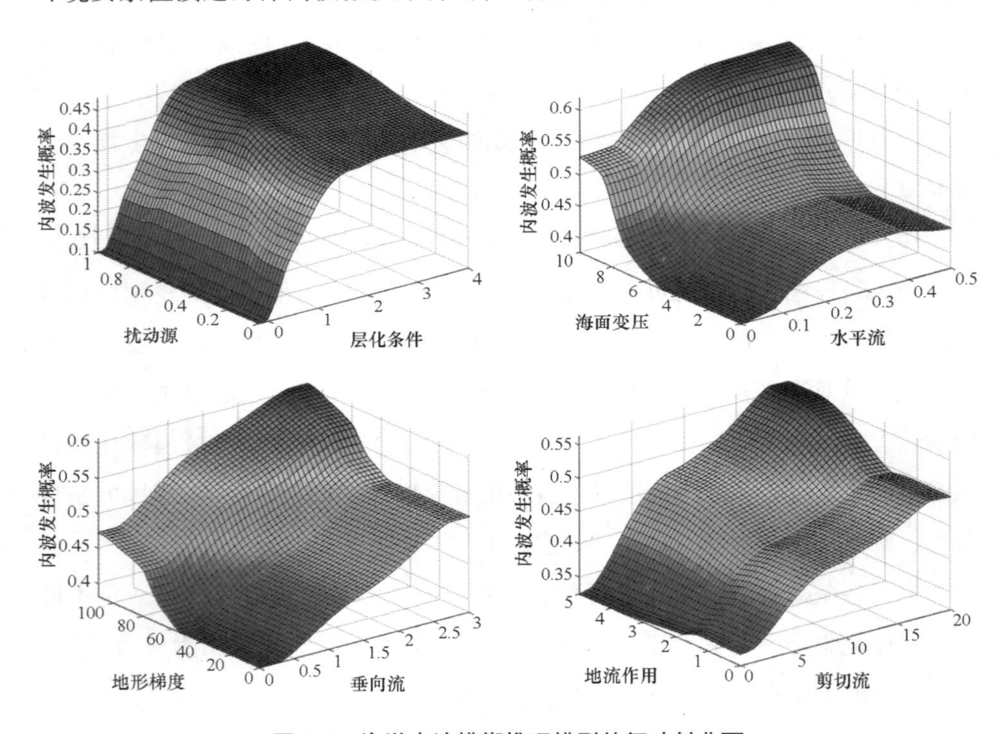

图 2.6　海洋内波模糊推理模型特征映射曲面

（6）内孤立波的模糊推理诊断判别

对上述建立的海洋内波发生概率推理模型进行模糊推理运算，可以直接得到模型输出海洋内波推理结果。选取 105° ~ 145°E、0 ~ 40°N 区域为试验海域，首先基于海洋环境要素定义，提取推理模型的输入因子，随后在试验区选取几个典型小区域，计算其海洋环境特征作为推理模型的输入，并得到推理输出结果。最后选取表征春、夏、秋、冬四季的海洋环境气候态特征场，将特征场逐点代入推理模型，推理得到四个季节的海洋内波发生概率的区域分布。

利用 GODAS、NCEP、ARGO 和海底地形资料，提取海洋环境水文要素，包括：海洋层化稳定度、海流（水平流、垂向流、剪切流）、地形梯度、地形与海流的相互作用和海面变压。海洋内波发生的前提条件“层化稳定度”用浮频率 N^2 表示；剪切流用度量流动稳定性的 Richardson 数表示；地形陡度利用地形梯度来表征；海面气压变率利用海面气压 6 小时的变化来表示。此外，还定义了一个表征地形与海流相互作用程度参量 $\boldsymbol{GV}=|\boldsymbol{G}||\boldsymbol{V}|\sin\theta$。式中 θ 为 $\boldsymbol{G}$、$\boldsymbol{V}$ 向量的夹角，上式表示，海流方向与地形梯度的夹角越大，其相互作用的程度就越大。其他扰动源如涡旋、台风、海洋锋面等则以［0　1］表示其存在与否。海洋环境的内波影响因子及定义和函数如表 2.1 所示。

表 2.1　海洋环境的内波影响因子及定义和函数

内波影响因子	定义	描述
层化稳定度	$N^2=-\frac{g}{\rho}\frac{\mathrm{d}\bar{\rho}}{\mathrm{d}z}$	内波存在前提条件
水平流	$\boldsymbol{V}_h=ui+vj$	—
垂向流	w	—
剪切流	$Ri=N^2\Big/\left(\frac{\partial \boldsymbol{V}_h}{\partial z}\right)^2$	度量流动稳定性
地形与海流的相互作用	$\boldsymbol{GV}=\|\boldsymbol{G}\|\|\boldsymbol{V}\|\sin\theta$，$\theta$ 为 $\boldsymbol{G}$、$\boldsymbol{V}$ 向量的夹角	一种主要生成机制
地形陡度	$\boldsymbol{G}=\frac{\partial H}{\partial x}i+\frac{\partial H}{\partial y}j$	—
海面气压变率	$P'=\frac{\Delta P}{\Delta t}$	海面 6 小时变压
其他扰动源	是否存在［0　1］	如涡旋、台风、海洋锋面等

对提取的海洋环境特征要素进行插值处理和计算，则可得到四个季节的

海洋环境特征场分布（层化稳定度、地形与海流相互作用、水平流、垂向流）。

（7）内波发生概率的推理诊断试验

在中国近海和西北太平洋海域，选取5个代表性的站点A、B、C、D、E分别代表南海南部、南海北部、东海（台湾东北海域）、黄海东部以及东海大陆架边缘5个区域。根据上述模型得到的海洋环境特征要素计算值如表2.2所示。运用所建推理模型进行内波发生概率的推理试验，上述5个点得到的海洋内波发生的概率分别为0.23、0.46、0.57、0.47和0.12，其内波发生概率的诊断值与内波的气候态分布和观测统计结果基本相符。

表2.2　选取点海洋环境特征要素计算值及模型仿真试验结果

标号	位置	稳定度（e-004）	水平流	垂向流（e-006）	地形梯度	地流相互作用	理查森（e-004）	海面变压	扰动源存在率	海洋内波发生概率
A	南海南部	0.557	0.256 7	2.891	0.007 8	0.001 2	3.592	143.473	0.321	0.23
B	南海北部	2.052	0.219 7	0.537 2	0	0	3.728	61.492 6	0.537	0.46
C	东海（台湾东北海域）	2.552	0.161 2	25.046	1.416 9	0.218 5	3.735	71.325 4	0.412	0.57
D	黄海东部	3.689	0.104 5	4.220 1	0.141	0.010 6	3.735	73.555 1	0.523	0.47
E	东海大陆架边缘	2.900	0.173 2	2.449 7	0	0	3.735	68.297 9	0.158	0.12

图2.7为C区完整的推理过程，该点的海洋环境要素（与内波生成机制相关的环境特征量），经过［0　1］区间标准化处理，层化条件、水平流、垂向流、地形梯度、剪切流、地流相互作用、海面变压和扰动源的模型输入值分别为：0.613 1、0.192 4、0.661 5、0.391 6、0.415 7、0.577 4、0.506和0.398 8，经过各自模糊集合的隶属度函数确定，得到属于各自模糊变量不同模糊集合的程度值，再将“if... then...”规则条件部分的模糊集合进行与

(and) 运算，得到每条推理规则结果，最后将所有规则推理结果进行合成算法（最大值法），即可得出该区域的内波发生概率属于输出模糊变量上不同模糊集合的程度，经去模糊化处理后即可得到该点海洋内波发生的概率为0.57。

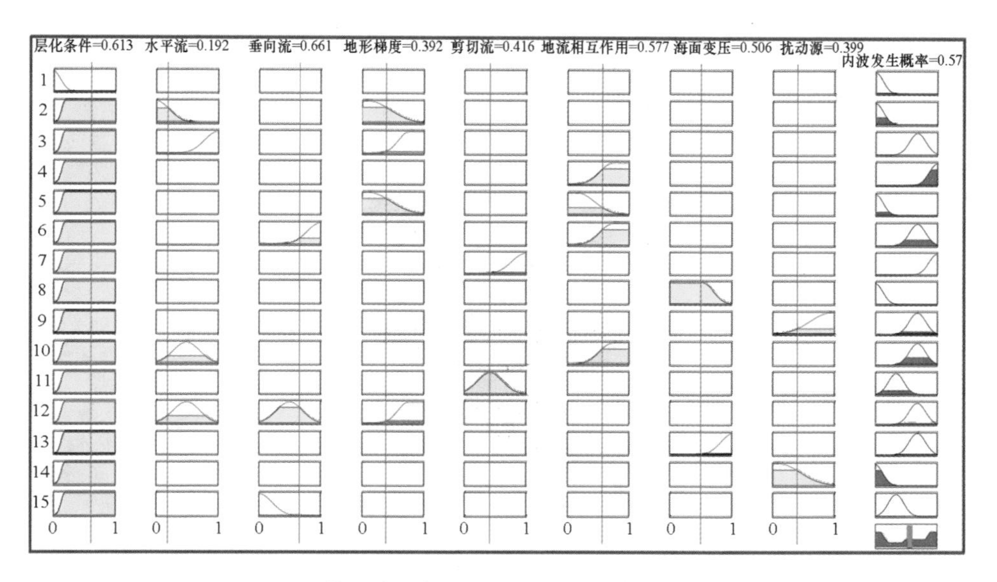

图2.7 基于内波推理模型的C区域点的推理仿真

中国近海与西北太平洋海区的海洋环境非常复杂，该海域有强西边界流——黑潮、复杂海底地形和众多的岛屿，是海洋内波的多发区域。从模型仿真试验结果来看：海洋内波发生概率越高的区域其环境特征越符合内波生成条件。结果显示，海洋内波发生概率的高值区主要有东海（台湾东北）、南海北部、黄海东部、南海海盆西边界和南边界以及苏禄海，且有一定的季节变化。根据与多年卫星遥感探测图像统计出来的海洋内波频发的热点海区的对比分析，内波模糊推理模型的试验结果与实际内波观测的统计分布基本吻合。

2.2.2 海洋中尺度涡的特征诊断

中尺度涡是一种重要的海洋中尺度现象，是海洋物理环境重要组成部分之一，中尺度涡典型的空间尺度为50～500千米，时间尺度为几天到上百天，最大垂直尺度可达5千米，是一种具有高能量、旋转性、随时间变化的闭合环流（如图2.8）。

图2.8 海洋中尺度涡三维结构示意图

中尺度涡在海洋中几乎无处不在，是海洋运动能量谱中一个显著的峰区，其巨大的动能和势能不仅直接影响海洋中的温－盐结构与流速、声速分布，而且能输送动量、热量以及其他示踪物，因而对海水质量的垂直交换和海洋环境调整起着重要的作用。如果中尺度涡不能被很好地认识和模拟（要求达到涡分辨的海洋数值模式），就难以对海洋水平、垂直运动做出准确预报，也难以对大尺度的海洋环流，甚至长期气候变化做出准确的预报。中尺度涡在海洋化学、海洋生物、海洋地质、海洋沉积、海洋渔业、海洋声学和军事海洋学等领域有极为重要的意义。

中尺度涡通常可以分为两种：气旋式涡旋和反气旋式涡旋。气旋式涡旋（在北半球为逆时针旋转），其中心海水自下而上运动，使海面升高，将下层冷水带到上层较暖的水层，使涡旋内部的水温比周围海水低，又称冷涡旋

（如图2.9左）；另一种是反气旋式涡旋（在北半球为顺时针旋转），中心海水自上而下运动，使海面下降，携带上层的暖水进入下层冷水中，涡旋内部水温比周围水温高，又称暖涡旋（如图2.9右）。中尺度涡的运动可分为自转、平移和垂直三种。涡旋动能的最大值不在中心，而是在水体旋转线速度最大的区域。涡旋中心势能最大，越远离中心，势能越小。

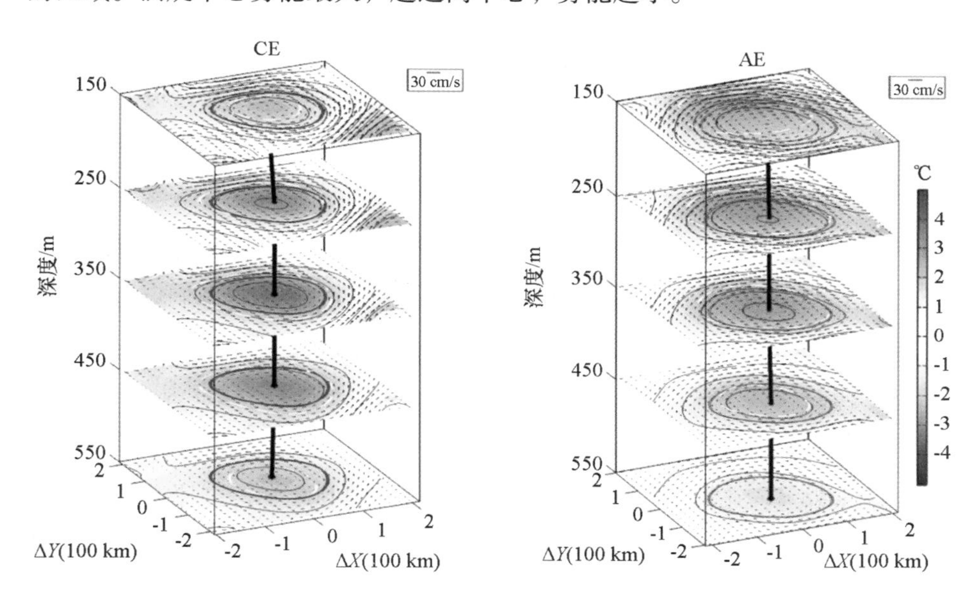

图2.9　不同类型的海洋中尺度涡三维结构示意图（左为冷涡旋，右为暖涡旋）

根据对不同海区的中尺度涡的研究，其主要的产生机制可总结如下：

（1）斜压不稳定性，即由平均流的垂直切变引起的不稳定。

（2）正压不稳定性，如大洋中流涡边界的迅速流动产生的强烈不稳定，有的甚至可以分离成流环。

（3）地形影响，包括海底地形起伏、不规则的岸线变化等。

（4）大气强迫，包括风应力、大气压力、蒸发和降水过程产生的海气界面浮力通量、各种形式辐射的吸收和释放，以及由于海平面的变化而引起的与大气的水汽交换等。

由于中尺度涡伴随着海面高度的变化，因此利用卫星高度计可以对其进行观测。相比单一卫星高度计数据而言，多种卫星高度计数据融合后得到的海面高度异常可获得更加准确的中尺度涡信息，混合后的分辨率几乎是混合前的两倍。将中尺度涡与第一斜压模 Rossby 波进行区分是十分困难的，需要很高的时空采样间隔，在研究中常常粗略认为两者是同一种现象，不进行区分。

关于全球中尺度涡的基本运动规律已有一些相关的研究。例如，切尔顿等利用 TOPEX/Poseidon 卫星高度计数据首次描述了全球海面高度信号的向西传播特征，其传播速度随纬度增加而减慢。他们还指出了中纬度 Rossby 波在主要的地形（如夏威夷海岭和北潍平洋海岭）以西加强的显著特征。切尔顿等随后用具有更高时空分辨率的混合卫星高度计资料，并采用自动识别和追踪的方法对 1992 年 10 月至 2002 年 8 月近 10 年期间全球中尺度涡进行了统计分析。中尺度涡的判别标准是闭合的环流，由于在赤道附近地转关系不成立，无法根据海面高度异常反映出流场信息，因此他们仅统计了纬度大于 10°的中尺度涡。全球中尺度涡的分布与轨迹如图 2. 10 所示。图中轨迹的数量即中尺度涡的产生数量，在近 10 年期间，共产生了约 112 000 个，去掉生命周期小于等于 3 周的中尺度涡，仍有 62 018 个，其中气旋涡 31 120 个，反气旋涡 30 898 个，两者数量相差很小。中尺度涡在海温、流场上的特征结构和形态如图 2. 11 所示。统计分析表明，反气旋涡具有向赤道方向运动的特性，气旋涡具有向两极方向运动的特性，中尺度涡实际运动速度与根据经典理论计算出的中尺度涡运动速度有所不同。

中国近海的中尺度涡具有全球中尺度涡的主要运动特征，但又有其独特规律。南海中尺度涡已有较为系统的研究，其特征值见表 2. 3。台湾以东中尺度涡具有准 100 天的传播周期，除一个准稳态的兰屿冷涡，吕宋海峡以东中尺度涡主要来源于大洋，特别是西北太平洋副热带逆流区由于斜压不稳定产生大量的涡旋。卫星高度计的资料显示，吕宋海峡以东的中尺度涡大都沿吕宋海峡东侧向北传播，太平洋中尺度涡能否穿越吕宋海峡进入南海目前仍存在学术争论。东海陆架区海水较浅，利用高度计数据难以判断其环流情况。

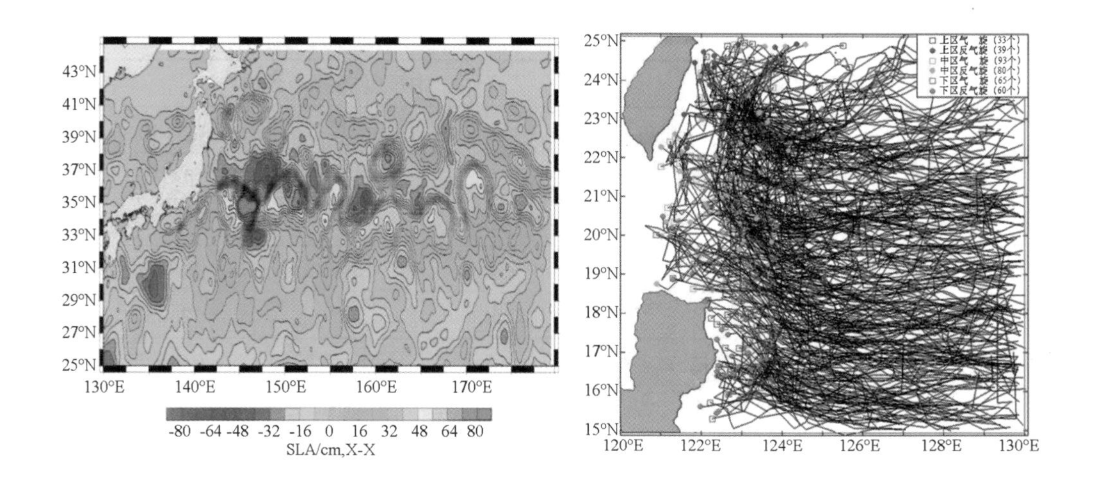

图 2. 10　全球中尺度涡分布（左）

与黑潮区域中尺度涡统计轨迹（右）

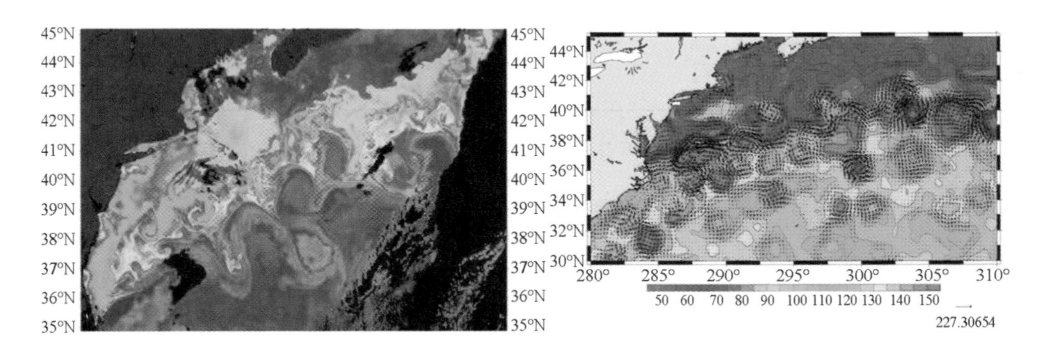

图 2. 11　海洋中尺度涡在海温（左）和流场（右）上的特征结构

林霄沛等研究表明，第一斜压模 Rossby 波会从台湾以东传播进入东海，进而对东海黑潮的流量和路径产生影响。一些研究表明西北太平洋的中尺度涡会从庆良间水道穿越琉球群岛岛链进入东海，并随黑潮向下游传播，最后从吐噶喇海峡返回太平洋。

表 2.3 南海中尺度涡的特征值（A：反气旋；C：气旋）

特征参数	中尺度涡的参数值		
涡类型	A	C	A&C
平均强度/cm	13.5	14.8	14.0
强度范围/cm	8 ~ 22	9 ~ 20	8 ~ 22
最大 SSHA 范围/cm	9 ~ 33	13 ~ 28	9 ~ 33
平均移动速度/（$km \cdot d^{-1}$）	2.5	1.9	2.23
移动速度范围/（$km \cdot d^{-1}$）	0.1 ~ 5.3	0 ~ 5.2	0 ~ 5.3
平均水平尺度/km	300	310	303
水平尺度范围/km	212 ~ 475	206 ~ 475	206 ~ 475
平均生命周期/d	129	136	131
生命周期范围/d	50 ~ 370	50 ~ 340	50 ~ 370
平均移动距离/km	312	260	307
移动距离范围/km	12 ~ 980	0 ~ 715	0 ~ 980
平均涡度/（$10^{-6}s^{-1}$）	−19.6	17.3	—

资料来源：基于 NCEP/NCAP 再分析资源 1990—2000 年统计平均的南海中尺度涡的特征值（王桂华，2004）

由于中尺度涡运动情况复杂，对中尺度涡进行特征提取的最有效方式是进行人工目视判别。目前对局地中尺度涡运动规律的研究主要依赖该方法。林鹏飞利用 1993—2001 年的混合卫星高度计数据对西北太平洋区域（10° ~ 35°N、120° ~ 150°E）中尺度涡的移动特征、产生特征、出现概率及对海面高度变化的贡献进行了人工统计分析；结合高度计数据的分辨率和 SSHA 误差大小（2 ~ 3 厘米），王桂华等统计南海中尺度涡规律时所采用的中尺度涡判别准则如下：

（1）SSHA 封闭曲线。

（2）涡的中心位于 1 000 米以深海域。

（3）涡的强度（中心与外围的振幅差）大于等于 7.5 厘米。

（4）在前面3个标准的前提下，涡能够追踪至少30天。

（5）如果前面4个条件满足，往回追踪其源地直到强度小于4厘米。

中尺度涡自动检测识别等方面的研究目前还不多，国际上较有影响且正提供服务的中尺度海洋环境场分析系统是美国海军实验室的全球数据同化产品MODAS和半自动中尺度分析系统SAMAS。SAMAS中尺度涡检测方法主要是基于遥感图像的边缘图，用Hough变化方法作圆检测，但该方法与实际情况尚有较大出入，检测结果并不令人满意。切尔顿等研究全球中尺度涡运动规律时所用自动检测方法是利用海面高度的西传特征进行追踪，但是当局地强流等因素迫使中尺度涡向其他的方向运动时，这种方法显然不适用。我国周边海域中尺度涡的运动形态复杂，尤其是西边界流经常与中尺度涡发生相互作用，中尺度涡的自动检测技术还有待继续深入研究。

由于中尺度涡在海洋中普遍存在，且产生机制具有随机性和不确定性，因此目前对中尺度涡的数值模拟也较为困难。除了卫星高度计数据外，浮标（如Drifter漂流浮标、ARGO浮标）的运动轨迹也能反映出一定的中尺度涡信息，这些数据虽然比常规水文调查数据多，但也无法反映出大范围的中尺度涡信息；中尺度涡在SST上会有一定表现，但海面温度携带的中尺度涡信息常常很快就被周围环境淹没掉；SAR图像在检测更小尺度的涡旋方面有其独特的优势，其基本原理是由于次级中尺度涡伴随的辐合或辐散会影响发射到海面的电磁波的散射，详细方法原理请参考相关文献，不再展开。

2.2.3 海洋锋的特征诊断

海洋锋的概念和人们所熟悉的大气锋面的概念比较相似，不同的学者对海洋锋有不同的定义。《中国大百科全书·海洋科学卷》中对海洋锋的定义：海洋锋是特征明显不同的两种或几种水体之间的狭窄过渡带，可以用温度、盐度、密度、速度、颜色、叶绿素等要素的水平梯度或它们更高阶微商来描述，即一个锋带位置可以用一个或几个上述要素的特征量的强度来确定。由于锋面是海水的辐聚区，海洋锋的研究在海洋渔业、环境保护、海洋倾废、海难救助、水声技术等方面具有重要的意义。就水声应用而言，海洋锋是海洋中声传播模式和声传播损失显著改变的突变面，可用声道深度的急剧变化和声层深度的差异来间接诊断海洋锋的存在。

目前海洋锋分类原则尚不统一，一般有如下几种分类方法：

（1）根据海洋环境参数空间分布的阶跃特征不同，可分为温度锋、盐度锋、密度锋、声速锋、水色锋等。

（2）根据阶跃强度差异，可分为强锋（如湾流锋）、中强锋（如大西洋锋）、弱锋（如马尾藻海锋）。

（3）根据锋生尺度大小，可分为行星尺度锋（南极锋、北极锋、马尾藻海锋）、中尺度锋和小尺度锋。

（4）根据锋生海域的差别，可分为强西边界流锋（如湾流锋、黑潮锋）、浅海锋和河口锋等。

（5）根据锋生动力原因，可分为海流锋、上升流锋、辐合或辐散带锋、河口羽状（舌状）锋、陆架坡折锋（在高温陆架水和低温陆架水的边界处形成）。

（6）根据锋生的水层，可分为海面锋、浅层锋、深层锋等。

大气环流、海洋环流、海气相互作用，动量、热量、水量大尺度垂直输送和季节变化，河流淡水输入、潮流与表层地转流的汇合与切变、海底地形及粗糙度引起的湍流混合内波和内潮切变引起的混合内波以及弯曲引起的离心效应等因素，都可以成为海洋锋生成的驱动力。

世界大洋中的大尺度海洋锋与全球气候带划分以及大洋环流有着极为密切的关系。从锋的数量上看，北半球比南半球多，大西洋比太平洋多，太平洋又比印度洋、北冰洋多；每个大洋西边界区的海洋锋明显比东边界和大洋中部多。从锋的强度上看，强锋大多出现在北半球西边界流区，近赤道区多为弱锋，其他洋区锋则以中等强度居多。从锋的长度上看，太平洋南、北无风带的盐度锋，虽为弱锋，但尺度较长，强度中等的南亚热带辐聚带和南极锋较长。对于海洋锋的定量指标，目前海洋界尚没有定论，不同海洋锋面的判别标准见表2.4，其中不同海区、年份和季节的海洋锋面的标准是不一致的。

表 2.4　海洋锋面的判别标准

作者			Shpaykher, Moretskiy			Johannessen	Colton	Foster
年份			1964			1973	1974	1974
海区			极地海域	格陵兰海	挪威海	马耳他海	马尾藻海	白令海
在锋的横断面上每10海里(18.52 km)环境参数的改变量	温度/(θ·℃$^{-1}$)	强锋	5.4	5.6	3.0			
		弱锋	0.11	0.1	0.4			
		均值	1.10	1.0	1.3	0.5~1.0	1.33	1.3~3.0
	盐度/S	强锋	10.9	1.5				
		弱锋	0.2	0.3				
		均值	2.2	0.6		0.25	0.03	0.2
锋的铅直尺度(z/m)		强锋	125	1 000	1 500			
		弱锋	7	150	100			
		均值	21	531	745	100	200~400	100
倾角或倾斜率		强锋	6′	1°06′	1°03′			
		弱锋	0′	18′	12′			
		均值	1′17″	22′	11′	0.25~0.5	0.4~1.0	0.1~0.5
厚度/(Δz·m^{-1})						5~10	5	5~10
持续时间						数月	数月	长期

资料来源：基于1964、1973、1974实际观测资料的海洋锋面的判别标准（李凤岐等，2000）

中国近海的海洋锋按照形成机制划分主要有五类：浅水陆架锋、河口羽状锋、沿岸流锋、上升流锋和强西边界流锋。前两类海洋锋是夏季渤海、黄海海域海洋锋的主要类型，其主要表现形式为温度、盐度在水平方向上的跃变；后两类则主要出现在东海和南海海域，如东海黑潮锋。当然，在长江和珠江等大河口外，也有羽状锋。表2.5是我国学者提出的中国近海锋的判别标准。

表 2.5　中国学者提出的中国近海峰的判别标准（水平梯度）

作者	林传兰、苏玉芬	张瑞安、郑东	郑义芳、丁良模、谭铎	林传兰	郑义芳、谭铎	于洪华、苗育田
年份	1981	1984	1985	1986	1987	1991
海区	东海	黄海西部	黄海南部、东海	东海	东海	东海黑潮区

（续表）

作者	林传兰、苏玉芬	张瑞安、郑东	郑义芳、丁良模、谭铎	林传兰	郑义芳、谭铎	于洪华、苗育田
温度梯度/(℃ · n $mile^{-1}$)	0.067	0.067	0.05	0.1	0.05	0.1
盐度梯度/(S · n $mile^{-1}$)	0.033	0.002	0.002	0.033	0.002	0.02

资料来源：基于1981—1991年实际观测资料的中国学者提出的海洋锋最低标准（水平梯度）（李凤岐等，2000）

随着卫星遥感数据的日益增多，自动提取海洋锋信息并进行特征诊断已成为一个重要研究课题。海洋锋的基本检测方法是利用要素梯度进行判断，也有学者引入形态学梯度理论。随着数字图像处理技术的不断发展，边缘检测、小波分析、分形理论已被应用于海洋锋的信息提取。具体的研究方法、技术途径和进展动态可参考相关的研究文献，不再展开。

第二篇 海洋环境保障

第3章
海洋环境调查技术

· 史海钩沉

我国是世界上最早开展海洋调查的国家之一。远古时期，海洋先民已建立了大陆与海岛、海岛与海岛之间的联系。秦汉时期是我国海疆开发的重要时期，已利用太阳和北极星作为海上导航的标志，对海上天文和气象知识有了一定认识。西汉时期，开辟了从徐闻经南海、印度洋到今印度南部、斯里兰卡的航线，利用“重差法”精确测量海底地形地貌。唐朝时期，发明了测量海岛高度、海水深度、船间距离的方法。1405 年开始的“郑和下西洋”，是中国经略海洋的伟大创举，《郑和航海图》详尽记载了海洋地貌和气象水文情况。

近代，中国进入半殖民地半封建社会，海洋调查基本陷入半停顿状态。直到 1935 年，当时国立北平研究院与青岛市政府联合组织了一次海洋调查。1941 年 4—10 月，福建东山海洋考察团在近海开展了海水流速、流向、潮汐和气象观测。

进入现代，海洋调查工作蓬勃开展。1958—1960 年的“全国海洋综合普查”，是中国海洋调查史上一个里程碑。1960 年的“海洋标准断面调查”，在中国近海实现了水文、气象和海水化学等要素的定期观测。1980—1986 年开展的“全国海岸带及海涂资源调查”，初步摸清了中国近海海洋环境状况。目前，中国海洋调查已走向全球，在重要海域已形成空间—水面—水下—海床的立体观测。

3.1 海洋调查概述

海洋科学是一门实践性科学，海洋调查是海洋科学实践的开始，是认知海洋、经略海洋的重要支撑和基础。海上的一切军事活动都以海洋调查成果为基础，海战场环境的先期调查是做好海上战争准备的基础性、前期性工作。因此，海洋调查是进行海洋科学研究和海战场建设的基础前提，也是开发利用海洋资源、保护海洋环境、维护海洋权益和建设海洋强国的重要支撑。

海洋调查是利用各种海洋观测仪器、设备和实验手段，对海空、海表、海体、海底各种海洋要素进行的立体化、综合性观测和分析研究，主要应用卫星、有人/无人飞机、专业/搭载调查船、浮标/潜标、水面/水下无人艇、海床基/岸基观测站等作为观测平台，通过各种测量仪器和传输手段，实现资料的同步采集、实时传递和自动处理。海洋调查可获取物理海洋学、海洋气象学、声学、电磁学、化学、地质学、地球物理学、测绘学、生物学、光学、遥感学等学科的多参数、完整的海洋资料，实现对海洋大范围、多层次监测，是人类了解海洋现象、掌握海洋时空变化规律的重要手段。同时，可采用统计分析、数值模拟、实验室或现场试验方法，对海洋调查获取的涉及海洋众多学科的数据资料进行分析，研究海洋环境要素的分布变化规律，进而研究如何把这种规律应用于舰艇航行、飞机导弹飞行、作战训练、工程施工、武器装备设计使用、后勤保障服务中。

3.2 海洋调查技术

3.2.1 浮标技术

按照锚定方式，浮标可分为锚系浮标和漂流浮标两种。

锚系浮标是海洋监测的重要设施之一，种类较多，如海洋剖面浮标、海洋气象浮标、波浪浮标、光学浮标、海冰浮标、海气通量观测浮标等，在海洋动力环境监测、海洋污染监测、水声环境监测，以及水声通信、水下GPS定位等方面发挥着越来越重要的作用。图3.1是直径10米的浮标综合观测系统，可观测海洋水文、气象和环境等要素。

图3.1 直径10 m的浮标综合观测系统

漂流浮标是随海面或一定深度的海流漂移的浮标。一般分为表面漂流浮标和剖面漂流浮标。

表面漂流浮标漂浮于海表面，由壳体、水帆、传感器、数据采集器和卫星通信设备等组成，漂移速度取决于水帆所在水层的海流速度。根据卫星获得的位置信息，可推算浮标移动轨迹，得到海流信息，通过搭载的传感器还可获取水温、盐度、气压、风速等水文气象信息。

剖面漂流浮标即自沉浮式剖面漂流浮标，因用于地转海洋学实时观测阵（array for real-time geostrophic oceanography，ARGO）计划，又称为ARGO浮标，能自动循环沉浮以获得海洋水文要素剖面沿海流轨迹分布。剖面漂流浮标由圆柱形耐压密封壳体、浮力控制机构、温度/盐度/深度观测仪、数据采集处理控制电路、卫星通信机等组成，其工作原理是通过控制浮标的浮力，在海水中按设定的时序、间隔和深度升降，浮标在上升时采集海水温度、盐度、深度数据，并在升至海表面时通过卫星通信转发至用户（如图3.2）。浅海型浮标在海上可连续工作2年左右，深海型浮标可连续工作4年或更长。剖面漂流浮标是随着全球定位和卫星通信技术的进步而发展起来的一种十分有效的大尺度海洋环境监测手段。目前，世界各国布设于全球海域的约4 000个ARGO浮标（如图3.3），已成为全球海域观测的重要组成部分。

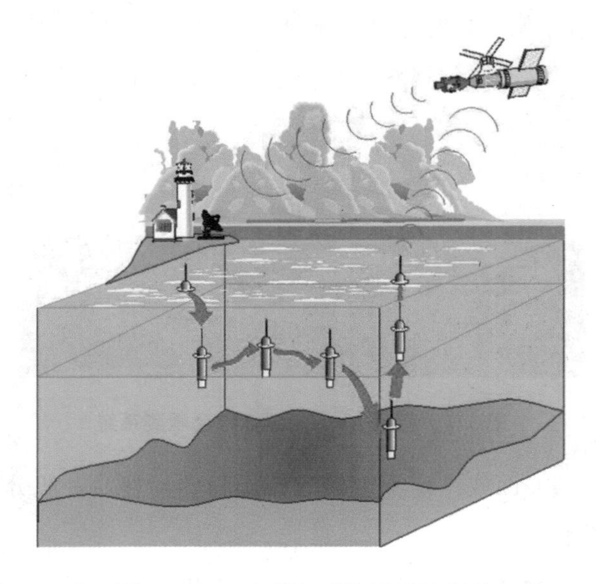

图3.2　ARGO浮标工作原理示意图

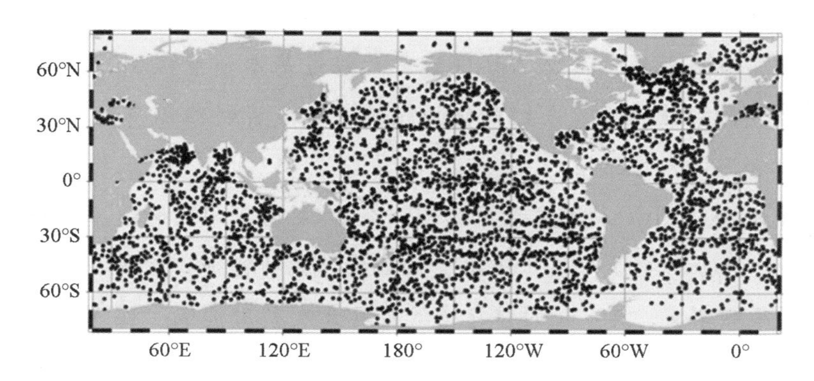

图3.3　2020年2月15日全球海域ARGO浮标数量（4 000个）及其分布

· 知识延伸

ARGO计划是联合国教科文组织政府间海洋学委员会倡导、以深海为对象的全球大洋联合观测计划，它由世界10余个濒海国家联合发起和实施，我国也是ARGO计划成员国之一。该计划拟建成一个由约4 000个卫星跟踪的自动剖面浮标组成的全球实时海洋观测网，旨在快速、准确、大范围收集全球海洋温、盐剖面资料和温、盐结构特征。它每隔10～14天就可以提供3 000余条深度为2 000米的温、盐剖面数据，2个月可获得过去需上百年观测才能得到的海洋信息资料，一年可提供10万条以上的温、盐剖面观测数据记录。至2007年，ARGO全球海洋观测网基本建成，能够覆盖全球海域，所获取的观测数据供世界各国共享。需要指出的是，ARGO计划并非一个完美无缺的海洋实时观测系统，它仅能提供大尺度空间范围和月、旬时间尺度的全球大洋中上层的温、盐资料；ARGO资料的空间分辨率尚不足以分析揭示近岸海域的边界流、内波和中尺度涡等现象；时间分辨率不足以描述近岸或季风区的浪、流和跃层的结构特征。此外，ARGO浮标是一种Lagrange浮标，浮标并非锚定在固定海域，而是随洋流运动而移动，由于ARGO浮标漂移的随机性和上浮时间的不确定性，相应的观测数据亦呈现出显著的时间、空间不规则性。由于浮标设计寿命和仪器自然损耗等因素，

ARGO浮标资料中断、缺测现象较为常见。因此，ARGO资料属时、空不规则的稀疏、散乱数据，虽然ARGO资料已经过基本质量控制，但数据中仍存在着缺测和中断现象，未经优化处理的ARGO资料难以有效应用于海洋水文保障和海洋数值预报。

尽管如此，ARGO资料作为目前唯一实时/延时可用的全球三维海洋连续观测资料，为分析揭示海洋三维温、盐结构和流场特征，开展海洋预报提供了必要的观测事实，其丰富的信息资源极具开发利用价值。对ARGO观测资料进行时空加密、缺损拟合和多源融合等再分析和优化处理是挖掘拓展ARGO信息资源的有效手段和重要途径。

3.2.2 潜标技术

潜标可分为全潜式和半潜式两种。全潜式即海面看不到潜标的任何踪影，半潜式即主要仪器设备潜入水下，但潜标位置在海面可见。按通信方式又可分为自容式潜标和实时通信潜标两类，自容式潜标的数据在回收后获取，实时通信潜标获取的数据通过卫星实时传输至岸基接收站。

图3.4为实时通信潜标示意图。潜标通常由主浮体、辅助浮体、海洋要素观测仪、缆绳、连接件、重力锚等组成。在潜标的主浮体和缆绳上可安装声学多普勒海流剖面仪（ADCP）、海洋温度盐度深度观测仪（CTD）或声学/化学要素等观测仪，实现定点海域海洋环境要素的长时间、高垂直分辨率的剖面观测。海洋潜标不易受恶劣海况和人为破坏的影响，相对隐蔽和稳定，是海洋立体观测系统的重要观测手段，具有长期、连续、多参数、剖面同步测量的特点。测量数据对海战场建设、潜艇作战训练、水下武器发射和海洋科学研究、海洋预报等具有重要意义。

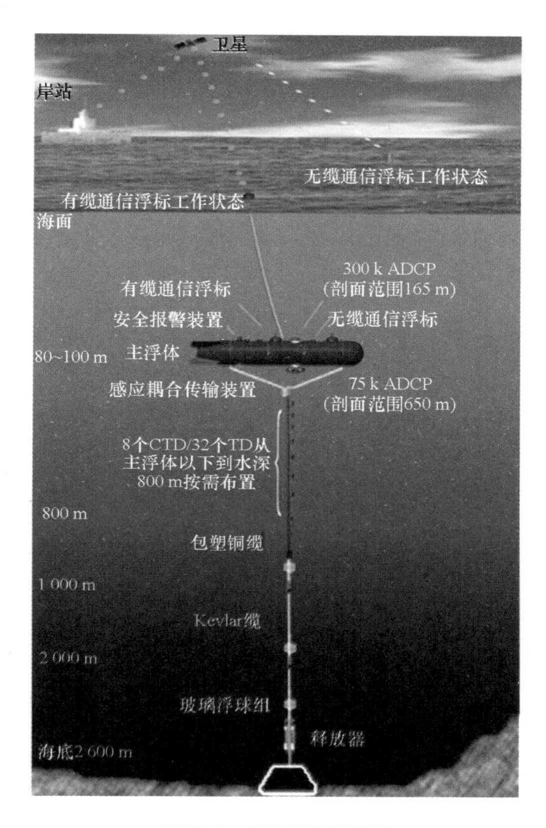

图3.4 实时通信潜标

3.2.3 潜水器技术

随着海洋技术的快速发展，潜水器技术研究与开发日益成熟，潜水器作为新型海洋观测平台加速了人类对深海大洋的认识。潜水器可分为载人潜水器与无人潜水器两大类。

全世界载人潜水器大约有200艘，但可深入4 000米以下的只有中国、美国、法国、俄罗斯、日本的几艘。2012年6月27日，“蛟龙号”在马里亚纳海沟试验区创造了下潜7 062米中国载人深潜纪录，也创下了世界同类型作业潜水器的最大下潜深度纪录。2020年11月10日，中国“奋斗者号”载人潜水器在马里亚纳海沟成功坐底，坐底深度10 909米，又创造了新的纪录。

无人潜水器具有造价低和安全等特点，能长时间在压力很大的深海工作，可用于海洋调查、海底矿产开发、水下工程施工、海上救助、航道清理，以及水下侦察、通信等海上军事活动。无人潜水器可分为无人遥控潜水器、自主潜水器、水下滑翔机等，现已广泛应用于海洋调查中。

此外，目前正在发展半潜式无人艇，可同时用于空中、水面和水下的海洋环境要素和目标的立体探测。

3.2.4 水声传感技术

水声是人类迄今已知的唯一能在海水中远距离传播的能量形式。可见光、电磁波和激光等在海水中传播时会很快地衰减掉，因而无法传向远方。水声传感器在海洋军事、资源探测、科学研究领域均具有重要作用，是现代海上军事技术的重要组成部分，也是海洋环境监测技术的重点发展方向之一。

声呐是水下海战场侦察的必备装备，是舰艇海上作战的“五官”。水声换能器是声呐系统的重要组成部分，它将水下声信号转换成电信号（接收换能器），或将电信号转换成水下声信号（发射换能器）。水声换能器包括标量传感器和矢量传感器（水听器），其中矢量传感器显著提高了系统的抗各向同性噪声的能力，能实现远场多目标的识别。

光纤水听传感器技术是伴随光纤技术和光纤通信技术的发展而产生的一种传感器技术，是当今迅猛发展的高新技术之一。光纤传感器因具有极高的灵敏度和不受水流静压力的影响等优点，可实现远距离探测和构建大规模阵列，能适应水下作战要求。

3.2.5 航空航天遥感技术

随着航空航天遥感技术的加速发展，遥感技术已广泛应用于海洋探测。海洋遥感具有观测范围广、重复周期短、时空分辨率高等特点，可在较短时间对全球海洋实施观测，覆盖海洋调查船不易到达的海域，成为继岸基、海床基观测后的第三大海洋观测平台。

航空遥感主要通过搭载于有人/无人飞机的成像光谱仪、微波散射计、辐射计、激光雷达等遥感仪器，实现对海洋环境和目标的高分辨率探测。

航天遥感主要利用搭载于卫星平台的微波、红外和可见光等传感器，实现对海洋的大范围探测。海洋卫星主要有海洋动力环境卫星、海洋水色卫星和海洋地形卫星等。海洋动力环境卫星主要用于探测海洋动力环境要素，如海面风场、浪场、流场、海冰等，此外，还可获得海洋污染、浅水水下地形、海平面高度等信息。海洋水色卫星主要用于探测海洋水色要素，从而获得海洋初级生产力、水体浑浊度和水体污染等信息。这些信息对了解全球气候变化、海洋捕捞场、海洋工程环境、河口和航道、海水养殖场，以及水下军事工程建设和潜艇探测、反探测都十分重要。海洋地形卫星主要用于测量海面高度，也可获得海面风速和有效波高的信息。通过海面高度的测量，一方面可获得洋流、潮汐以及厄尔尼诺等海洋动力环境信息，另一方面又可获得大地水准面、海洋重力场、海底地形和地层结构等信息。

海洋卫星在军事海洋环境保障中也具有重要应用，如可准实时地为海上军事活动提供大面积覆盖的海洋水色、水温及海面风场、海面高度等环境信息。可以通过多种卫星遥感资料提取潜艇活动所引起的可见光（水色）、红外（尾流水温）和微波（尾流海面粗糙度）海洋背景场异常特征来进行探潜和反探潜。卫星遥感获取的海水透明度及流场信息，是水雷布设位置及深度的重要参考因子。海洋卫星遥感信息在武器性能发挥上也具有重要的应用价值，如内波、锋面及跃层对声呐和潜艇的影响评估，利用海面大气波导遥感信息提高水面舰艇警戒范围等。

3.2.6 海洋调查数据处理技术

随着海洋调查技术的不断发展，海洋观测平台、手段越来越多，获取的数据也越来越多，如空中卫星和有人/无人飞机、海面调查船和浮标、水下有人/无人潜航器和潜标、海床基等各种平台获取的数据呈几何级数增长态势，对大量不同来源数据进行同化和运算，成为海洋调查技术需要突破的重点环节。

随着计算机、网络和卫星通信技术的不断发展，海洋调查技术正在与现代信息技术、人工智能技术、物联网技术加速融合，成为海洋科技格局中竞争最为激烈、发展最具活力的创新领域。海洋调查数据处理技术的不断发展和完善，必将促进军事海洋环境的研究与应用，有效提高军事海洋环境的保障能力。

3.3 船舶调查技术

海洋调查是海洋事业的基础，海洋调查船作为基本工具和重要载体，又是海洋调查的基础。海洋调查船按其调查任务可分为综合调查船、专业调查船和特种调查船。

综合调查船装载的仪器设备可同时观测和采集海洋水文、气象、物理、化学、生物和地质等基本资料和样品，并进行数据整理分析、样品鉴定和初步综合研究。综合调查船必须具备优良的稳定性、操纵性、续航力、自持能力，防摇、防震、防噪声干扰以及供电、导航、低速等性能。而远航综合调查船一般具备连续航行60天、15 000海里以上的续航能力。如中国海军“竺可桢号”远洋综合调查测量船装备有20余种测量系统，可进行海洋水文、气象调查，深水、海底地貌测量和海底表层地质探测，具有较强的深海扫测能力。图3.5是“科学号”海洋综合调查船和搭载的主要调查仪器示意图，该调查船是我国首艘具有自主知识产权、具备深远海探测与研究能力的4 000吨级的海洋调查船，配备海洋大气、水体、海底、深海极端环境探测和遥感信息现场验证、实验等船载探测和试验系统，搭载有无人缆控潜水器、深海拖曳探测系统、电视抓斗等先进船载仪器设备。

图3.5 “科学号”海洋综合调查船和搭载的主要调查仪器示意图

专业调查船船体较综合调查船小，任务相对单一。常见的有海洋水文调查船、海洋地球物理调查船、海洋渔业调查船、海洋水声调查船、海洋气象调查船等。

特种调查船包括航天远洋测量船、极地考察船和深海钻探船等。航天远洋测量船主要用于接收卫星或宇宙飞船等太空装置发来的信号，并可向太空装置发布指令等。极地考察船船体特别坚固，具有破冰行驶能力和防寒性能。深海钻探船具备对深海海底进行岩芯取样和获取地球物理信息的能力。

此外，对渔船、商船加装海洋调查观测系统，可开展海洋水文、气象、地形地貌等搭载调查，实现近海、远海甚至全球范围的调查。

3.4 海洋综合观测系统

综合利用现代海洋调查技术和海洋调查船，结合岸基海洋站、雷达站网等，能够构建基于岸基、海基、空基、天基的区域海洋立体观测系统和全球海洋观测系统。

3.4.1 区域海洋立体观测系统

海洋立体观测系统由多种平台组成，如卫星、飞机、调查船、浮标、潜标、水下潜航器（含水下机器人、有人/无人潜航器等）和海床基观测站等。海洋立体观测的覆盖范围正由近岸向近海和中远海延伸，覆盖深度由水面向水下和海底纵深拓展。

世界海洋强国在关键海区均已建立多参数、长期、立体、实时监测网，有效、连续地获取和传递海洋长时间序列的综合参数，为本国军民海洋环境保障和研究提供资料信息。美国建立了全国永久性的海洋立体观测系统，包括 175 个海洋观测站、80 个大型浮标等。该系统主要由缅因湾、卡罗来纳近海、蒙特利湾等区域性观测系统组成，还有属于美国国家海洋和大气管理局的浮标 90 个、海岸自动观测网 60 个和水位观测站 175 个，以及由多源卫星构成的海洋动力环境监测网，并由国家业务海洋产品和服务中心为用户提供相关海洋信息。在此基础上，美国建立了军民融合的综合海洋观测系统（integrated ocean observing system，IOOS），该系统由海岸和海洋观测、模拟与分析、数据管理与通信等分系统组成。IOOS 合作单位包括国家海洋大气管理局、国家科学基金委和国家航空航天局等 14 个政府部门，以及海军研究局、海岸警卫队等 4 个军方机构。同时，美国独立或联合其他相关国家在一些重要海域建立了大量观测系统。如从 2012 年开始，美国海军联合印度、斯里兰卡，在北印度洋特别是孟加拉湾建立了海洋调查观测系统，联合开展海洋环流、大气边界层结构、区域海气相互作用的观测试验和模拟研究。

近几年，我国在海洋立体观测方面进行了探索和实践。青岛海洋科学与技术国家实验室等涉海部门，在我国南海北部海域开展了固定平台与移动平台相结合的多学科综合立体协同组网观测。此次观测所用设备均为我国自主研发的新型海洋装备，包括“海燕”水下滑翔机、波浪滑翔机、C－ARGO 浮标、深海系列全水深综合调查潜标，还有光纤水听器、小型水下航行器等，总计 30 余套海洋观测先进装备。调查作业覆盖了大气－海水界面至 4 200 米水深范围的14万平方千米海区，对我国南海北部中尺度涡及其诱发亚中尺度涡等海洋动力过程开展了针对性调查。不过，我国在近海还未建立多部门联合的海洋立体观测系统，在深远海还未开展规模化的海洋立体调查观测，海洋环境服务保障能力亟待提升。

3.4.2 国际全球海洋观测系统

联合国教科文组织政府间海洋学委员会、世界气象组织、国际科学联合会理事会和联合国环境规划署，于1993年发起并组织实施了全球海洋观测系统（global ocean observation system，GOOS）计划，现已发展了13个区域性观测系统，开展针对不同要素，包括全球海平面观测、全球海洋漂流浮标观测、全球ARGO浮标观测、国际海洋碳观测等多个专题的观测计划。

在GOOS等全球性计划的引领下，目前国际海洋观测已进入多平台、多传感器集成的立体观测时代，呈现出业务化观测系统与科学观测试验计划相结合、区域与全球相结合、“岸－海－空－天”多手段相结合、国际合作数据贡献与共享相结合的特征。全球海洋观测系统正在逐步建成，全球海洋观测能力逐步增强。

3.4.3 中国全球海洋观测网

《国民经济和社会发展第十三个五年规划纲要》明确将全球海洋立体观测网列为海洋重大工程，要求统筹规划国家海洋观测网布局，推进国家海洋环境实时在线监控系统和海外观测站点建设，逐步形成全球海洋立体观测系统，加强对海洋生态、洋流、海洋气象等方面的观测研究。《全国海洋观测网规划（2014—2020年）》提出了我国近岸、近海和中远海，以及全球大洋和极地的海洋观测网建设规划。

中国全球海洋观测网核心构成是国家基本海洋观测网和地方基本海洋观测网，其中国家基本海洋观测网包括国家海洋站网、海洋雷达网、浮潜标网、海底观测网、表层漂流浮标网、剖面漂流浮标网、志愿船队、国家海洋调查船队、卫星海洋观测系统、海洋机动观测系统及服务保障系统等。

经过多年建设发展，我国海洋观测已初步具备全球海洋立体观测雏形，近岸、近海观测已初步覆盖管辖海域，极地和大洋热点海域观测有效开展，卫星遥感观测手段趋于成熟，海洋观测数据传输效率大幅提高，全球海洋观测体系趋于完善。

第4章 海战场环境保障

• 史海钩沉

在海洋上活动的安全，在海洋上作战的胜负，总受着各种气象条件的直接影响。从古至今，无数军事家利用变幻莫测的天气，在浩瀚的海洋中，将军事活动变成“天气游戏”：有的巧借天气，大破敌军；有的弄巧成拙，惨遭败绩。

公元前492年，波斯帝国海陆并进远征希腊，不料海军在阿托斯海角遭遇风暴，全军覆没。1588年，西班牙“无敌舰队”与英国战舰在英吉利海峡激战，英国利用风向对西班牙实施火攻，西班牙最终惨败。1661年，郑成功利用鹿儿门的潮汐，在浓雾掩护下，打退荷兰殖民者的反击，取得登陆作战的胜利。第二次世界大战期间，1940年，英国远征军和部分法、比、荷军溃退至法国北部敦刻尔克地区，面临被歼的危险。敦刻尔克的浓雾，阻止了德军的空袭，33万余人最终通过多佛尔海峡抵达英国。同样地，1942年，德国利用浓雾躲避英军视线，突破英吉利海峡封锁，完成了从法国西部港口开往挪威的转移任务。

随着科技的发展，人类已从顺应天气、利用天气转变为人为制造天气，改造战场环境以实现军事目的。

4.1 海战场环境保障概述

4.1.1 海战场环境保障基本概念

战场环境是参与作战行动的敌对双方开展军事活动的空间，是遂行作战任务重要的影响因素和环境条件。战场环境与军事行动进程中的每一个环节息息相关，影响着战役规模、持续能力、指挥协同、作战样式的选择，以及作战手段、方法的运用。战场环境研究是战略、战役和战术研究中不可或缺的重要环节。

在物理空间意义上，可以将战场环境分为陆战场环境、海战场环境、空战场环境、太空战场环境和电磁战场环境等。在更广泛意义上，战场环境可进一步拓展为自然环境、社会环境和人文环境等多要素战场环境。海战场环境是指依托海洋地理、海洋大气和海洋水文等环境要素的作战空间，进一步又可细分为海面、水下和海空战场环境。

海洋环境与敌我双方对抗、装备适应、作战保障、后勤保障具有十分紧密的关系，直接影响海战武器装备性能发挥和军事活动效率。海战场环境影响评估是在作战准备和临战对抗行动中取得主动权不可或缺的条件，分析评估海洋环境影响效应和海战场环境风险是科学决策以取得军事优势的重要保证。航母、潜艇、水面舰艇、作战飞机和精导武器装备等新型作战力量对海洋、大气环境更加敏感，更依赖于准确、定量的影响评估和科学、合理的决策支持。海战场环境保障依赖于对海洋环境的深入认识、科学分析，以及在此基础之上的客观评估和决策支持。旨在运用海洋科学、信息科学、系统科学和运筹学的基本理论、预测技术和评估方法，开展海洋环境信息获取、数据处理和预报制作，并在此基础之上，综合运用海洋环境对武器装备和军事行动的影响机理、条件规范和保障经验，开展海洋环境对武器装备效能影响评估和军事活动风险分析。

4.1.2 海战场环境保障作用与概况

战场环境保障在推进战争进程和获取战争胜利中的重要性，在历次高技术条件下局部战争中得到充分印证。国外早在20世纪70年代就开始这一领域的研究，并取得了重要进展。美军下属的大气科学实验室1978年就开始研究光电武器的气象影响评估和保障决策问题，并于1992年建立了“光电武器大气影响程序集”，它包括气体、自然气溶胶、战场气溶胶、辐射传输、激光传播、目标捕获与系统性能等7个部分、30多个模块。在此基础上，建立了美军防御和进攻光电武器系统环境影响评估系统，以及各类光电武器战术风险分析与影响评估系统，在海湾战争、科索沃战争、阿富汗战争和伊拉克战争等局部战争中发挥了重要作用。21世纪以来全球范围的几次高技术局部战争越来越突显战场环境信息及其评估和决策支持对战争胜利的重要性。美军十分注重数据挖掘和信息融合技术，关注战场环境影响评估和决策支持研究，拓展、延伸了战场环境信息内涵，获得了更多深层次的决策信息，为精确制导武器、巡航导弹、航母战斗群等作战平台气象水文保障提供了充分的信息支持，为战役行动提供了精确的战场环境评估和决策支持。

在北约空袭南联盟行动中，美国五角大楼开始引入天气影响决策支持系统保障图——“灯示止行图”（stop-light chart）。伊拉克战争中，美军上至国防部，下至战术作战单位，广泛使用各类气象保障辅助决策系统。从战略规划、战争准备到实施作战的每一个阶段，针对作战任务、战术行动和武器装备，向各级指挥员提供针对性的、量化的气象水文条件影响信息和可直接应用的作战决策辅助产品，为赢得这场战争的胜利提供了重要的保障。

· 知识延伸

美军的扩展防空仿真系统（extended air defense simulation，EADSIM）是一个集分析、评估、作战规划和决策支持于一体的多功能仿真系统，可进行防空、反导、空间对抗等效能评估和决策服务。该系统自1987年起由美国的特力·戴布朗工程公司研制开发，历时近10年、投资上亿美元。该系统始终瞄准与追踪军事动态、战场环境、武器装备发展，积极引用最新技术成果，不断改进、完善、升级，至今仍是美军决策支持仿真系统的代表，在海湾战争和伊拉克战争期间对美军“沙漠风暴”等作战计划的制订和作战效能的评估发挥了重要作用。美军针对海战环境研制的海军战术环境支持系统（tactical environmental support system，TESS）于1991年4月测试完毕，并装备于航母和其他舰艇。美国军事专家评论，该系统将引领美国海军舰队海洋环境保障能力进入二十一世纪水平，成为美国海军新一代海洋环境的战术决策支持系统。

20世纪90年代末期，英国的BAE SYSTEMS公司开发了海军环境指挥战术辅助系统（naval environmental command tactical aid，NECTA），该系统主要目标是提供全面的声呐性能预报，用以辅助声呐综合使用、战术指挥和声呐设计。为了适应浅海和深海水声环境特点，系统配备有覆盖全球的网格化海洋环境数据库，在一些热点海区，数据网格精度达10′。为了实现对不同环境下声呐性能的预报，系统采用多种声学模型进行声学预报。目前NECTA系统已装备到芬兰、瑞典、美国、日本和英国的潜艇上，并于2000年初开发了基于PC平台的PC-NECTA系统。

在海湾战争和伊拉克战争中，美国海军模块化海洋资料同化系统和中尺度海气耦合预报系统，基于现场观测、卫星遥感和气候背景场海洋环境资料快速制作战区海洋环境预报产品，包括浪、流、潮、温度、盐度等海洋水文要素和海面气压、海面风场、风切变、温湿等海洋气象要素以及海气边界层要素、影响评估与决策支持产品，实现了信息采集、信息处理、预报制作和评估决策的高效集合和无缝衔接，外延了战场保障内涵，获得了直接面向武器装备和作战行动的决策支持信息，为航母战斗群的“战斧”巡航导弹打击、舰载机空袭和海陆空协同作战指挥等气象水文保障提供了充分战场保障信息，为战役行动提供了精确的战场环境影响评估和决策支持。

通过相关科研课题和专项建设支持，我国开发了一些海洋环境影响评估与保障决策模型，总体而言知识技术体系还较为零散，许多关键技术有待突破，特别是信息不完备与规则不确定条件下的海战场环境影响评估方法和风险分析技术仍是瓶颈，而这恰恰是海上联合作战和应急作战保障中可能面临的现实情况和技术难题。

4.2 海洋信息处理与要素预报

4.2.1 海洋资料的基本特点

海洋是一个环球水圈，存在着海洋与大气之间复杂的相互作用，既有大尺度和中小尺度的空间变化，也交织着长序列和短周期的时间变化；既反映了剧烈的天气过程，也反映了各种尺度和时段的气候特征。为了能够准确揭示海洋在时间和空间上的分布特征和变化规律，所获取的海洋资料一般应具有如下属性：

（1）精确性：要求观测记录准确可靠，避免仪器和人为系统误差、观测过程的随机误差和观测人员的过失误差，使其综合误差不超过各要素所规定的精度。

（2）代表性：观测记录应能确切、客观地反映现场海洋环境的实际状况，避免因环境条件干扰和调查方法欠缺等因素导致的数据虚假记录现象。

（3）连续性：海洋要素的变化相对比较平缓，不论从时间排序或在空间分布上，都基本连续，变化趋势较为平滑；若出现急剧升降、起伏等异常极值或不连续现象，应检查核对，判别真伪。

（4）同步/同时性：要了解海洋要素的分布特征，须在同一时期（时刻），将不同区域的海洋水文要素进行比较分析，才能符合实际状况、反映客观规律。在空间差异/水平梯度不大，但是时间变化显著的海区更是如此。对于气候性海洋资料来说，要求相互比较的资料，不仅应在同一时期和年代，而且应有相同的资料序列/记录长度。

对于上述要求，陆上气象资料比较容易满足，现在全球已有上万个气象站，即使在青藏高原、大漠、戈壁乃至北极、南极大陆上也有气象站可进行定时气象观测。但在浩瀚大海上，定时、定点的观测却是非常困难的。目前直接的海洋观测资料主要来源于航行于世界大洋之上的商业船舶、科学考察、各类浮标和有限的岛礁观测。资料获取难度大、成本高、效率低，不仅连续性和同步性很差，而且数据质量也难以得到保障。据美国海洋资料中心 1983 年统计，海洋资料的年均数量，南森站约为 14 000 站次/年，CTD/STD 约为 3 000站次/年。迄今为止，世界大洋中尚有不少资料空白海域，甚至在5°×5°的网格内连一个历史资料也没有，更谈不上资料的连续性与同步性了。海洋观测常用的单船走航式调查，相当于陆地上一个流动气象站，这对陆上气象资料来说是无足轻重的，但对海洋资料而言则是来之不易的，因此，即使获得的海洋水文资料有限，对海洋科学而言也是极为珍贵的。尽管如此，海洋资料的时空散乱性、非同步性和不连续性仍是困扰海洋环境保障和制约海洋科学发展的难题和薄弱环节。海洋资料存在的另一个问题是，由于调查船不能全天候出海调查，因此很难全面了解一个天气过程作用于海洋的全过程，也观测不到海洋要素真正的异常极值，不论对科学研究还是开发利用，这都是非常不利的。

1978 年，美国发射了第一颗海洋卫星（Seasat-A），卫星搭载的红外、微波和可见光传感器能全天候监测全球范围海区的风、云、海温、海浪、海冰等海面状况，使同步获取大尺度海洋综合资料有了突破性进展。自 20 世纪 80

年代以来，国际科学组织和各国海洋科学界积极推进和实施了一系列海洋科学的国际合作计划和联合调查项目，譬如热带海洋与全球大气计划、世界海洋环流实验、全球海洋观测系统、全球海洋通量联合研究、海岸带陆海相互作用研究计划和全球海洋生态系统动力学研究计划以及ARGO观测计划等，旨在通过获取充分的海洋、大气资料来进一步深化对海洋环境特征和内在机理以及全球气候系统的了解。

4.2.2 海洋资料的客观分析

大气、海洋科学领域中，数据资料处理作为科学研究工作的重要前提，一直受到高度的重视。它的重要性主要体现在如下几个方面：

（1）插补、逼近因灾难、环境等原因造成缺失的观测数据。

（2）重建、延伸数据资料，如利用《晴雨录》重建北京历史降水资料。

（3）将不规则观测站上的观测记录插到规则网格点上。

（4）把粗网格上模拟所得的数值插到细网格上，即所谓降尺度下插。

大气、海洋中的资料插值包括气候意义的资料插值和常规天气预报中的客观分析。早期的气候资料插值多采用比较简单的方法，如比例法、加权平均、线性回归等。20世纪80年代后，气候背景场的信息被用于气候场的插值之中，一些现代统计技术也被引入资料插值之中，如经验正交函数、傅里叶谐波函数、小波函数、样条函数、切比雪夫多项式等。考虑到观测资料蕴涵的时间连续信息，时间序列分析被用于资料插值处理；考虑气象序列多是由周期分量叠加而成，均生函数模型亦被应用于资料的插值研究，取得了较好的效果。

随着数值天气预报的发展，相应的客观分析技术衍生并发展了起来。客观分析通过把不规则测站上的数据插到规则网格点上，当数值预报产品作出后，再把预报值插回站点等处理，使不同来源的数据信息相互利用、交换和共享。著名的Cressman逐步订正法是一种以距离作为权重的插值法，Gandin最优内插法则是以随机函数理论为基础的，后来引进了动力约束，使数据插值更符合实际的规律。变分同化最早由佐佐木提出，1990 年之后引入数值预报业务系统，目前先进的大气、海洋数值预报模式和气候预测模式中均采用了资料同化技术，包括变分同化和卡尔曼滤波。其中，变分同化是给定一个目标函数，使之在一定约束条件下目标泛函达到最小（最大）。变分同化除了把不同时次、不同仪器的不规则观测数值插到规则的网格点上外，还需要使初始值与所用模式相协调，即所谓初始化，其计算量与模式预报近似为同一量级，计算耗时很长。

NCEP/NCAR 再分析资料是由美国国家环境预报中心（national centers environmental prediction，NCEP）和美国国家大气研究中心（national center for atmospheric research，NCAR）等科研单位耗时十余载研发的一套全球尺度的大气、海洋环境要素再分析资料，有 2.5°×2.5°与 1.0°×1.0°水平分辨率，大气垂直方向有 17 层，大气要素时间分辨率为逐日和逐 6 小时，海洋要素时间分辨率为逐旬或逐周。它也是目前全球使用最为广泛、用户反馈最好的免费大气、海洋环境数据集，其中大气要素居多，海洋仅为温度、盐度等有限要素。资料再分析原理是在全球天气预报模式的资料同化中使用实际观测值以再建一个动力相容的大气历史分析数据，通过同化技术订正和消除资料中的错误和误差。

NCEP/NCAR 再分析资料的问世标志着统计客观分析与三维/四维变分等现代同化技术的有机结合和互补，降尺度等思想又进一步推动了资料客观分析与同化技术的发展。

4.2.3 海洋资料同化与数据融合

海洋资料大致可以分为常规观测资料和非常规观测资料两种类型。常规观测资料一般指固定站点定时观测得到的资料（可较精确地转化为标准化网格资料）；非常规观测资料则是指通过船舶、浮标等获得的资料，其优点是观测准确性高，但时空覆盖不均匀、资料缺测严重。卫星遥感为非常规资料获取提供了有效途径，卫星遥感反演资料具有时空覆盖广、时空分辨率高等优点，但是反演精度相对较低。目前，海洋上可用的环境信息资源包括：TOPEX、Jason-1、Poseidon卫星高度计资料、MODIS卫星资料和其他静止与极轨卫星资料；ARGO漂移式浮标资料和TOGA锚式浮标资料以及船舶航行等海洋观测资料。

如何充分利用上述不同观测资料的各自优势，对其进行客观、合理的数据信息融合，从中提取可用的高分辨率、标准化数据资料，是当前海洋科学研究亟待解决的重点和难点课题。

时空插值方法（spatial-temporal interpolation，STI）将观测点的邻近空间和前后时段数据关联信息进行融合，进而给出观测点的缺测信息估计。该数据融合插值技术在地球科学领域中得到了有效的运用。STI方法的优势在于对时空影响范围内的数据同时考虑了时间和空间的权重，传统的插值方法一般只考虑空间的权重，对时间则采用平均若干天以内的观测数据等处理方法。譬如，对海温的处理，常常用十天以内的海温观测均值代表实际时刻的观测值（海温、盐度等海洋环境要素比大气要素要平稳和缓变得多）。显然，这种处理无疑是一种较为近似和粗糙的处理。尽管STI方法较之空间插值方法有一定的改进和提高，可将时空散乱的观测数据插值到固定的时空网格点，对某些在时空影响范围内缺乏观测数据的网格点，可用插补值代替，但是当影响范围之内的缺测数据增多或整个时空域内数据稀少时，该方法仍表现出较大的局限性。为解决这个问题，人们提出基于要素场时间序列经验正交函数分解（empirical orthogonal function，EOF）的研究思想。EOF方法由于能用简单的几个模态来表示资料的重要结构信息，因而在大气、海洋科学领域得到了广泛应用。通过构建基本的EOF空间模型和相应系数的时间序列，进而更充分地利用时空场序列的关联信息融合插补缺损数据。利用EOF方法融合重构网格化资料是其中的重要应用之一，该插补方法被称作DIN-EOF（data interpolating empirical orthogonal function）。DIN-EOF的优势在于可揭示数据场空间相关结构和时间演变规律，进而对缺失数据点值进行恢复。

资料同化已成为大气、海洋科学研究热点名词。资料同化的目的，在于利用可用的所有信息来定义和刻画一个最大可能精确的大气/海洋状态。自20世纪80年代引入同化概念以来，同化技术已成为大气/海洋资料信息融合的主流技术之一。资料同化经历了多项式插值，逐步订正法，最优插值法，三维/四维变分同化法以及卡尔曼滤波。目前国际上主流的同化技术为三维变分资料同化技术、四维变分资料同化技术和卡尔曼滤波资料同化技术。

· 知识延伸

三维变分同化法是将目标函数定义在三维空间（不包括时间）上，通过最优化方式把观测资料和背景场信息有机地结合起来，寻找状态向量，使得目标泛函达到极（最）小值，形成最佳的模式初值。四维变分同化法是将目标函数定义在四维空间（包括时间）上，以数值模式为其动力学约束，利用数值模式的伴随模式，通过非线性最优化方法，寻找状态向量，使得目标泛函达到极（最）小值，使数值模式的预报值与观测值之间误差最小化来得到最优的海洋、大气状态估计。

三维变分同化因其计算量小，比四维变分同化要经济得多，目前已被世界许多大气海洋业务预报中心普遍使用。但该方法有两个主要缺陷：一是它把同化窗口［t0－3，t0＋3］内不同时刻的观测资料都当作同一时刻的观测资料，这实际上假设了天气状况在该同化窗口内是静止不变的，显然与实际情况不符，会明显引起误差而影响同化的质量；另一个是它缺乏模式约束，尽管它可以包含一些简单的方程约束和平衡关系，但远远不能起到模式约束的作用，难以保证初值与模式的协调性。

四维变分同化能产生一个与模式协调的、在同化窗口内通过模式解的轨迹最优拟合观测资料的初值。然而，目标函数中模式约束的引入，给四维变分同化中目标函数梯度的计算带来了很大的困难，尽管伴随技术对此给出了很好的解决方案，但梯度的计算量仍然巨大。编写全球大气环流模式和全球海洋环流模式是一件非常庞大的工作，不是在短时间内能够完成的，同化系统的建立需要较长的周期。由于现有的最优化算法的局限性，在四维变分同化中其收敛性因模式约束的引入也会降低，并因初始猜测场的粗糙而往往收敛不到最小值，有时仅收敛到局部极值，影响了四维变分同化的期望效果。

近年来，四维变分同化已成为资料同化的主流方向，一些国家和地区陆续建立了四维变分同化系统，其中欧洲中期天气预报中心的四维变分同化系统已业务化运行。作为全球大气、海洋资料同化技术研究重要基地的美国国家环境预报中心，十分注重资料的变分同化技术，在20世纪90年代初就建立了全球三维变分同化业务系统，之后又建立了区域模式三维变分同化业务系统。

• 知识延伸

卡尔曼滤波最早由卡尔曼于1960年提出，当时只用于一般的线性系统的微分方程组，现已广泛用于信号处理、最优控制和预测预报等问题。其基本思想是首先进行模式状态的预报，再将数值模式的预报场与观测数据比较，根据观测数据对数值模式预报场结果重新评价，据此修订预报参数或模式初值场以改进模式预报效果。1965年，约翰最早把卡尔曼滤波用于气象分析预报；佩勒森于1973年提出了“最优顺序分析”。20世纪80年代，纽约大学柯朗研究所的一个研究小组开始致力于在气象数据同化中运用卡尔曼滤波的研究，并取得了一定成果。他们的工作促进了卡尔曼滤波在气象学领域的推广与流行。目前，卡尔曼滤波在大气和海洋中的应用主要有约化卡尔曼滤波和集合卡尔曼滤波等。其中，集合卡尔曼滤波的主要优点是利用一个随着天气流型演变的背景场误差协方差来进行资料分析，这是在目前变分同化中难以实现的主要问题之一。但对全球大气环流模式和全球海洋环流模式，卡尔曼滤波技术中的协方差矩阵十分庞大，计算量非常大，同时，集合卡尔曼滤波还存在滤波发散、分析变量不平衡等问题。滤波误差发散到无穷大的原因有两类：一类是由于计算机的舍入、截断、运算不对称性等计算误差造成，这类情况称为数值发散；另一类是由于模型归结不当，造成实际误差协方差矩阵趋于无穷大，这类情况称为真实发散。解决卡尔曼滤波协方差矩阵计算量非常大及发散等问题相当困难。

目前，美国的业务预报模式中，全球模式基本实现了全球资料同化；区域大气模式实现了区域资料同化。新型观测资料、风廓线资料、卫星云导风资料等诸多非常规观测资料得到了应用，特别是卫星辐射观测资料已被直接同化运用于业务。英国的全球资料同化业务系统和中尺度预报系统均采用了三维变分同化方案。英国气象局的三维变分同化方案与大多数全球三维变分同化不同，它是在均匀经纬度网格点模式上开发出来的（在全球谱模式基础上发展起来，如欧洲中期天气预报中心、法国气象局等）。英国气象局是世界上中尺度模式中最早使用三维变分同化的国家机构之一。在大气模式业务应用中采用四维变分同化的科研和业务部门有欧洲中期天气预报中心（1998 年起用）、日本气象厅（有限区域，2003 年起用）以及法国气象局、英国气象局等。目前尚无与在海洋模式业务应用中引入四维变分同化技术的应用情况相关的信息。集合卡尔曼滤波技术至今仍处于论证和试验等基础研究阶段，在目前国内外大气与海洋数值模式中尚无完整的业务流程系统。

4.2.4 “深海遥感”与 MODAS

卫星遥感资料可以提供大范围、全天候的海洋表层观测信息，但是难以获取海洋深层的环境信息。人们基于多源信息融合和层次耦合的思想，提出了“深海遥感”的概念。该项工作可分为两个部分：一是表层—水下重构，即将海表卫星观测投影到水下，形成水下“伪观测”；二是将重构数据场与实时观测剖面相融合，通过客观分析方法形成三维要素场。关于表层—水下重构，即直接构造海洋表层—水下观测的统计关系，这种方法称为基于观测的方法。原本局限于海洋表层的遥感资料，利用构建好的统计关系，可以重构水下“伪观测”，从而实现“次表层及以深海洋遥感”或“深层海洋遥感”。鉴于重构准实时性的要求，通常依赖简单快捷的统计方法。美国海军是探索表层—水下重构（深海遥感）的先驱，他们基于多元线性回归方法，开发出著名的模块化海洋资料同化系统（modular ocean data assimilation system，MODAS）。

MODAS 的技术核心是融合历史温盐观测资料、合理分解垂向模态，从而实时动态重构海洋三维温盐场，最终获得水下声速、密度、跃层、内波等水下战场信息，为作战指挥人员提供海洋环境保障辅助和决策支持。MODAS 系统自 20 世纪 90 年代始在美国海军业务化运行，在海湾战争、伊拉克战争等海外军事行动战场环境保障中发挥了主要的作用。目前 MODAS 仍是美国海军全球范围内水下环境业务保障的主要系统。继 MODAS 之后，美军进一步发展了引入动力约束和变分方法的多分层动力 - 统计 ISOP 同化系统，其通过代价函数涵盖了垂直梯度约束、气候态约束、跃层约束等多目标约束，在求解多个 EOF 振幅的同时还计算了 EOF 解的增量，是一种较先进的轻量化快速同化技术。

借鉴 MODAS 研究思想和技术途径，国防科技大学创新团队发展了动态背景场技术和背景场误差协方差优化算法，提出了基于卫星遥感资料、浮标观测资料和历史再分析资料融合与温盐场重构的“反演—融合”的解决方案，研发了模块化海洋数据实验同化系统（experimental modular ocean data assimilation system，E-MODAS）。系统主要包括“反演”“融合”“显示”三大模块，每个模块又包含诸多的功能子模块（如图 4.1）。

（1）“反演”模块主要包括“表面—水下”关联回归、“DHA-SLA”比容关系回归、动态背景场反演等功能。

（2）“融合”模块主要包括现场资料的标准化处理、时间/区域选择、协

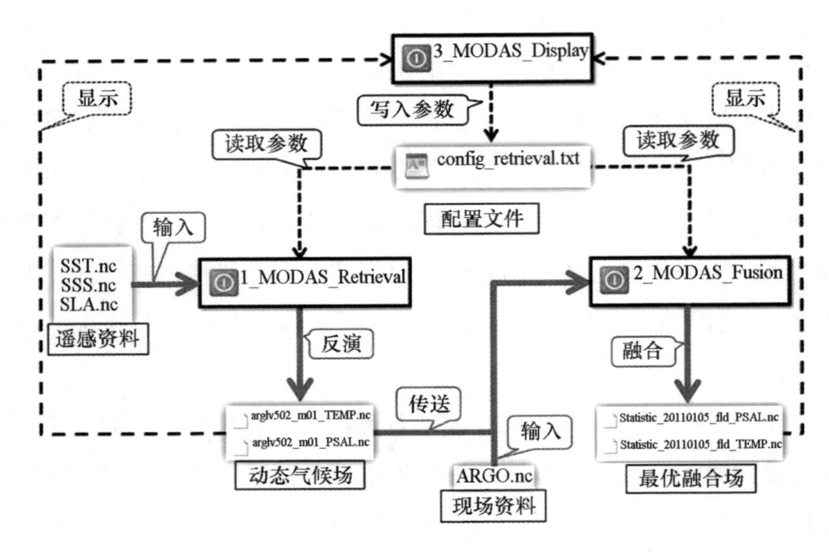

图 4.1　E-MODAS 系统三大模块间逻辑关联和技术流程

方差矩阵优化、现场资料和动态背景场最优融合等功能。

(3)“显示”模块的功能则是通过窗口界面输入用户参数，并将其写入文本配置文件传输给计算模块，通过 NetCDF 数据文件返回计算模块结果，并利用地理信息系统等实现可视化。

E-MODAS 系统的主界面和功能模块界面分别如图 4.2、图 4.3 所示。其中“温盐场计算”模块完成最核心工作，即温盐反演场/融合场的参数设置和计算；“衍生场计算”模块则在三维温盐场计算基础上完成密度、声速、地转流等衍生场计算；“平面图像管理”模块用于控制等值线图、填充图、矢量图、色图等图像显示功能；“单点断面显示”模块在独立窗口绘制单点剖面图和经度/纬度断面图。

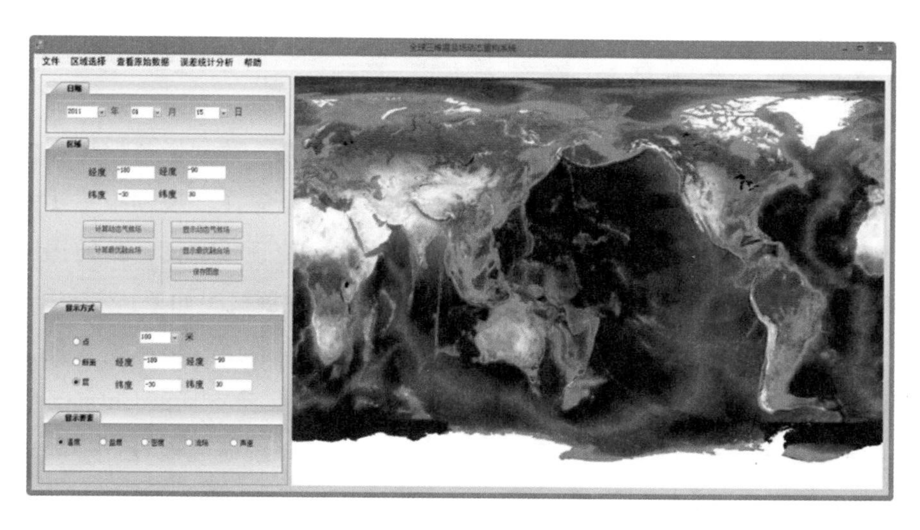

图 4.2　E-MODAS 系统主界面

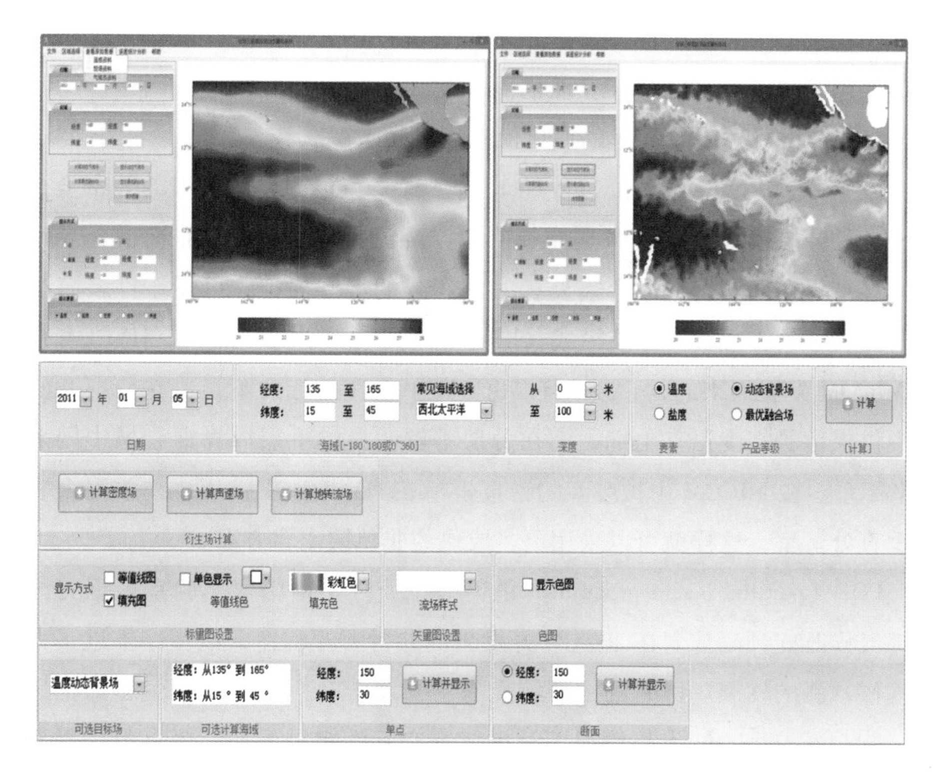

图 4.3　E-MODAS 系统功能模块界面

4.2.5 海洋环境要素预报

海洋面积占地球表面积70%以上，海底地形复杂，数据资料探测和信息获取困难。因此，有别于大气环境预报，数值预报是海洋环境预报主要的方法手段和技术途径。在通用的海洋水文环境要素数值预报方面，目前国际主流海洋环境要素（温、盐、流等）的数值预报技术发展概况如下：

国际上，以MOM（modular ocean model）为代表的深度坐标模式是目前应用最为广泛的模式。MOM由地球物理流体动力学实验室（geophysical fluid dynamics laboratory，GFDL）开发，最初为海洋气候系统研究而设计。MOM 4是GFDL的最新版本海洋模式。OCCAM（ocean circulation and climate advanced model）也是在MOM的基础上开发的原始方程全球海洋数值模式。与MOM不同的是，它采用自由表面并改进了水平对流方案。在太平洋、印度洋和南大西洋采用了规则经纬网格，在北极圈和北大西洋采用旋转经纬网格，这两种网格在白令海峡用一个简单的通道模式连接起来。

以MICOM（Miami isopycnic coordinate ocean model）为代表的等密坐标模式是一种分层模式，MICOM是重要的海洋环流模式，它不存在离散化导致的虚假穿越等密面混合，适合需要长时间积分的气候模拟，可用于许多海洋气候研究。原始方程大洋环流模式（hybrid coordinate ocean model，HYCOM）是由MICOM发展而来的，它改进了MICOM中垂直坐标的不足，在分层开阔大洋中仍保留等密度铅直坐标，而在分层不够明显的上层海洋混合层中则采用Z坐标系。在MICOM中被废弃的铅直坐标在HYCOM中被用于提供混合表层的垂直分辨率，这样就可以采用更多成熟的非单层闭合方案。

POP（parallel ocean program）是美国拉斯阿莫斯国家实验室根据美国能源部气候改变预测计划在2004年开发出的并行海洋程序，该程序推进了大尺度气候预测的发展。POP的主要特点有：开发了一个基于海面气压的正压模式，能在不减小时间步长情况下，更接近实际的粗糙地形；用自由边界条件代替原有的刚盖条件，使海气界面自由变化，也使海面高度成为预报量；采用广义水平直角坐标；水平扩散的纬向缩放避免了高纬地区时间步长所受的限制，同时保证扩散足够大以维持数值计算的稳定性；专门为超级并行计算机设计了并行程序。POP 现在已经成为许多气候模拟器中的标准模块，在海洋表面的分辨率达 0.1°，在赤道上为 10 千米。POP 模式可用于高分辨率（赤道处为 0.28°）的全球海洋模拟。使用 POP 模式对大西洋进行模拟，计算结果与墨西哥湾流的海表高度变率的实际观测结果相当一致。

TOM（Tsukuba ocean model）的最早版本为 Takano 海洋模型，是世界著名物理海洋学家高野健三教授在 20 世纪 60 年代末开发的 UCLA（University of California at Los Angeles）大洋环流模型，与著名的 GFDL 和 NCAR 模型齐名，成为当时三大世界大洋环流模型。20 世纪 70 年代，TOM 逐步完善。与其他模型一样，TOM 是采用 Boussinesq 近似、静水压近似和薄层近似的地球流体动力学原始性的时间过程方程的综合性物理模型。TOM 的优点在于该模式每一项物理概念都非常清晰，能保持质量、动量、动能、拟能、热含量和盐度等整体和局部守恒。与国际其他著名的 MOM、POM 和 MICOM 模型相比，TOM 模型的平流项的处理非常复杂，但它是唯一保持质量、动量、动能、总动能和拟能同时守恒的模型。TOM 的这些突出的优点，使其特别适合深层流和复杂地形海域的计算。TOM 是为研究大洋环流而开发的模型，已用于厄尔尼诺、南方涛动和全球变暖等气候变动的研究和实际预报中。

基于全球战略需要，美军一直关注和大力发展海洋环境数值预报技术，特别是具有重要战略价值海域的海洋数值预报模式的研制。目前美国海军已能有效获取和定期制作我国南海、东海的表层和次表层较为精细的温度、盐度、海流、海浪、潮汐和海面风场、气压、气温等重要的海洋环境要素信息和预报，对世界各大洋区的海洋环境要素预报的技术水平居世界领先地位。

美军根据其全球战略的需要，着眼军事行动保障，建立了不同规模和类型的军用海洋水文数值预报系统。在全球数值预报能力基础上，针对战区区域军事行动的保障，美军海上及海岸作战海洋水文保障的预报能力，主要依赖以下数值预报系统和模式：海洋－大气耦合中尺度预报系统 COAMPS、海洋预报系统 POPS、第三代海浪模式 WAM、热力海洋预报系统 TOPS 4.0、最优内插系统 OTIS 4.0 等。目前，美军能做到在开阔海域以及海岸区域，根据战区和战术行动需求，灵活调整预报范围（从 3 500 千米 ×3 500 千米至 350 千米 ×350 千米）和预报时效（0～72 小时：部署到美国海军舰队数值海洋中心的 COAMPS 系统；0～24 小时：部署到战区基地区域气象海洋中心的 COAMPS 系统），预报产品为 1 小时间隔，在舰船所处位置的附近区域和作战目标区上的海洋水文状况预报的水平分辨率能达到 9 千米，预报产品包括常规的海洋水文要素预报、舰船和飞机的航线保障参数预报、海洋声波传播预报以及海上搜索救援保障预报等。

美军海洋数值预报发展趋势：战区范围的海洋水文预报可扩展到稳定可靠的 7 天预报；海上预报产品分辨率能达到 1～5 千米；重点加强舰基预报装备的建设，进一步提高预报的灵活性和机动保障能力，并计划在主要舰船上部署制作 0～12 小时预报的舰基 COAMPS 系统，进一步提高 0～12 小时预报的准确性；建立舰载临近预报系统（0～1 小时），提供舰队指挥员需要的海洋环境实时感知能力；改进对传感器、武器系统和作战平台有重要影响的海洋水文气象参数的预报。

国内在大洋环流模式发展方面，中国科学院大气物理研究所率先于 1989 年设计出世界上第一个可以预报海表起伏以及海洋环流运动的所有物理量的自由表面大洋环流模式，该模式具有许多中国独创的优点，如自由表面起伏、标准层结扣除方案以及可保持“有效能量”守恒的简单灵活的计算公式等，显示出较好的气候模拟性能。1992 年，中国科学院大气物理研究所建立了 14 层热带太平洋模式，该模式所模拟的海表起伏和海面温度、海洋环流相当逼真，且能给出从赤道到中高纬的所有海面槽脊分布和 1986—1988 年的厄尔尼诺、拉尼娜全过程。此外，还设计了表层风生洋流模式（正压模式），该模式在给定的实测风应力气候场情况下，能够很好地模拟出大洋以及近海风生流。1994 年，中国科学院大气物理研究所建立了 20 层具有自由表面的全球大洋环流模式，包括高纬度海冰的热力学模式。该模式采用对正压模态、斜压模态、温盐过程进行分解计算的时间计算方案，使得计算经济稳定。同时该模式不但能模拟出合理的海面温度、盐度、流场和海表起伏及上翻下沉区，而且能模拟出合理的温盐环流。在此基础上，中国科学院大气物理研究所又发展了第三代垂直方向为30层的全球海洋环流模式，使得模式对热盐环流和风生环流的模拟更为合理，同时对恒定温跃层的模拟也较先前有显著改进。20世纪90年代后期，由中国科学院南海所研究员周伟东开发的新一代的自由表面海洋模式，解决了十几年来自由表面模型未能解决好的长期积分稳定问题。

4.3 海洋环境对武器装备和军事行动的影响

4.3.1 海洋环境对水面舰艇的影响

海洋环境包括海洋气象要素与海洋水文要素。影响水面舰艇的气象要素主要有：温度、气压、湿度、能见度、风向、风速等指标情况，雨、雪、云、雾、雷电等现象，台风、风暴潮等危险天气系统。

风对水面舰艇的影响

大风对舰艇海上航行安全构成重大威胁，吨位较小的舰艇在遇到大风时，轻则舰艇设备遭到破坏，重则发生翻船事故，造成重大人员伤亡；吨位较大的航空母舰、巡洋舰、驱逐舰等抗风能力较强，只要处置得当，一般不会发生重大事故。风对水面舰艇的影响主要有以下几个方面。

（1）纵向分力

由于风的直接作用，产生空气对舰艇运动的阻力，即风阻力。无风时，空气对舰艇的阻力很小，约占舰艇航行总阻力的1.5%～3.0%。但对高速舰艇来说，空气阻力是很大的。如舰艇以45节速度航行时，受到的风力相当于9级大风；逆风航行风力4～5级时，风阻力占航行总阻力的10%～15%；8～9级时，为30%～40%。可见逆风航行时，风对舰艇航行的阻力是很大的，特别是对于舷高、上层建筑多的舰艇，更是如此；顺风航行时，虽然顺风产生的推力可抵消一部分阻力，但是在强烈的顺风下，由于海面巨浪而产生的汹涛阻力更大，航速反而降低。

（2）横向分力

风不但对舰艇产生阻力，而且还可由于侧风作用于航行的船上，引起舰艇偏离预定航线而产生漂移。舰艇在航行时因受风产生的漂移速度，与风向、风速、船速、水上水下侧面积比等有关。正横受风时，漂移速度与风速成正比，与航速成反比。舰艇水上侧面积越大、水下侧面积越小，则漂移速度越大。此外，舰艇上的建筑对漂移速度也具有重要影响，在强侧风作用下，甲板上如果堆放着木料，则在垂直于风的平面上的投影面积有所增加，船体水上部分所承受的风压要比在同样条件下的普通货船所受的风压大。

风对舰艇航行安全和实施各种活动的影响很大。强风使舰艇偏离计划的航线、改变预定的航向，航行时如果在航行区有海滩和暗礁存在是非常危险的。大风可使舰艇摇摆，不易操纵，难以保持运动方向，难以按照计划到达预定地点，特别是舰艇在狭窄海区航行时，如进出港湾、靠离码头、拖带情况下，会发生搁浅和碰撞，也使远航的舰队难以实施海上补给。大风影响海军兵器的使用，能改变炮弹、导弹弹道，影响弹着点。海军在海上释放烟幕，必须有合适的风向、风速，才能达到预期的效果。风速还会影响舰艇信号、观测效果和敏锐度，影响对海况和海上危险漂浮物的判断。

温度、湿度对水面舰艇的影响

气温的高低对舰艇上的机械、武器及技术装备的工作状态有直接影响。过低气温可使溅上甲板的海水结冰，使舰艇稳定性变差，严重时可使小型舰艇倾覆；积冰会影响传动装置的正常运转，使某些天线设备失效；低温还会引起仪器、武器和机械中的润滑油凝结而造成暂时失灵；冬季的严寒，还会使舰艇管路系统和机械中的水发生冻结而导致舰艇事故。

由于气温和湿度变化而引起的空气密度变化，会影响武器发射和舰载飞机在甲板上的滑行距离。另外气温和湿度在空间的垂直分布不同，也会使无线电波的传播路线发生改变，产生异常折射，从而影响雷达发现目标的距离和高度。

温度、湿度变化还易引起战斗人员的疾病，造成非战斗减员，影响水面舰艇战斗效能发挥。高温酷热环境中作战、训练，会造成人员中暑；寒冷环境中作业，若缺乏保暖措施，会造成人员冻伤。

雾对水面舰艇的影响

海雾是海洋上的危险性天气之一，在海上或港口，海雾会使能见度变得十分低，即使有雷达等导航设备，仍有可能发生偏航、搁浅、触礁和碰撞等事故，给舰艇航行带来重大困难和威胁。我国1950—1987年38年间因气象原因造成事故96次，受损舰艇总数329艘次，其中沉没报废19艘，触礁、搁浅、碰撞受损和等级事故310艘次，我国“向阳红16号”考察船就是因海雾而触礁沉没的。就事故次数来说，恶劣能见度造成的事故占首位，为33%，大风浪造成的事故占25%，台风造成的事故占22%，其他海洋气象因素造成的事故占20%。

海雾的影响表现在：降低航速，增加航行时间；制约目力观测，影响舰艇机动；影响干扰舰艇无线电设备正常工作。

尽管海雾对舰艇航行有不利影响，但海雾范围广、浓度大，因而可掩盖海上目标，妨碍侦察机的搜索和侦察，使轰炸机难以使用光学瞄准器对海上目标轰炸和布雷，有雾也不利于航空兵反潜。因此，只要掌握了海雾的生、消规律，就可利用海雾的隐蔽性，抓住和有效利用战机。

云对水面舰艇的影响

海上有浓厚的云层特别是低云时，不但使水平能见度变低，影响航行安全，而且人在舰上难以用目力观察空中敌机，影响对空射击。海上作战中，舰艇常常要根据太阳或月亮的方位、岸形和水天线的明暗程度，找到并占领有利阵位。如果舰艇位于水天线的明亮方向，则易被敌发现，如果处于水天线的阴暗方向或有岛岸作背景时，则不易被敌发现。在昼间强烈阳光下，舰艇应占领背向太阳的突击阵位；而在晨光和昏影时，则应占领相反方向的阵位。

云和雨区在海战中往往能起到掩护的作用，如1942年5月8日，美、日在珊瑚海的一次战斗中，日舰在多云和阵雨的天气区内作战，低云层掩护了日军的航空母舰，限制了美机的攻击。由于空中能见度不高，美机甚至把澳大利亚大堡礁的岩石误认为日本的两艘航空母舰加以攻击。而美军的驱逐舰、运输船和航空母舰位于南面的好天气区中，有利于日机攻击，日军利用了这个天气条件，击沉了美军航空母舰“列克星敦号”、驱逐舰“西姆斯号”和油船“内奥肖号”，击伤航空母舰“约克城号”。

云对激光通信的影响也很大。云中的水汽能强烈吸收某些激光通信的波段，甚至能使激光通信无法进行，对于可见光，也只有大约10%的能量可以在云中通过。

海浪对舰船活动的影响

海浪可分为风生浪、涌浪、潮汐浪、气压浪、地震浪、拍岸浪等。对军事活动影响较大的海浪主要有风浪、涌浪和拍岸浪等。海浪有很大的能量，根据实测记录，拍岸浪对海岸的压力有时可达20～30吨/米^2。因此，即使是大吨位的舰船也有可能被其损毁。

海浪是海上航行的克星，自有海难记录以来的200多年间，全球有数十万艘大中型船舶因遭到狂风巨浪袭击而沉没。第二次世界大战后期，美国海军第三舰队占领菲律宾的民都洛后，在回撤加燃料途中，遭到强风浪袭击，最大浪高在18米以上，导致2艘航空母舰、8艘战列舰和24艘加油船被大浪掀沉，近800名官兵丧生。海浪对舰船活动的影响，还表现在使舰船发生摇摆、中拱与中垂、淹埋和螺旋桨空转等，对舰船航行、作战和训练产生严重影响和威胁。

（1）摇摆：舰船在海上航行或停留时，在海浪的作用下产生复杂的周期性摆动，称为舰船摇摆。舰船摇摆会产生一系列有害影响，如船员晕船影响战斗力，降低武器的命中率，损坏舰体和装备，降低航速，强烈的摇摆可使舰船倾覆。

（2）中拱与中垂：舰船在大浪中航行，舰体各部分受力不同，使得舰体结构变形受损。如舰长与波长相近，当波峰处于舰中部时，浮力大部分集中在船中，首尾两端浮力有所损失，从而在首尾处形成向下的力，中部有使舰体上顶的力，此时舰体产生的弯曲受力现象称为中拱，如图4.4（a）所示。中拱使舰体甲板受拉伸，舰底板受压缩。反之，当波谷处于舰中时，首尾处形成向上的力，中部有使舰体下压的力，舰体甲板受压缩而舰底受拉伸，此时舰体产生的弯曲受力现象称为中垂，如图4.4（b）所示。如果中拱、中垂现象反复交替，则舰体会有断裂的危险。

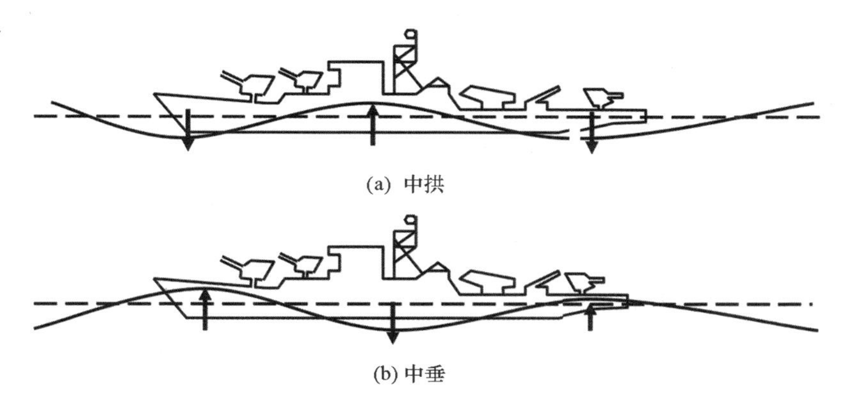

图4.4　中拱与中垂现象示意图

（3）淹埋和螺旋桨空转：舰船顶浪航行时，海水大量涌上甲板的现象称为淹埋。在大风浪中顶浪航行，舰船必然会产生剧烈的纵摇，造成淹埋。特别是当舰首下摆到最低位置时，第二个峰波正好通过舰首，淹埋现象最为严重，淹埋时海水的猛烈冲击容易损坏武器和装备。舰首较低的舰艇，经常整个舰首埋在海浪中，操纵困难。

纵摇和升沉运动，常使舰船尾部螺旋桨周期性地部分甚至全部露出水面，发生空转现象，从而使螺旋桨效率显著下降，航速降低，同时给主轴以极大的扭转振动。间歇空转必然给主机带来突然的加速和减速，各运动机件将受到很大的冲击应力，机器因此受到损害。出现淹埋和空转时必须改变航速或航向，或者两者同时改变，以减轻淹埋和空转。

海浪造成的摇摆使舰船难以保持航向，转向也比较困难，特别在大风浪时从顺浪航行转为逆浪航行比较危险。海浪还会使停泊在港湾或锚地的舰船因系船索和锚链被拉断，造成舰体间或舰体与码头相碰撞而发生事故。

海流、潮流对水面舰艇的影响

海流、潮流都是海水的水平流动。近海往往以潮流为主，而外海则以海流为主。流对水面舰艇海上活动主要有以下 4 个方面的影响：

（1）流对舰艇航速和航向的影响：流对舰艇的航速和航向有直接的影响，顺流航行可增大航速，逆流航行则相反，侧流航行既影响航速又影响航向，造成舰船偏航，贻误战机。

我国自行设计制造的万吨远洋轮“跃进号”，1963 年 4 月 30 日从青岛出发首航日本，由于受台湾暖流影响而偏离计划航线，结果于 5 月 1 日触礁沉没在苏岩礁附近。因此设计航线时要充分考虑流的影响，尤其是在跨大洋航行时更应注意。一些低速舰艇在近岸航行通过狭窄水道时，由于水道内流速较大，通常选择在憩流前后通过。在岛礁区航行时也要掌握航行海区流的分布特点，及时做好流压修正。据试验，一艘 3 000 吨级的空载货船受 1.8 节流的影响和受 6 级风的影响差不多。所以忽视流的影响或对海流估计错误，就可能引发航海事故，造成不可挽回的后果。

（2）流对舰船离靠码头的影响：港口码头的走向，要根据潮流的流向而定，在潮流较强的地方尤其重要。这是因为，在舰艇停靠码头时，若流向与舰艇的方向有一交角，停靠就会十分困难，甚至会发生舰艇碰撞码头的事故。因此，港口码头前沿线应与潮流主流流向基本一致。舰艇靠码头时一般采用顶流靠泊。

（3）流对登陆舰艇的影响：向岸的海流或涨潮流，利于进港登陆，反向海岸的海流和落潮流，利于舰艇出港。因此，水面舰艇，特别是登陆舰艇在抢滩时要尽量顺应潮流的方向。如果抢滩时登陆舰艇与潮流方向垂直而与海岸平行，等舰艇退滩时，潮流横冲舰艇，就会给退滩造成困难。

（4）流对锚泊地点的影响：水面舰艇在选择锚泊地时应避开强流区，否则，就可能造成脱锚，使舰艇移位，甚至互相碰撞。

潮汐对水面舰艇的影响

潮汐影响海水的深度，对浅海区或浅水航道的影响更为明显。舰艇在执行战斗任务或者锚泊时都应考虑海区的潮汐变化规律，有时还需要认真地观察潮汐变化，以便做到防患于未然。

扫雷舰在执行海上扫雷任务时，要准确掌握水深变化。一般要求在涨潮潮高达到半潮面以后开始进入雷区扫雷，当潮高落到半潮面以后，应撤离雷区，停止作业。否则，会因水浅而触雷。

舰艇在潮差大的海区选择锚地时，既要防止低潮时造成搁浅，又要防止高潮时造成脱锚。

海温、密度、水色、透明度、海发光和海冰对水面舰艇的影响

海温过高或过低均会造成人员和武器装备对环境的不适应，海温和密度跃层影响水面舰艇声呐探潜。舰艇由密度大的海区进入密度小的海区后，吃水深度会增加，在浅海航行时，应注意实际水深的变化。海水水色和透明度是两个关系密切的海洋水文要素。在海水透明度高的海区，海底的礁石、珊瑚、海藻等历历在目。水色高、透明度高时，易发现水中目标，如潜艇、水雷、沉船和暗礁等。

海洋中存在着无数生物，其中有些具有发光的特性。在黑夜，常能看到它们发光，好似“海火”，这种现象称为海发光。海发光在国防、航运交通及渔业上都有一定的实用价值。舰艇在航行时可以利用“海光”识别航行标志及障碍物。但在作战时期，舰艇在发光海区夜间航行时，就有暴露目标的危险，一方面易被敌舰发现，另一方面敌机在空中也可根据舰尾发出的“海光”进行追击。

海冰主要是由海水直接冻结而成，也包括由江河流入海洋中的淡水冰等。海冰一般可分为固定冰和流冰。海冰能造成港口封冻、航道阻塞。随风和海流漂移的流冰，对航海的安全威胁很大。浮冰只有1/8左右露出海面，水下部分庞大且不易判别，常导致舰艇碰伤、损伤甚至倾覆，造成严重事故。因此，要避免误入浮冰区。海冰运动时的推力和撞击力都是巨大的，如果舰艇被浮冰包围，其后果是十分严重的。

冬季，海冰区的航行要靠破冰船来实现。冰区航行时，舰艇受到冰的挤压作用，使船体绕水平轴和垂直轴做某种旋转运动。其间，舵承受的应力可能较大，舵板和舵轴可能遭到损坏。冰的挤压也会使船体严重损坏，引起船体构架的变形和损毁。

舰艇在高纬海域航行时，常会遇到冰山，冰山是航海的大敌，它严重威胁舰艇航行安全，容易造成海难事故。1912年4月"泰坦尼克号"巨型豪华游轮在其处女航时遭遇冰山，遭到灭顶之灾，酿成20世纪最大的海难之一。冰山体积的90%左右位于水下，因为冰山的密度约为水的密度的90%。因此，冰山像暗礁和浅滩一样，不易觉察，此外，它们在融解时，还会突然翻转。在冰山集中区，其温度大大低于周围空气的温度，空气中水汽易凝结，恶化能见度，有时会形成海雾，使航行更加困难。此外，冰山海域低气温产生的低折射，还可强烈干扰雷达探测和无线电通信。

4.3.2 海洋环境对潜艇活动的影响

海军舰艇活动于海面，显著地受海洋环境的影响和制约。潜艇以水下活动为主，会受到海洋环境水面因素的影响，但更多是受制于水下环境。

对潜艇航行的影响

（1）海流的影响

海流会对潜艇的航行产生推动或阻碍作用，如果潜艇顺流航行，就可以借助海流的推力达到节省燃料或提高航行速度的目的；逆流则相反。此外，海流是影响潜艇水下航行路线的关键因子，若不能正确监测、感知和预报海流，则可能导致潜艇偏航（如图4.5）。海流的速度可以达到米/秒的量级，若能有效利用海流，对提高潜艇作战效能的意义十分显著。黑潮是从北赤道流转向菲律宾和台湾以东洋面到日本东南部海区的强大深厚经向暖流，可达厚度400~500米、宽度30~160千米，平均流速1~2节，最大可达4节。了解和熟悉黑潮的时空特征和变化规律，可以在战术上对其加以利用，达到出奇制胜的目的。第二次世界大战期间，1945年5月27日至6月24日，美国海军9艘潜艇从朝鲜海峡进入日本海实施拦截作战，共击沉日本运输船27艘、潜艇1艘，总吨位达57 000吨，而自身无一伤亡。从海洋水文要素的影响来讲，其中最主要的原因就是巧妙地利用了海流。黄海暖流（黑潮分支）自南向北进入日本海，流速1节，使美国潜艇可以加速进入，同时借海流的推力降低自身艇速，减少螺旋桨噪声，尽量避免被敌发现。任务结束后，由宗谷海峡返航，宗谷海峡海流恰好与潜艇返航方向一致，并利用夜幕小心规避水雷，进而安全地由水面状态通过了海峡。

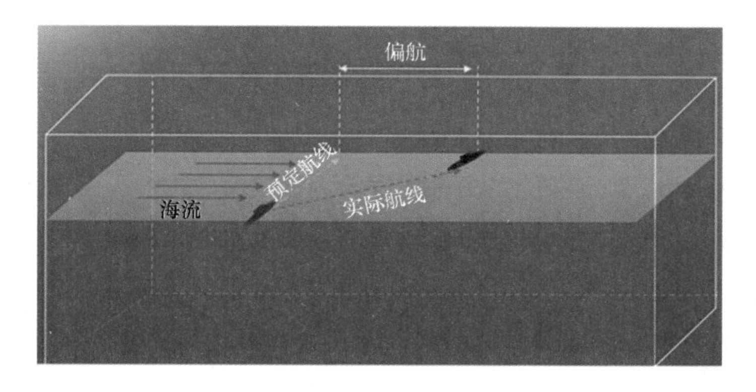

图4.5　海流影响潜艇水下航行示意图

（2）跃层的影响

由于海水在垂直方向的非均匀分布，某个层结中海水温度、盐度、密度随深度出现的急剧变化或不连续跃变的水层，称为海水温度跃层、盐度跃层和密度跃层。在临近大陆的近海海域（如我国东南沿海海域），受大陆季节性天气变化和季风性气候的影响，普遍存在季节性跃层，即跃层的生消和强度、深度、厚度显著地随季节变化或表现出明显的季节性特征（如图4.6）。

跃层对潜艇活动的影响：对水声传播的反射、折射、衰减（后面予以讨论）和对潜艇航行安全都会造成影响。由于在跃层的上、下部位温度、盐度、密度存在显著的差异，导致显著的浮力差异，因此当潜艇进入跃层位置时(图4.6阴影区)，会导致浮力急剧下降，致使潜艇突然下沉，即出现所谓的“海洋断层”或“液体悬崖”，对潜艇的操控性、安全性构成巨大的威胁。

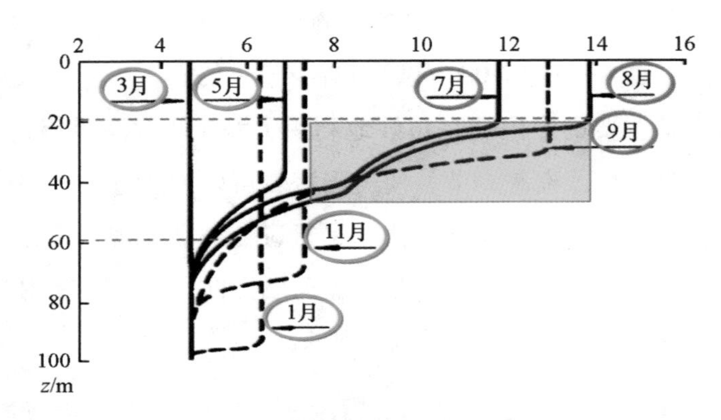

图4.6　季节性跃层结构示意图

（3）海洋内波的影响

影响潜艇水下航行安全的另一个危险因素是海洋内波。海洋内波是发生在海水密度层结稳定的海洋内部波动现象，一般发生在密度不同的两层海水分界面上。内波发生后的一个显著特征：原本水平的等密度面变为曲面，并随着跃层的类型、深度和海域不同以及诱发机理差异产生不同波长的内波(如图4.7)，进而对潜艇安全产生不同程度的影响。其中，上层的高频内波对潜艇的影响最小，仅使潜艇产生颠簸；下层低频内波可使潜艇产生犹如过山车式的起伏，一般不会危及潜艇安全；最危险的是波长与潜艇长度相当的内波，尤其是内孤立波，会对潜艇产生强烈的抬升和下压作用，严重影响潜艇操控，甚至危及潜艇安全。

类同于海洋内波，断崖也是海水密度水平锐变的现象，有时，断崖在密度的水平梯度上比内波更大。这些海洋现象对潜艇的威胁性表现在以当前的探测能力和预报手段，潜艇一般无法预知在其航道上有无内波或断崖，一旦

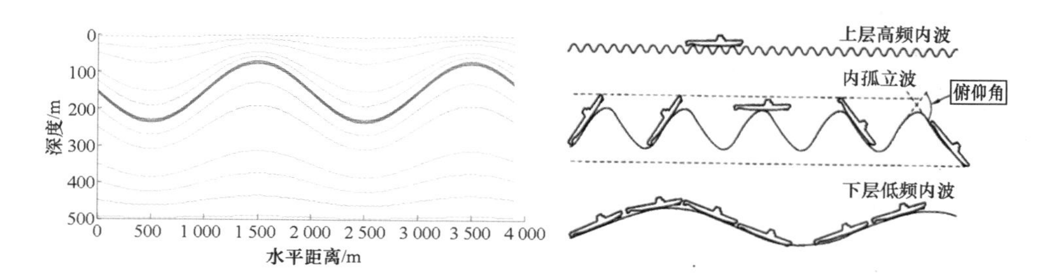

图 4.7 海洋内波等密度面分布与不同波长的内波影响效应示意图

遭遇，将可能因浮力急剧减小坠入海底或因浮力急剧增大而被抛出水面。

海洋内波对潜艇的另一个危害是剪切流（如图 4.8），在内波波动界面两侧的海水流动方向是相反的，航行在剪切流场中的潜艇的航行阻力会增加，航速突然降低，升降舵不易操纵，严重妨碍潜艇的机动。如果剪切流较强，

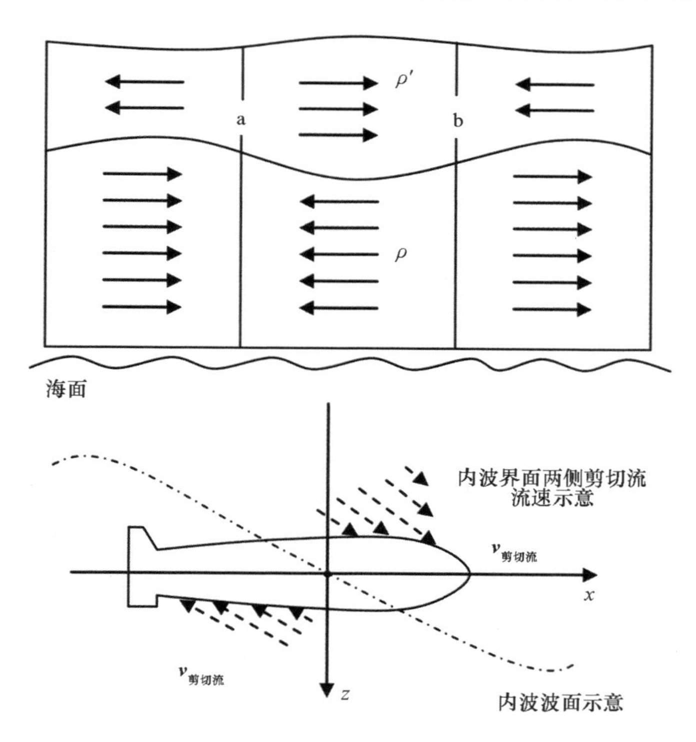

图 4.8 海洋内波剪切流示意图

还可能使潜艇倾覆，甚至把潜艇折断。

历史上有许多因内波发生的潜艇事故，1963 年 4 月 10 日，美国“长尾鲨号”核潜艇在波士顿外海进行超 300 米潜航深度试验，结果被压入 2 560 米深海底，129 名官兵无一生还。据专家分析，试航那天，海面虽然风平浪静，但几天前因猛烈风暴引发的内波，使潜艇失去平衡，被内波压入深渊。

对潜艇悬停和隐蔽的影响

悬停是潜艇重要的战术动作，指潜艇利用海水铅直方向上的密度差异，静止在某一深度水层上，以实现隐蔽监听、探测或等待战机等战术目的。悬停是相对于坐底而言的，坐底是潜艇静止于固体海底，以实现上述战术目的的一种战术动作，它需要许多如水深、底质等前提条件。因而，当这些条件都不满足时，则要靠悬停来补充。

海洋环境中影响潜艇悬停的因素有海流、内波和跃层。海流会改变潜艇的水平位置，内波会造成潜艇的升沉，跃层是海水密度铅直梯度较大的水层，跃层的存在有利于潜艇的悬停。

潜艇的隐蔽性是指潜艇在正常工作时，其噪声被发现的概率和难易程度。在一定的航行深度下，若敌方兵力未对潜艇活动区域产生怀疑，一般不会用航空反潜兵力对该区域进行重点探测。对敌舰而言，最先发现的潜艇踪迹可能是拖曳线列阵声呐。因此，可用拖曳线列阵声呐的被动探测作为潜艇隐蔽性评价的基础。拖曳线列阵声呐的被动探测距离越远，则潜艇隐蔽性越差，反之越好。

潜艇的隐蔽性主要受海水的声传播性质影响。由于声波在海水中的传播速度与海水温度的关系密切，所以，在温度变化，尤其是铅直温度变化十分显著的海水中，声波传播速度也是千差万别，当声波穿过两种不同声速介质分界面时，会发生折射。声波传播方向会从高声速介质向低声速介质方向弯曲。潜艇的机械噪声向外辐射时，声波会发生折射，使声能量在一些区域内汇聚，而在另一些区域内消散，导致该区域内的声呐无法探测发现潜艇噪声，从而产生探测“盲区”。

对潜艇而言，其噪声的盲区越大，潜艇的隐蔽性越好。一般当潜艇航行在温度跃层下方时，潜艇噪声主要被折向吸收系数较大的海底，传播距离就会缩短，隐蔽性较好。

对潜艇通信及探测的影响

（1）限制潜艇的通信深度

潜艇通信又称水下通信，包括岸潜通信、舰潜通信等。传统的岸潜通信方式以甚低频通信和极低频通信为主，甚低频通信可以保证潜艇在水下10～30米的深度内接收到信号，但要求潜艇使用很长的拖曳天线或浮标天线，不利于潜艇的隐蔽；极低频通信可以保证潜艇在水下100米左右深度上接收到信号，但是极低频通信信息传输能力低、天线体积庞大，也限制了它的使用。

目前潜艇对岸、飞机、水面舰艇和其他潜艇通信的主要手段是高频、甚高频和特高频通信，其优点是简捷、失真小、传输距离远，但受海况和天气要素影响，通信距离和时间均受一定的限制。而且，潜艇原则上只收不发，必须发报时，潜艇要上浮到天线能露出水面的深度，这就破坏了潜艇的隐蔽性。目前岸对潜艇通信的主要方式是甚低频和极低频通信，其优点是信号传输稳定，穿透海水、海冰能力强，在大气环境中衰减小，适合全球范围内的远距离通信，但是数据通信传输率低、天线体积大、发射功率强、保密性和生存能力差，不能满足战时应急快速通信的要求。

目前，最常用的陆上远距离通信方式是电磁波通信。空气中，电磁波的穿透力强，散射和吸收较小，因而可以传播很远的距离，海洋中则不然。电磁波尤其是高频电磁波在海水中的传播衰减大，在海水中的穿透距离有限，因此制约了其在潜艇通信中的应用。

（2）影响声呐探测距离和范围

海洋环境对声呐探测的影响与对潜艇隐蔽的影响是相互背离的，这正是水声场双刃剑的体现。海洋环境在提高潜艇隐蔽性的同时，也缩短了声呐的探测距离。这是使用主动声呐进行探测时应该特别注意的问题。

当声呐所在深度的海水铅直温度分布满足图4.9（a）所示结构时，向各个方向发射的探测声波都会弯向声速最小的水层，如图 4.9（b）。它使得声波的能量汇聚在一个比较薄的水层内，水层两侧形成“盲区”；而在水层内，声波则由于能量的汇聚，可传播到数倍于其探测距离的地方，如图 4.9（c），形成“水下声道”。

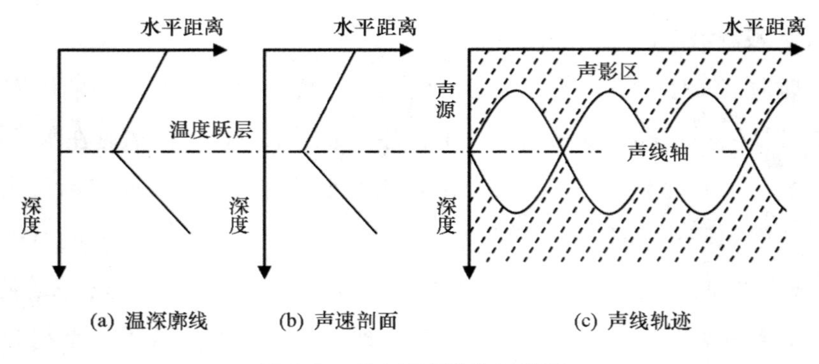

图 4.9　“水下声道”示意图

（3）限制潜望镜的使用

潜艇潜望镜具有多种光学仪器和综合观通设备的功能，它既是一种观察仪器，又是鱼雷射击的瞄准仪和测距机、照相机、导航仪，还具有无线电接收天线的功能。影响潜望镜使用的海洋环境要素主要是海面大气能见度和海浪。由于传统的潜望镜观测主要是依靠光学仪器，所以当海面能见度较低时，潜望镜的观测距离会受到极大的限制。海浪对潜望镜使用的影响较大，一方面，由于潜望镜使用的基本原则是保证隐蔽性，这就对潜望镜的使用深度有很大限制。潜望镜使用时要保证潜望镜镜头的出水高度（h），保证潜艇围壳在潜艇深沉距离（s）范围内的最短离水距离（z）（如图 4.10）。所以，在潜望镜升降长度一定时，潜望镜的使用受海浪高度的限制就比较大。例如，升降距离为 5 ~6 米的潜望镜，一般只能使用于 5 级以下海况。另一方面，当海浪强度较大的时候，海浪的冲击力对细长的镜管也是一个很大的危害。

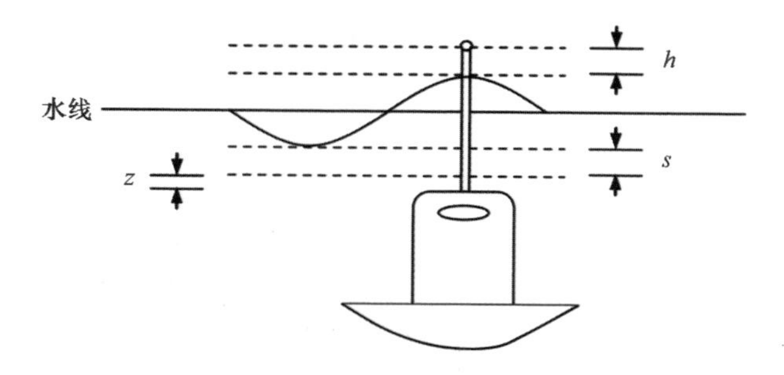

图 4.10　潜望镜使用海情示意图

如图 4.11 所示，潜望镜观测范围和距离也受潜艇平衡状态的限制。潜望镜观测有俯仰角限制，对俯角较小的潜望镜，若潜艇倾斜角度过大，潜望镜在潜艇倾斜反方向的观测就会受到影响。对于同等高度的目标物，发现距离就会受到限制。

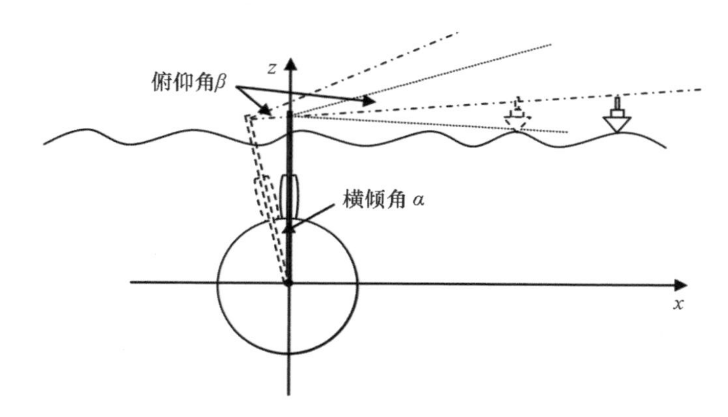

图 4.11　潜望镜观测俯仰角盲区示意图

对艇载武器的影响

（1）影响潜射导弹的出水（筒）姿态和弹道

导弹水下发射一般有水平发射和垂直发射两种方式。水平发射一般通过鱼雷发射管发射，垂直发射通过垂直发射架发射（如图 4.12）。影响导弹水下发射的海洋环境要素主要是弹体周围的横向流和海浪。

横向流主要影响导弹的出筒姿态，导弹的发射方式不同，横向流产生的

图 4.12　潜艇垂直发射导弹示意图

影响也不同。对于水平发射的导弹而言，横向流影响主要来自海流；而对于垂直发射的导弹而言，横向流影响除来自海流外，还来自潜艇自身的运动速度。横向流对导弹产生的影响主要体现在两个方面：一方面横向流在筒外弹体的横截面上产生剪力和弯矩，直接影响导弹的结构强度；另一方面横向流会使导弹的出筒姿态变差。一般而言，横向流对水平发射导弹的影响不大，而对于垂射导弹，由于潜艇发射导弹后要尽快离开发射地，垂射导弹时，潜艇一般要保持一定的航行速度，于是，导弹的运动方向与潜艇的运动方向垂直，受横向流的影响较大。所以，顺流航行对垂射导弹发射较为有利。

海浪对潜射导弹的影响主要是撞击力，撞击力指海流或海浪对导弹正面冲撞的力，是海水动量转化为对导弹冲击动量的过程。这种冲量如果过大，有可能会破坏导弹的弹体结构，直接造成发射失败，或可能改变导弹的出水姿态，使导弹无法按预定弹道飞行。

（2）影响鱼雷作战效果

鱼雷是潜艇的主战武器，目前现役的鱼雷主要有直航式鱼雷和智能化制导鱼雷两类。直航式鱼雷是指完全按照设定弹道进行攻击的鱼雷，早期的鱼雷都是直航式。但是，由于直航式鱼雷受海洋环境的影响较大、射程较短，后来逐步为智能化制导鱼雷所取代。现存的直航式鱼雷以高速雷为主，射程一般在 10 千米以内。

智能化制导鱼雷也称自导鱼雷，可以根据目标的运动位置改变情况，及时调整自身的末端弹道。相比直航式鱼雷而言，智能化制导鱼雷攻击距离更远、命中精度更高。但是智能化制导鱼雷也不能完全摆脱海洋环境的约束和影响。目前较为常见的智能化制导鱼雷主要有声自导鱼雷和尾流自导鱼雷两种。

声自导鱼雷是借助雷载声呐进行末端探测和定位的鱼雷。对声自导鱼雷而言，影响其尾端制导的海洋环境要素主要是温度和盐度的结构分布。声自导鱼雷的声呐一般具有功率小、频率高的特点，有效定位距离一般在1 000米以内。由于海水介质对高频声波的折射和吸收作用更显著，所以，海洋水文条件对声自导鱼雷的探测影响很大。

尾流自导鱼雷是指依靠舰艇的尾流进行制导的鱼雷。目前，尾流自导技术只应用于反舰鱼雷。尾流自导属非声自导，不受水文条件的影响，可贴近水面高速航行，对于攻击水面舰艇有较强的威力。但是，由于尾流自导鱼雷主要在近海面航行，受海面状况的干扰较为明显，恶劣的海况会加快尾流的消散速度，进而削弱尾流自导鱼雷的攻击效果。

4.3.3 海洋环境对舰载机的影响

影响舰载机起降、飞行安全和作战行动的气象水文要素主要包括：海面风向、风速、风浪、涌浪、海雾、能见度、强侧风和顺风、低空风切变、低云幕、积冰等。

舰载机以舰船为平台，起降于波涛汹涌、变化无常的大海，在狭小的飞行甲板上起降，其训练和保障难度比在陆地上要大得多。除一般直升机的共同点外，舰载直升机还具有以下特点：

（1）舰船飞行甲板和机库尺寸有限，舰载机在舰船上的搭载受到很大限制，为了在狭小机库内容纳多架直升机，舰载直升机多采用可折叠的旋翼和尾斜梁。

（2）舰船受海上涌浪的影响，经常处于摇摆、升降起伏状态，直升机着舰时易出现侧滑或翻倒。为提高直升机在高海况下着舰安全性，大都采用助降装置。

（3）舰船上起降甲板周围建筑物会产生扰动气流，为克服扰流区对飞行的影响，直升机必须具有大的功率和升力储备，以及良好的操纵性和机动性。

（4）海上盐雾弥漫，空气湿度大。空气潮湿（特别是水汽中含有大量的盐分和氯离子）不仅易降低直升机旋翼和发动机效能，而且还会加速机件的腐蚀和老化，缩短机件使用寿命。因此，舰载直升机还必须有较强的防盐雾、防霉菌、防潮湿的“三防”能力。

（5）海上风浪频繁、气候多变，加上舰船航行会引起相对速度，容易使直升机桨叶挥舞摆振，造成启动或停转困难。

（6）海上航行，温差、时差变化大。空气温度短时间内的较大变化，易引起直升机各部位变形及部分连接点松动、系统漏气/油、线路接触不良等故障。

（7）舰载机须严防“舰面共振”现象发生。海上舰船受风浪和主机振动影响，当直升机在舰船上试车、起降时，舰船振动频率比在陆地上更易与直升机振动频率相等或接近，从而发生“舰面共振”。

风、浪对舰载机起降的影响

即使在大型航空母舰上，舰载机起降也受海洋大气环境的影响和制约。飞行甲板上，每一种主要飞机操作都有一个相应的甲板风速和风向许可范围，除紧急情况外，这个范围是不能逾越的（如图 4. 13）。风向、风速对舰载机的影响包括：飞机起/降的间隔，起飞/降落距离，阻拦索的位置偏差，飞行半径续航能力，飞机的机动性、稳定性和可控性，对空、对海攻击能力，轰炸、布雷的精度。

舰载机起飞时有各种各样的干扰因素，其中最重要的是甲板风。甲板风是自然风同舰艇运动所产生的风矢量和，即人们在飞行甲板上所感觉到的风。当飞机通过弹射器弹射起飞时，甲板风速与弹射速度之和必须超过产生机翼升力所需的最低速度，若达不到临界速度，则飞机可能会滑落到海中。直升机起飞时最忌尾风，横风在一般情况下没有太大的影响，但也不能超出一定限度（如图 4. 14）。若舰上空间大，直升机可以在起飞前转向顶风，或至少

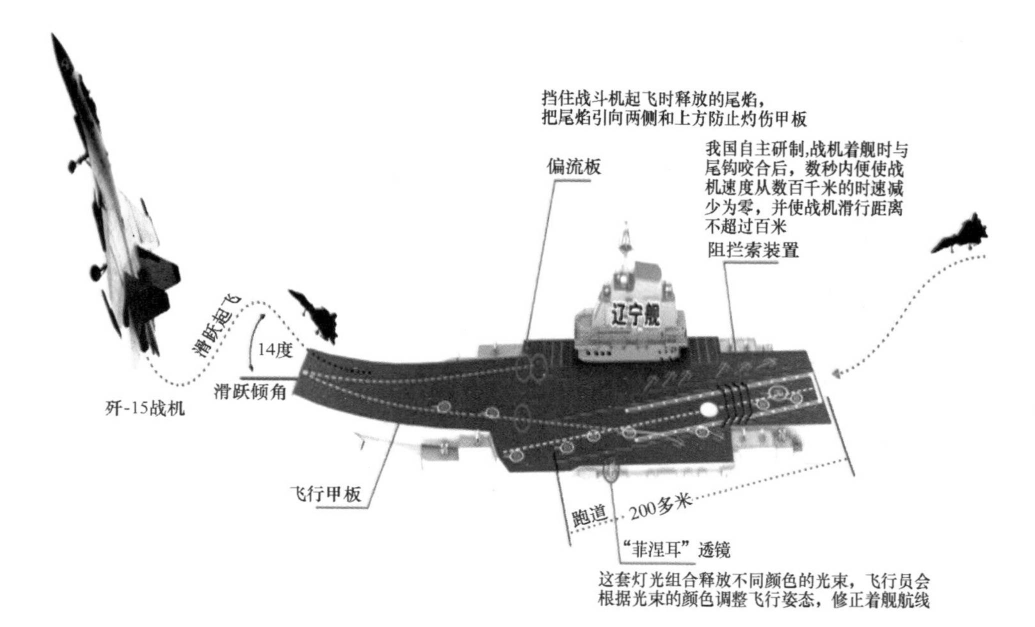

图 4.13 **海面风对舰载机起降影响示意图**

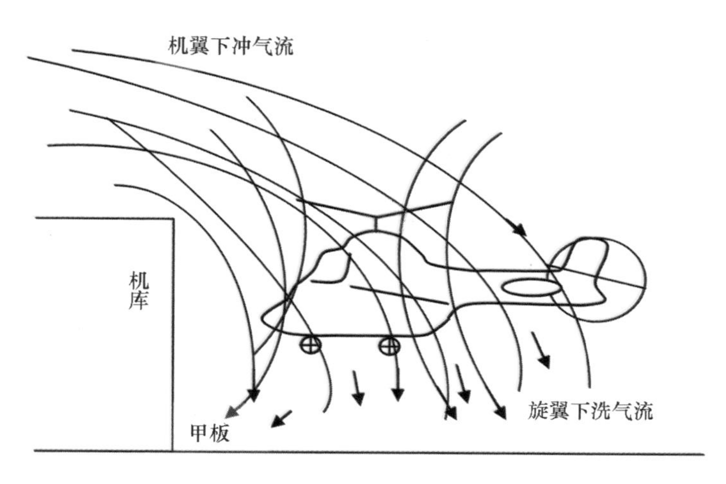

图 4.14 **在甲板悬停的直升机的气流环境示意图**

可以转向比较有利的方向。在海上由于风浪的作用，船舶会产生复杂的运动，一般可将船舶的运动分解为 6 个自由度的摇荡，即横摇、纵摇、摇艏（偏转）、横荡、纵荡和升沉，各个自由度运动之间有耦合作用。通常，可把 6 个自由度的摇荡运动分成 3 组：纵荡；纵向运动——升沉和纵摇；横向运动——横荡、横摇和摇艏（偏转）。

对舰载直升机而言，风浪的影响主要表现为纵摇、纵荡和横摇。尤其是中小型舰艇在大风浪中摇摆剧烈，易使飞机滑落海中。对起降直升机的舰艇，一般要求其横摇小于 4° ~ 5°；对水面舰艇的舰载直升机，要求当舰艇横摇小于 5°、纵摇小于 2°、风速小于 12 米/秒时，不使用着舰装置，舰面系统应能保证直升机在起降平台上安全自由起降和执行垂直补给任务；当舰艇横摇小于 7.5°、纵摇小于 2°、风速小于 20 米/秒时，直升机使用着舰装置，舰面系统应能保证直升机在起降平台上安全起落；当舰艇横摇小于 15°、纵摇小于 4°、风速小于 25 米/秒时，舰面系统的甲板系留装置应能保证直升机在起降平台上安全系留；当舰艇横摇小于 45°、纵摇小于 10°时，舰面系统的机库系留装置应能保证机库内安全系留直升机。

短距垂直起降飞机一般受气象条件限制较小，但起飞时也需要逆甲板风，所需最小风速需视甲板滑跑距离和飞机的重量而定。当跑过滑跃式甲板时，甲板滑跑速度同甲板风风速之和应达到一个最小值。在降落时，尤其在飞机着舰前 10 ~ 15 分钟，不仅飞机受阵风、湍流等的随机干扰，而且由于舰艇摇摆和升沉，预定着舰点也处于随机运动中，同直升机一样，若没有准确引导，很难准确着舰。

能见度对舰载机起降的影响

大雾、降水天气可使能见度降低，严重危及舰载机着舰和飞行安全，同时也会加速舰载机部件的腐蚀、老化。

海雾和降水是海洋上常见，同时也是影响海上能见度的主要天气系统。海雾和降水会显著降低海上能见度，严重影响飞行员在舰载机起降时（特别是降落时）对狭窄跑道的准确对准和正确操作。此外，雨雾天气时，机载雷达、红外武器装备系统的效能发挥也会受到严重影响，进而导致对目标发现、识别、锁定、跟踪打击的能力降低。

大气湍流使飞机颠簸

飞机颠簸是飞机在空中飞行时遭遇大气湍流扰动而产生的，轻度颠簸会使机组人员感到不适和操控效能降低；颠簸严重时，飞机结构可能遭到破坏，甚至解体，严重危及飞行安全。

大气湍流具有湍流谱的特征，即在湍流气流中存在尺度不同的各种涡旋。能够使飞机产生明显颠簸的湍流涡旋，其尺度大致与飞机尺度相当，或脉动周期与飞机的自然振荡周期相近。对于比飞机尺度大的湍流涡旋或波动，飞机在进出涡旋边缘时会发生振动，而在进入涡旋之后，便与空气运动相适应，随后上下做平滑的升降运动。如果飞机进入大范围上升气流（大尺度涡旋），随着上升气流的出现和消失，飞机仰角改变，随之而来的就是颠簸和轨迹变化。比飞机尺度小的湍流涡旋，不论其强度如何，只要其分布较为均匀，其扰动效应大致都可相互抵消。但实际的湍流分布是不均匀的，会引起飞机不同程度的颠簸，甚至是强烈振荡。

飞行经验表明，若遇上颠簸，一般只需要改变飞行高度500～1 500米，就可以减轻或避免颠簸，这说明大气湍流较强部位很少超过垂直厚度1 500米。对于在起飞和着陆时遭遇的低空飞行颠簸，则主要是由于水平风的垂直切变所致，而对于航线上的高空飞行颠簸，则主要来自空中水平风切变和水平温度切变。

积冰对飞行安全的影响

飞机积冰是指飞机机身表面某些部位聚集冰层的现象，它是由云中过冷水滴或降水中的过冷雨滴碰到机体后冻结而成的，也可由水汽直接在机体表面凝华而成。航行中若飞机发生积冰，可使飞机的空气动力性能变差、升力减小、阻力增大，轻则影响飞机的稳定性和操纵性，重则可使飞机通信中断、仪表失灵，甚至会导致机毁人亡的恶性事故。目前在积冰预报方面尚无令人满意的方法，但在分析积冰产生的天气形势基础上，作出积冰概率预报，对确保飞行安全仍有十分重要的意义。

由于过冷水滴存在于 0 ℃以下的云层中，所以凡有利于形成云层的天气形势，如锋、西风槽和切变线等，只要温湿条件具备，就都有可能产生积冰。因而就预报积冰而言，掌握 0 ℃等温线高度是非常重要的。飞机在温度低于 -20 ℃的非积状云中飞行时，往往不会出现中度以上积冰；最易发生积冰的温度范围是 -12 ~0 ℃。其中轻度积冰多在 -10 ~0 ℃出现，中度积冰多在 -12 ~ -2 ℃出现，强度积冰多在 -10 ~ -8 ℃出现。飞机积冰多发生在高湿区域，云中温度露点差越小，相对湿度越大，越有利于飞机积冰。飞机积冰一般发生在云中温度露点差，即 $T - T_d < 7$ ℃范围内，又以 $T - T_d$ 在 0 ~5 ℃区间积冰概率最高，强度积冰多发生在 $T - T_d < 4$℃范围内。另外，如果云中垂直温度递减率越大，飞行在这个层次中遭遇的积冰强度也越大，而逆温层底不仅有较大的垂直温度递减率，而且往往有逆湿存在，因此有利于逆温层形成的天气形势也有利于飞机积冰。所以，飞行时应尽量规避逆温层高度。

飞机积冰不但与航线上的气象条件有关，而且还与飞机速度和机型等因素有关，而后者飞行前一般是知道的。因此，飞机积冰预报主要是预测飞行中将会遇到的适宜于飞机积冰的气象条件。实际工作中进行飞机积冰预报时，通常是首先根据飞行区的天气形势与飞行高度的温度及湿度条件，大致判断是否可能出现积冰或推断出积冰概率，然后根据飞机航行参数，进一步给出客观预报。

气温、气压对飞行安全的影响

气温是表示大气冷热程度的物理量，气温变化对飞机发动机的运转、实际空速、最大起飞重量、升限以及最大平飞速度、飞机的配载量和滑跑距离等许多性能指标都有影响，而且对积冰、雷电、台风等严重影响飞行的天气现象有一定的警示性。

飞机在飞行中采用气压值来确定飞机距离地面的高度，飞机降落时，依据地面气象人员观测的本站气压来标定机舱高度表，以确定飞机距离跑道的高度和下降的速度，进而使飞机准确地在甲板跑道一端接地。若气压表或高度表报错，则可能造成飞机在跑道外或跑道中间接地而发生事故。

气温、湿度和大气压力影响飞机发动机牵引功率、飞机垂直速度、飞行升限、滑行距离以及燃料消耗，同时对导航－驾驶仪的修正和射击精度等也有较大影响。

高度表和空速表是飞机飞行的两个十分重要的仪表，其参数的正确表示和及时订正对确保飞行安全有着极为重要的意义。

气温或气压的变化会使飞机的高度表和空速表出现误差，而现行的民航航线飞行安全高度的规定没有将这种误差考虑进去，因此要特别注意气温和气压变化带来的高度误差并及时订正。

在起降及航线飞行中要注意气温造成的空速表指示度的误差，尤其在起降过程中注意油门的使用。在低温条件下，应适当加大油门；在高温条件下，应适当减小油门。

云对飞行安全的影响

云与飞行活动关系密切，是影响甚至危及航空安全的重要气象因素。航空气象保障中云是一个重要的预报要素，其中又以低云最值得密切关注。低云通常是指云底高度在2 000米以下的云，其中云底高度300米以下的低云对飞行安全影响最大。飞机降落时，若云底高度过低，飞机在最低安全高度前提下，仍可能在云中或云上飞行，驾驶员无法看清地面目标，此时极易发生飞行事故。另外，低云中的积雨云，由于其云体内有强烈的上升或下沉气流，还可能发生积冰、雷电等危及飞行安全的情况，因此积雨云被视为飞行禁区，飞机应避免靠近和进入这种云，若误入其中，雷电干扰极易造成机毁人亡的严重事故。

雷雨对飞行安全的影响

雷雨是自然界中一种剧烈的强对流天气现象，发生时通常伴随着电闪雷鸣和疾风骤雨，甚至会夹杂冰雹。强雷雨造成的强降水与低能见度以及颠簸、积冰等严重影响飞行安全。强雷雨通常还伴随冰雹、下击暴流和低空风切变等危险天气现象。雷雨云一般高大耸立，云体垂直向上发展呈塔状。雷雨云发展的成熟阶段，在云体中部形成强烈的上升、下沉气流，飞越这个部位时会产生强烈颠簸，气压高度表的指示也会失真，飞行员操作时易产生严重错觉；当浓积云向上伸展到0°层，飞机通过时会产生积冰，严重时将会影响飞机的空气动力特征和发动机的正常工作。雷雨云中的另一种现象就是闪电，闪电在云体周围一定范围内形成的强烈电场，将严重影响飞机通信导航以及各种仪表的指示。雷雨的下击暴流引发的低空风切变可使飞机在极短时间内下掉高度。雷雨伴随的恶劣能见度、狂风暴雨、电闪雷鸣和强风切变对飞机起降构成严重的威胁。

4.3.4 水文气象条件对登陆作战的影响

登陆作战显著地受海区水文气象条件的影响。在确定登陆日期、时间，选择登陆地段、登陆点和登陆工具时，必须考虑登陆海区的水文气象条件。登陆时，如有大的拍岸浪，舰艇会难以靠近登陆地点，难以成功登陆。第二次世界大战中，诺曼底登陆作战虽然成功，但由于诺曼底海区海况恶劣、海浪偏大，也给盟军造成了很大损失。如一些舰艇被迫中途返航，有的飘入雷区被炸，有的偏离登陆点不能按计划行动，一些水陆坦克因风浪大而沉入海底，许多士兵被拍岸浪卷入没顶海水中溺亡。

水深对登陆作战的影响

舰艇登陆对水深的要求是等深线越接近海岸越好。在半潮面时，海岸水线向外有一定的舰艇长度距离，其水深应大于舰艇的最大吃水深度。离海岸一定距离时，对水深有一定要求，以便留有火力支援舰艇的漂泊和机动范围。浅水区对登陆舰艇的航速影响较大，登陆时浅水区对舰艇的车舵效应影响也很大，使舰首摆动，登陆航向不稳定。

潮汐对登陆作战的影响

潮汐条件是影响登陆时刻选择的重要因素之一。准确地掌握潮高、潮时、潮差和涨潮落潮规律对确定登陆的具体时间有着重要意义。准确掌握当地的潮差变化规律，是确定登陆和退滩时机、计算滩头装载工作时间、换乘卸载后退滩及压舱平衡调整吃水差的根据。在高潮或接近高潮时登陆，舰艇可直接抵岸或在距岸较近的地方抵滩，可有效减小登陆人员涉水距离；较高的水位可使舰艇超越敌在低潮时设置的登陆障碍物，准确把登陆部队送到指定的位置，但要特别注意开始落潮时的退滩时机。就登陆日选择而言，由于潮汐变化的周期性规律较强，通常最高潮位时段每月只有1~2次，若错过，则可能再等待半个月或一个月。在选择登陆时机上，登陆抢滩不一定非在高潮时，特别是现代条件下，登陆岛礁更是如此。岛礁大都底盘大，顶部面积小，礁环多，构成了抗登陆天然屏障，即使在高潮时登陆，排水型登陆工具也难以越过礁盘，且有触礁沉没的危险。再则，现代登陆工具大都是两栖装甲车或气垫登陆艇，潮水大小、水位高低对这些登陆工具影响不大，甚至毫无影响。相反，低潮时登陆，便于清除和破坏礁盘地段的抗登陆障碍，有利于登陆部队机动。

潮流对登陆作战的影响

潮流能影响舰艇预定的航行路线和登陆地点，严重时甚至会影响整个登陆作战部队之间的战术协同。抵滩登陆时，如没有充分考虑流向、流压的影响，会造成舰艇操纵的困难乃至登陆的失败。在坡度较陡的海滩登陆时，舰艇抵滩面积小，不易在滩上稳住，若遇流速较大的沿岸流，对舰体形成横向流压，会极大地增加操纵困难，一般是舰体越小操纵越显困难，泥底时更加明显。

通常朝向海岸的海流和涨潮流利于进港登陆，反向海岸的海流和落潮流利于登陆舰艇出港。利用海上抛锚的登陆舰艇上的炮火掩护登陆兵登陆时，在方向与海岸平行的海（潮）流下，舰首和舰尾的炮火都可对敌岸射击，从而充分发挥炮火的威力；在与海岸垂直的海（潮）流下，只有朝向岸边的炮火能对敌岸射击，因而有碍舰艇对登陆兵的火力支援。

拍岸浪对登陆作战的影响

拍岸浪又称击岸浪、击岸波。当波浪由深海向浅海传播时，由于受到海底地形摩擦的强烈作用，波形会发生显著变化，使得前浪变陡，后浪变缓，波长缩短，波高增大。拍岸浪行进到岸边受阻时，可产生巨大的压力，对登陆作战影响很大。大的拍岸浪的撞击力可超过 20 吨/米^2，严重威胁舰艇抵靠岸活动。特别是登陆工具在抢滩时停靠不稳，拍岸浪容易造成舰艇损坏，并影响登陆兵涉水上岸，因此拍岸浪大的海岸地带不利于登陆。

昼夜条件对登陆作战的影响

昼夜条件对登陆作战的影响主要表现在能见度方面。夜幕是军事行动的天然屏障，夜间登陆可以向敌岸隐蔽接近，取得先敌制胜的效果。现代高技术条件下的联合登陆作战，由于夜视器材的发展和装备部队，夜间战场变成透明战场。对于技术和训练水平不同的作战双方而言，技术先进和素质精良的一方，暗夜成了取得胜利的有利条件。

4.3.5 海洋环境对水声探测与对抗装备性能的影响

水声探测与水声对抗装备的应用都离不开特定的应用环境，其使用性能与环境因素密不可分。如何了解环境，进而利用环境扬长避短，提高这些装备的性能、可靠性，充分发挥其作战效能，已成为科研工作者与使用人员共同关心的问题。

平台环境对水声探测装备性能的影响

水声探测装备主要指的是声呐，声呐装备的对象有水面舰艇、潜艇和反潜直升机与固定翼飞机。舰艇上有壳装声呐、拖曳声呐，飞机上有吊放声呐和声呐浮标，这些声呐的平台环境，如振动与声学环境、电磁环境等与声呐性能有不同程度的关联。

平台环境要素主要包括：舰船平台噪声环境、传感器安装部位的振动与声学特性等。其中，声呐装备因装载平台不同，其环境要素亦有所不同，但影响声呐装备性能的平台噪声环境可以归结为三类：

（1）机械振动噪声。这类噪声是由水面舰艇或潜艇的主机、辅机及其他运动机械设备不平衡旋转部件和往复运动部件产生的振动，和由管道中流体压力脉动、管系局部共振以及轴承机械产生的振动产生的，这些振动激励船体结构、壳板产生具有强线谱和宽带连续谱特征的噪声。

（2）螺旋桨噪声。它包括螺旋桨空化噪声、螺旋桨唱音和螺旋桨叶片切割流体产生的低频“叶片速率”噪声等。螺旋桨空化噪声是一种连续谱，而螺旋桨唱音是由湍流扩散激励螺旋桨共振而产生的低频线谱，“叶片速率”噪声也是一种低频线谱。

（3）水动力噪声。它是由海水流过船体表面而形成的噪声，包括湍流附面层产生的流噪声和在水流作用下船体某些结构因共振而产生的噪声。舰载声呐一般都采用声呐导流罩，以抑制高航速下流噪声的空化发生，减小湍流的影响，同时将罩内的声呐基阵与罩面的流噪声隔开一段距离，以减轻流噪声对基阵的影响。

典型海洋水文条件对水声探测装备性能的影响

一般认为声呐性能取决于三大因素：

（1）声场：声场包括声呐的信号场和声呐的背景干扰场。声传播影响声呐的信号场，因为声源发出的声波在海洋环境中传播会产生能量衰减和波形畸变。噪声场和混响场是声呐的背景干扰场。

（2）目标：指声呐所探测的目标。

（3）信号处理：指声呐自身的信号处理。

在这三大因素中，声场这一因素取决于海战场环境（含海面、海底和海水）。声传播在浅海和深海各有不同的特点，正确合理利用不同海洋环境信息是海战取胜的关键因素之一。

（1）浅海中的声传播

由于海面和海底的影响，声信号在浅海中传播会产生严重的多途效应。浅海的声速剖面有3种典型形式，即正梯度、负梯度和负跃层。

1）正梯度传播条件

在正梯度传播条件下，声速随深度增加而增加，声线掠射角随深度增加而减小，声线弯向海面，大多数声线经海面反射而继续往前传播，并再次反转到海面，再由海面反射。只有少数声线到达海底，由海底反射。声波经由海面反射，其反射损失相对于海底来说要小得多，特别对低频声呐更是如此。故对声呐来说，正梯度传播条件是良好的条件，声呐在正梯度传播条件下会有较大的作用距离（如图 4.15）。

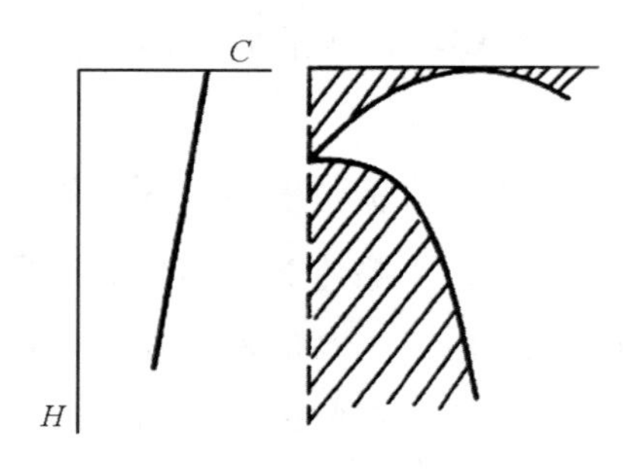

图 4.15　正梯度声速梯度图

声速正梯度分布一般出现在冬天，在接近海面的一层，此水层一般只有几十米。水面舰艇的水声器材，如果利用回音探测潜艇，而发射波束角度并不向下，声波就只在接近海面的水层内传播。若潜艇下潜深度较浅，恰好在正梯度的水层内，即处于声照射区内，水面舰艇的水声器材探测的目标距离较远；若潜艇处于较深的水中（如百米以下），声波达不到一定的深度，水面舰艇的水声器材就无法探测到目标。因此，当目标在一定深度的水层内，冬天声呐作用距离要远。当然，冬天的声波衰减远比夏天要小，对增大工作距离起了一定作用。

2）负梯度传播条件

在负梯度传播条件下，声速随深度增加而减小，声线掠射角随深度增加而增加，声线弯向海底，大多数声线经海底反射而继续往前传播。声线每次由海底反射，均会产生反射损失（如图 4.16）。在一般情况下，声波经由海底反射而传播，传播损失要比经由海面反射传播大得多。故对声呐来说，负梯度传播条件是差的传播条件，在负梯度传播条件下声呐作用距离会缩短。

声速负梯度分布一般出现在夏天或南方较热的天气。这种情况下，水平

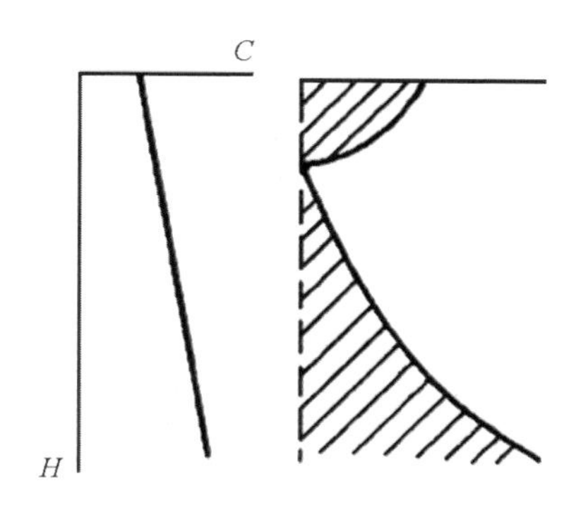

图 4.16 负梯度声速梯度图

方向上的工作距离会受到较大的限制，加上夏天声波的衰减较大，故工作距离较近。水面舰艇的水声器材，对不同深度的目标，其探测距离不同。当目标较深时，近距离反而有可能探测到，恰好与正梯度时相反。因为发射波束具有一定角度，一般近距离对有一定深度目标的探测有一个盲区，而负梯度对克服近距离的盲区恰好起到帮助作用。

3）负跃层传播条件

在负跃层情况下，接收声强与声源和接收器的相对位置有关。声源和接收器处于跃层的同一侧时，可接收到较强的折射声或反射声，当声源和接收器分置于跃层两侧时，只能接收到透过跃层的衍射或透射声能。透射声能经过海底或海面反射到达接收点（如图 4.17）。

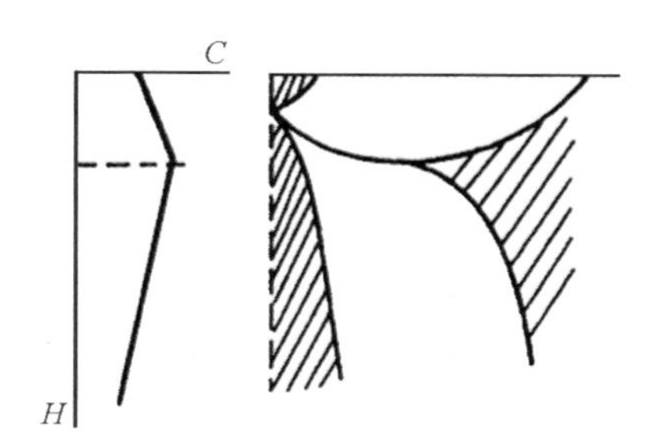

图 4.17 负跃层声速梯度图

因此，在负跃层传播条件下，为了加大声呐作用距离，应使声源和接收器处于跃层的同一侧。变深声呐是适合负跃层传播条件下工作的声呐。

（2）深海中的声传播

深海的海水温度沿深度呈典型的“三层结构”分布。深海表面声道、深海声道以及会聚区的声传播对声呐装备性能有不同的影响。

1）表面声道

海洋表面的海水由于海洋中湍流和风浪的搅拌作用，在一定厚度内形成温度均匀层，这一等温层构成表面声道，也称表面波导。在等温层内温度均匀，声速随深度（压力）增加而增大，因而出现声速正梯度分布，声速的最小点可一直延伸接近海表面，声速的最大点可以与主跃变层相接。从声源以小掠射角发出的声线几乎被完全限制在表面层内传播，在传播过程中声线不断地受到海表面的反射，它在混合层底部不断向层内发生反转，形成特殊的表面声道传播现象。而穿过等温层的声线一开始就被向下折射，这样就产生了一个区域，即所谓的声影区，几乎无任何声波能量穿过该区。因此，声影区中的目标或者说等温层以下的目标，难以进行探测。当增加声源的深度使之处于等温层之下时，会产生增大声影区起始点距离的效果，声影区会扩大至表面声道。

所以，利用此声道进行探测需要在航行的水面舰艇或盘旋的直升机上吊放变深声呐，利用其深度机动能力改善探测效果。

2）深海声道

深海声道是声波在深海传播过程中形成的一种特殊现象。深海声道中存在一个声速极小值水层，称为声道轴。声道轴的深度与纬度有关，纬度高，声道轴上升。由折射定律可知，声线总是弯向声速极小值的深度，当声源位于声道轴附近时，在一定角度范围内射出的声线将被限制在声道内传播。这部分集中于声道有限层内传播的声线，不经受海面散射和海底反射，声信号可传播得很远，对于低频声信号，因介质的声吸收小，将传播得更远（如图4.18）。与表面声道相比，深海声道受季节变化的影响小，声道效应更趋于稳定。

产生这种现象的必要条件之一是海区具有足够的深度，这样由声源发出的声波在海水中传播时不至于触及海底而产生散射，而是通过各层海水折射

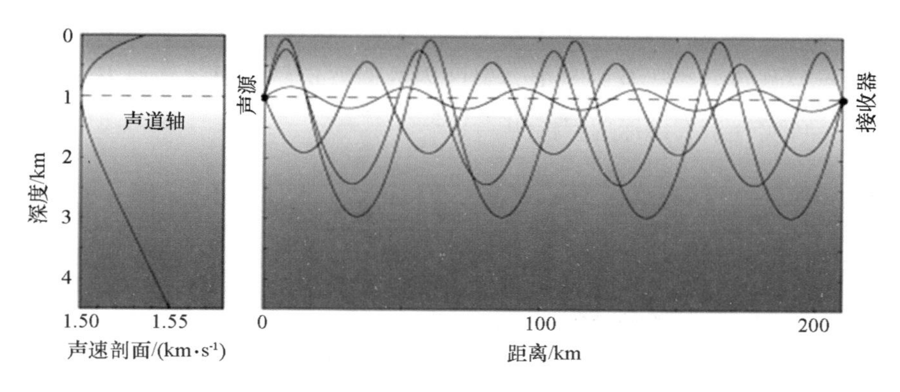

图 4.18　深海声道示意图

向更远处继续传播，从而形成各个声波会聚的区域。由于是深海，声道受季节变化以及表面各种因素的影响较小，声道效应更趋于稳定。因此，充分利用深海声道的会聚效应增大声呐的作用距离，实现水下目标的远程探测，已成为现代水声探测技术的重要研究成果。

美国早在20世纪50年代末就开始在水面舰艇声呐中利用会聚效应延伸目标的探测距离，早期实现的是AN/SQS－26主被动声呐。根据当时的技术发展水平，该声呐利用表面声道探测目标的最大距离为13海里（约为24千米，而若目标在跃变层以下，对其探测距离尚不足1海里）。若利用深海会聚区（5 000米以上）探测目标，在第一会聚区的探测距离约30海里（约55.6千米），在第二会聚区可探测60～70海里（111～130千米）。据说该声呐最远还可探测到90～100海里（167～185千米）的目标。

3）会聚区

当海深足以使海底声速等于或大于海面声速时，若声源和接收器不在声道轴而在海面附近，则可形成声强很高的焦散线和会聚区（如图4.19）。声波传播中，以球面方式扩展（因为没有限制声波传播的边界），其吸收损失相当于4 ℃时的损失，这个温度高于大多数声道的温度。由于聚焦的作用，典型情况下能获得3～5分贝的聚集增益。在初始会聚区的倍数距离上，相继地产生其他会聚区。对于主动系统来说，因传播损失（来去双向）的缘故，除第一会聚区可用外，后续的任何会聚区皆不能利用，但被动系统则可利用该传播特点检测到第二甚至第三个会聚区内的回波信号。因此，利用水下声道会聚区，可实现水下目标远程探测。

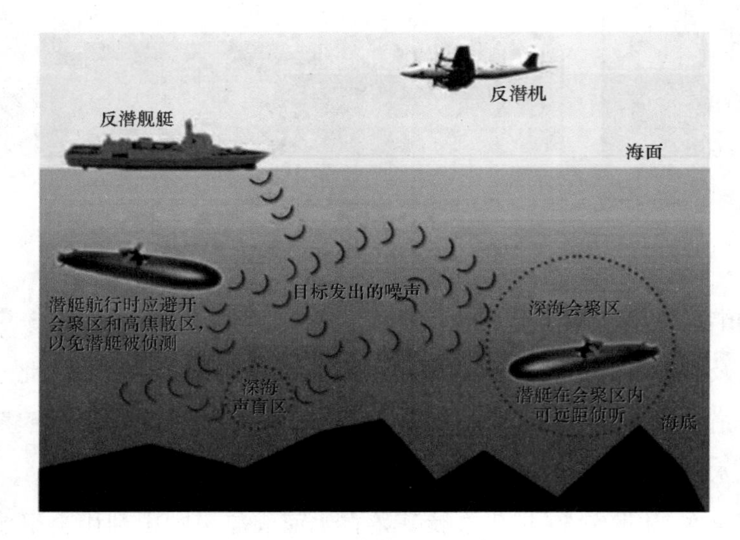

图 4.19　深海会聚区示意图

实际工作中，如何掌握和运用不同的声速梯度分布，要根据水文情况分析当时当地的声速梯度及声线轨迹。声速梯度对声呐工作的影响，是一个非常复杂和重要的问题，需要在实践中不断积累资料，摸索经验。随着海军装备的快速发展，声呐装备更新换代的速度进一步加快，我们在熟练掌握声呐装备战术技术性能的同时，也要合理利用海洋环境，达到装备与战场的完美结合，从而占据未来海战的有利位置。

海洋环境对水声对抗装备性能的影响

作为主要水声对抗器材的声诱饵、潜艇模拟器，与海洋环境有着十分密切的关系。海洋环境的声场环境，如水声传输特性、声影区、温跃层、深水散射层、海底的地质地貌等，具有明显的时变、空变特性，这不仅影响对目标的探测和侦察，而且严重影响水声对抗器材效能的发挥和正确、合理的作战使用。

（1）对声诱饵和靶雷可靠性的影响

海战场环境中空气的高湿度和盐雾，海水中的盐分和其他成分会侵蚀声诱饵和靶雷壳体外表面的保护层，加快密封件和换能器透声橡胶的老化，严重时将影响声诱饵和靶雷的壳体强度、密封性能和声学性能，缩短声诱饵和靶雷的使用寿命，从而影响其密封可靠性和工作可靠性。

（2）对声诱饵和靶雷平台安全性的影响

根据诱饵的具体结构及战事要求，其可以用鱼雷发射装置发射，也可以用专用发射装置发射。在高海况条件下发射火箭助推式声诱饵时，可能会影响声诱饵的空中飞行弹道和入水初始段弹道的稳定性。初始弹道的稳定性对诱饵是否能按预定弹道航行有直接的影响，因此，严重的横风、横流、切变风、旋涡和顶流等对发射诱饵和靶雷都是不利的。

由于靶雷与诱饵发射方式不同，采用斜槽发射装置投放或专用机械手吊放，且平台在投放靶雷时是静止的，故海战场环境对该平台安全性的影响不大。但在高海况条件下投放靶雷时，可能会影响靶雷的入水姿态和初始段弹道的稳定性。

（3）对声诱饵和靶雷作用距离、诱骗效果等作战效能的影响

在良好水文条件下，声诱饵的作用距离、诱骗效果是最理想的。但良好的水文条件在海洋环境中是很难找到的，海水温度变化的急缓程度（如垂向温度跃层和水平方向的海洋锋等中尺度现象）、海水成分的差异（如海水混合层、水色透明度和叶绿素浓度等）、海底不同的地形和沉积层结构都会不同程度地影响声信号的发射和传播，这必然会在一定程度上影响声诱饵的作用距离和诱骗效果。同样地，海战场环境也会在一定程度上影响靶雷的作用距离。

如前所述，声诱饵和靶雷的可靠性、安全性、作用距离和诱骗效果等诸多方面都会受到海战场环境的影响。为了提高声诱饵和靶雷对海战场环境的适应性，应针对声诱饵和靶雷暴露在海水中的不同材料采取相应的有效防护措施，同时，在使用上预置合适的水平舵角，确保出管离艇安全性，提高航行体和控制系统稳定性，增强声学系统抗干扰能力，尽可能降低影响作用距

离、诱骗效果的因素的影响力。

4.4 海战场环境保障案例

在战争中有意识或者自觉地运用气象知识，可以追溯到1853年的克里米亚战争，战争大约持续了三年。其中一个战役对作战双方影响很大：1854年11月英法联军准备在黑海的巴拉克岛登陆的时候，突然狂风大作、巨浪滔天，法国海军“亨利号”旗舰受袭而沉没，英法联军不战自败。这个事件对英法联军的刺激很大，事后他们委托巴黎天文台台长来研究这场风暴。这是在战争中自觉运用气象保障的第一个案例，此后，诞生了军事气象保障和军事海洋保障。1856年法国第一个天气服务系统建立，1863年开始向法国发布风暴预警，随后欧美各国和日本开始拍发气象电报、制作天气图，开始向海上活动提供天气预报保障服务。

4.4.1 偷袭珍珠港

偷袭珍珠港是近代战争史上一个经典战例，实际上此役也是一个成功运用天气保障的范例。从气象保障角度上看，首先是进攻路线的规划，日本有多条路线可以选择，但是为了保障偷袭的隐蔽性，选择了北路航线。从气象水文因素看，北路航线属于西风带强风暴区，该地区气旋活动频繁，海况和天气很差，美军侦察机很少到这边去。一方面，恶劣天气可以起到隐蔽作用，但是另一方面，从日本到珍珠港，海上需要航渡12天，在这12天里要保证不能遇到太恶劣的天气，以免影响航行。为此，日本海军气象台从前一年秋天就开始对该地区天气进行研究，做了充分的前期准备工作，最后得出结论：最好的攻击时间是1941年11月下旬到12月上旬，之后再考虑从预定的时间段挑选最好的时间窗口。从日方行动路线来看，日本联合舰队1941年11月26日从本土基地出发，到达预定集结地点。而在最后攻击阶段，日本又成功利用了一次天气过程。攻击期间正好遇到一次冷空气南下过程，天空布满厚厚的云层，云的掩护使得日本大规模舰队在向珍珠港进发过程中没有被美军侦察机发现，而当联合舰队飞机到达珍珠港上空时，冷空气正好过境，天气转晴，为日军轰炸提供了良好的天气条件。珍珠港战役中日本人通过精心筹划实施了一次成功的军事海洋环境保障案例。

4.4.2 诺曼底登陆

诺曼底登陆也是成功实施气象保障的一个典型案例。诺曼底登陆作战不仅是政治、军事的博弈，也是气象水文保障决策的一次较量。在诺曼底登陆作战中，盟军成功地利用了两次锋面气旋登陆的间隙，抓住了这个转瞬即逝的时间窗口。为了开辟第二战场，美国空军自1943年就开始对英吉利海峡进行持续的气象观测，筛选适合登陆作战的登陆场。1943年5月，完成了法国西海岸区1~12月的天气和海洋报告，对该地区不同月份的天气情况进行了统计分析。1944年，英美建立了联合保障小组，由美国空军和气象中心设立了联合气象保障组，同时聘请了世界级专家，如著名的克拉克和罗斯贝教授等。其后，各军兵种根据自身作战需求提出最低气象水文保障需求，联合保障小组据此选择满足各军兵种作战的天气。由于诺曼底登陆是联合作战，作战条件不仅要满足某一军兵种，而且要从协同意义上达成作战的预期目标，最大限度满足各军兵种的要求。根据综合分析，认为6月5~7日是最佳作战窗口，并选定登陆日为6月5日。然而，6月4日大西洋上却突然出现一个冷空气锋面气旋，预计该气旋在6月5日将越过英吉利海峡，英吉利海峡将面临恶劣的天气。更麻烦的是还有一个气旋紧随其后，原定作战窗口处于两个气旋中间（如图4.20）。原定的作战日期是否适用？后面气旋的移动速度怎样？它的影响如何？对这些问题的考量和把握成了诺曼底登陆作战窗口选择的关键。气象保障人员通过精心分析认为，气旋过境之后会出现恶劣的天气，但在第一个气旋移出之后、第二个气旋到达以前，英吉利海峡会有一个短暂天气窗口，该窗口适宜于登陆作战。为此，统帅部下定决心，把登陆日调整为6月6日。实际情况是，6月5日冷空气过境以后恶劣天气逐渐开始好转，盟军6月5日开始空投伞兵，6月6日正式登陆。事实证明该保障政策是正确和成功的。登陆作战完成之后，诺曼底经历了一场近20年不遇的强风暴。

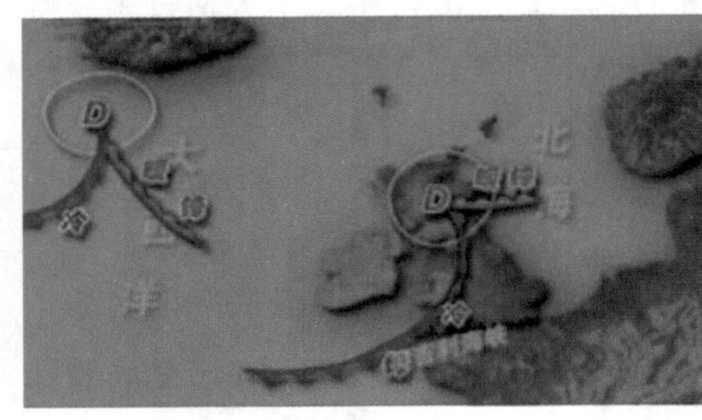
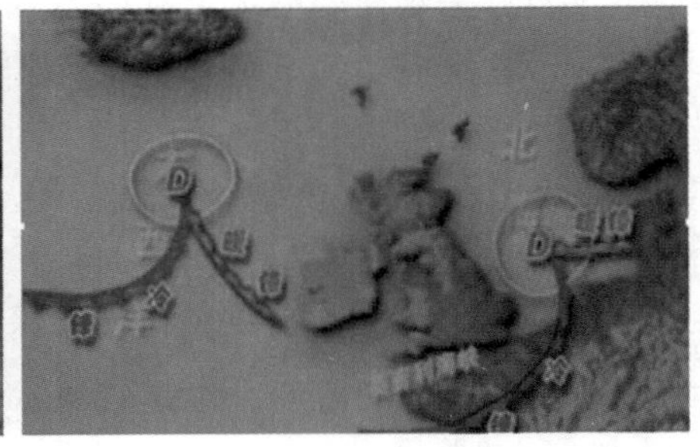

图4.20 影响诺曼底登陆作战的两个锋面气旋移动示意图

4.4.3 仁川登陆作战

潮汐是由于天体引力作用产生的海水的涨落运动，垂向的涨落叫作潮汐，水平运动叫作潮流。1616年郑成功收复台湾，就是成功利用了台湾鹿耳门有限的涨潮时间，船队快速通过航道成功登岛；一江山岛战役中我军利用涨潮时间成功实施登陆作战。但是，也有失败的教训，金门战役中除了敌情判断、战役指导、兵力使用等失误外，失败的重要原因之一就是对登陆目标区的涨潮、落潮时间缺乏准确的了解和预报，导致作战计划出现误判，后续梯队难以登陆，致使战役失败。

利用潮汐的地域特征成功实施登陆作战的一个经典案例是朝鲜战争期间的仁川登陆作战。仁川登陆作战被许多人认为是一个疯狂之举，麦克阿瑟是个不按常理出牌的人，但这并不代表蛮干，此战是对战场，包括战场环境深刻判断之后做出的一个超常行动。朝鲜战争爆发以后，朝鲜军队南下，攻克汉城，“联合国军”拟定在朝鲜军队后部实施登陆作战，当时有三个预选地点：元山、群山、仁川。其中，仁川港的潮差6.9米，最大落差10米，为亚洲第一，这意味着登陆舰艇在涨潮、落潮之间有非常大的搁浅风险；且每月只有一个满潮，时间非常短暂，每个满潮时间也仅有3小时。第一潮差大，第二时间短，第三仁川港外部的飞鱼航道狭长、水浅。因而，仁川被认为是最不适合登陆的地点。当时美国海军作战部长谢尔曼从海军角度认为，仁川存在不适合登陆的一切条件。但由于仁川战略地位重要，因此麦克阿瑟决心在仁川实施登陆作战，为此开展了仁川港潮汐规律特征的细致分析。通过对仁川港的历史水文资料分析，1950年9月15日、10月11日和11月2日将出现三次利于登陆的高潮（如图4.21左），而仁川港具有半日潮特征，每天有两个涨潮，一个在7时左右，一个在20时左右，每次持续3个小时（如图4.21右）。基于上述分析，麦克阿瑟下达了仁川登陆作战计划，并在日期、时间选择上充分利用了仁川港潮汐变化的规律特征，把握了战争稍纵即逝的机遇。仁川登陆作战堪称一次成功利用海洋潮汐规律的保障范例。

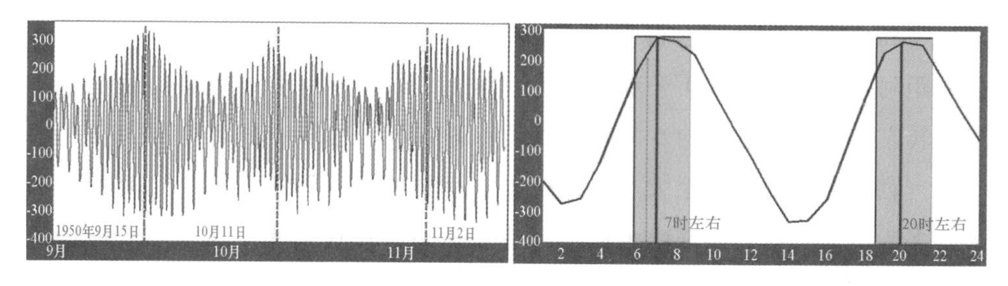

图4.21　仁川港潮汐变化规律示意图

4.4.4　马岛战争——英军劳师远征南大西洋

马岛战争是人类战争史上因成功实施远距离跨海保障而制胜的战争。此役，英军伤亡千余人，损伤舰船16艘、飞机34架；阿军伤亡1 800余人，被俘11 845人，损失参战飞机的30%、参战舰艇的33%和参战地面部队全部装备。英军在马岛战争中成功建立了13 000千米的海上补给链，组织了迄今为止最远距离跨海登陆联合作战保障，留给今天诸多启示。

作战背景

（1）战前态势

英阿马岛争端，是帝国主义殖民统治时期列强争夺南大西洋岛屿遗留下来的问题。阿根廷独立前，英国同西班牙曾为争夺马岛发生过武装冲突。1816年阿根廷独立时，宣布继承西班牙对马岛的主权，委派了行政长官，并派兵驻守。1833年1月，英再次派兵攻占马岛，赶走阿总督和驻军，维持其殖民统治近150年。阿一直坚持对马岛的主权要求，双方多次谈判未果。1982年2月，英阿两国在纽约会谈破裂。3月19日，南乔治亚岛升起阿方国旗，岛屿争端升级，英阿关系急剧恶化。阿决定采取军事手段强行收复马岛，英也不甘示弱，遂爆发了马岛战争。

（2）战场环境

马岛全称马尔维纳斯群岛（英国称“福克兰群岛”），位于南大西洋西侧，距阿根廷大陆约510千米，距英国本土约13 000千米，距英特遣舰队南进中转站——阿森松岛约6 300千米。马岛由索莱达岛（东岛）和大马尔维纳岛（西岛）等200多个大小岛屿组成，面积12 170平方千米，人口约3 000人，多为英裔。马岛扼守南大西洋经麦哲伦海峡通往南太平洋航道要冲，又是通往南极的前进基地，战略地位重要。马岛附近海域蕴藏丰富的石油资源。因此，马岛战争在一定意义上是对战略要地和自然资源的争夺。

（3）作战部署

英军企图迅速摆脱因马岛失守而造成的巨大政治压力，不惜任何代价恢复对马岛的殖民统治。

英军作战部署：英方参战兵力约28 000人，占其总兵力的8%。其中，舰船114艘，作战飞机68架，直升机196架。

阿军企图利用地理上的有利条件，乘英不备，强夺马岛，造成既成事实；呼吁世界舆论支持，取得有利谈判地位，迫使英承认其对马岛的主权；借此缓和国内矛盾，巩固以加尔铁里总统兼军队总司令为首的军人政权。

阿军作战部署：阿军参战兵力约65 000人，占其总兵力的36%。其中，地面部队约13 000人，海、空军主力基本全部动用，共出动战舰和辅助船只33艘，各型飞机350余架（含作战飞机187架）。

作战经过

（1）第一阶段：1982年4月2日至29日，阿军占领马岛和南乔治亚岛并加强防御，英军进行战略展开并夺占前进基地。

阿首先派出机降部队，夺占马岛首府斯坦利港机场，随后派出地面部队登陆。经2小时战斗，不足200人的英守军在总督率领下投降。次日，阿军又攻占南乔治亚岛。随后，阿宣布愿同英国就马岛主权继续谈判。对此，英军反应迅速。4月3日，英政府决定派兵重占马岛，并宣布从12日起，马岛周围半径200海里区域为海上禁区。19日，英舰队兵分两路，继续南进，一路于25日在南乔治亚岛登陆，另一路直奔马岛海域。29日两路会合，完成对马岛的海空封锁部署。

（2）第二阶段：4月30日至5月20日，封锁与反封锁，空袭与反空袭，双方争夺战区的制海权与制空权。

英军的主要目标是对阿进行全面、立体的海空封锁，为下一步登陆作战做准备。5月1日起，英军开始轰炸马岛，陆续袭击阿军机场、雷达站、防空导弹基地和舰船。英此举对阿海军乃至军队、全国造成了沉重打击。面对英军的封锁，阿军也不甘示弱，进行了针锋相对的反封锁作战。阿军的主要措施是：从空中袭击英军舰船，牵制英舰队行动，消耗英军力量；利用夜暗，对驻岛阿军进行海空补给；驻岛部队准备抗登陆和守岛作战。

（3）第三阶段：5月21日至6月14日，登陆和抗登陆作战。

这一阶段是马岛之战的决战阶段。英军在这一阶段的主要活动是实施岛屿登陆作战、岛上机动作战和围攻斯坦利港。登陆部队5 000余人，利用不良天气做掩护，21日凌晨3时30分，抢占了预定登陆地段。4小时后，英军建立并巩固了登陆场，部署了防空导弹，至22日上午，突击梯队全部登陆。英军登陆期间，阿军多次组织大规模空袭，虽未能影响最终战局，但对英军的登陆行动形成了较大牵制。英军经数日准备，于5月27日分两路开始攻岛。

一路向达尔文港发起进攻，于29日攻占该港，而后向斯坦利港推进。另一路沿沼泽地向斯坦利港进攻，于28日占领道格拉斯和蒂尔湾。6月1日，英军攻占重要制高点肯特山。后续登陆部队约3 500人于8日在圣卡洛斯登陆后，配合突击梯队于11日向斯坦利港发起总攻，14日拂晓推进至市郊，阿军宣布投降，马岛战争至此基本结束。

战场环境保障启示

（1）制电磁权争夺

英阿马岛战争展示了信息优势在作战中的核心地位。现代作战需要强大的“制天权”，卫星侦察在马岛战争中发挥了重大作用。英军的胜利在于自身电磁优势以及强大的信息获取能力，当然这也包括美国等盟国的大力协助，达到了战场对自己的“透明”。阿根廷方面没有卫星、预警机等，其他侦察手段也落后，经常“如聋似瞎”，信息化水平落后在战争中的弊端就此充分显现。精准的情报保障能力是成功的核心要素。回顾英方情报来源，可谓多元：美国卫星帮其实时提供阿军动向，阿方战机一起飞马上就能收到预警；核心武器“飞鱼”导弹技术参数法国全数告知。再看阿根廷，信息渠道居然来自国际媒体、英国官方报道。信息的不对称，带来的必然是胜负不对等。

（2）细致周密的战场勘察

在马岛战争中，英国派出5艘攻击型核潜艇和1艘常规潜艇参战。在开战前，核潜艇已提前半个多月进入马岛周围指定的海区，负责侦察该海区阿根廷兵力布置、舰船航行和进出基地的情况，搜集了大量情报，为战局的部署提供了重要依据。理论测算，登岛与抗登岛兵力比例最少应为3:1，而英军却以5 000弱势兵力攻上了守兵1万多人的马岛，原因就在于出其不意的登陆点选择。该登陆点选择源于一位名叫索思比泰约尔的少校，他1978年在马岛英军陆军特战队服役期间，利用闲暇空档时间，曾沿着群岛对约10 000海里海岸线的所有海湾进行过勘察，有126页的详细记录。

（3）海上恶劣天气应对

1982年4月21日，天气十分恶劣，海面上风雪交加，波涛汹涌。傍晚，英军从陆军特别空勤团抽调了侦察员，组成特别空勤中队侦察小组乘直升机离开了母舰，前往侦察南乔治亚岛的地形和阿守军情况。侦察组着陆后，由于风雪太大，帐篷被全部吹走，无法找到登陆点，侦察员只好向舰队求救。舰队立即起飞3架“威塞克斯”救援直升机前往侦察地点。由于天气恶劣，风速达到70节（12级），加上暴风雪，直升机根本无法降落，只得返回“安特里姆号”驱逐舰加油。就这样，直升机连续前往了两次才找到侦察员。但是实施救援过程中，1架直升机离地时坠毁，换乘后准备再次起飞，第2驾直升机也坠毁了。直到23日，天气好转，1架从阿森松岛维特瓦克机场起飞的C－130运输机，航程5 000千米，航行25小时，隐蔽抵达了南乔治亚岛北面的海域上空。侦察员悄悄地伞降在海面上，潜入水下，登上潜艇，而后换乘橡皮筏悄悄上岸。此次行动查明了格里特维肯港和西北方向的利斯港的阿军兵力的部署、装备和火力情况，并为登陆部队选择和准备直升机起降场提供了必要信息，为南乔治亚岛重新回到英军手中和攻占马岛提供了有利条件。

4.4.5 古巴导弹危机——加勒比海封锁作战

1962年7月，苏联开始将核导弹运进美国的“后院”——古巴，由此爆发古巴导弹危机。美国从1962年10月24日起，在加勒比海海域对古巴实施隔离，封锁一切可能前往古巴的舰船，并对这些舰船进行检查。美国通过实施海上联合封锁作战行动，迫使苏联从古巴撤出了全部核导弹，达成战略目的。

作战背景

（1）战前态势

1959年1月，古巴人民推翻了美国扶植的巴蒂斯塔政权，建立了古巴共和国。古巴人民的胜利，动摇了美国在拉美的统治基础，成了美国在该地区推行新殖民主义政策的最大障碍。1961年4月17日，美国策划实施吉隆滩登陆，但未得逞。古巴为应付美国的威胁，想到寻求另一个超级大国——苏联的支援和帮助。彼时，无论在核武器的数量上还是核武器的全球部署上，美国都优于苏联，苏联也正在极力寻找在美国周边部署包括核武器在内的军事力量的契机，试图扩大核武器对美国的覆盖面积，从而缩小美苏之间核差距，建立新的战略平衡。两种需求的结合，促使两国领导人同意在古巴部署苏联的导弹及伊尔－28 型战略轰炸机。

从7 月底到9 月中旬，苏联向古巴派遣了约100 艘舰船，其中大部分用于运输导弹装备。共运去核导弹 42 枚，每枚导弹装有一颗百万吨当量的核弹头；42 架伊尔－28 型战略轰炸机；144 具地对空导弹发射架；此外，还有3 500名专家和官兵。

导弹基地的建设和导弹的安装过程被美国的 U－2 型高空侦察机侦察到，美国政府决定对加勒比海海域实施隔离封锁。

（2）作战部署

美国在加勒比海集结了各型军舰 180 余艘，海军陆战队员 4 万名；空军 B－52战略轰炸机分散到全国各地的民用机场，万一遭到对方袭击时可以减轻损失；陆军调集了 25 万部队驻在与古巴隔海相望的佛罗里达州；5 万名伞兵集结待命；另有 1.4 万名后备役人员应召，随时准备执行任务。

苏联在美国宣布对加勒比海域实施封锁前后驶抵该海域的各型舰船为 153 艘，其中大部分是运送导弹配件、火工品及其他武器装备的大型商船，为其护航的较大型的水面作战舰艇几乎没有，只派出 6 艘潜艇为担负如此重大使命的商船队保驾护航。

作战经过

美国和拉美国家对加勒比海海域的隔离封锁，其经过大致分为兵力集结和封锁隔离两个阶段。

（1）第一阶段：兵力集结

10 月 14 日，美军再一次使用 U－2 型高空侦察机对古巴西部进行最后侦察，证实了在圣克里斯托瓦尔安装了 SS－4 型“凉鞋”中程弹道导弹及立式发射装置等情报。美国通过对国际形势和引起世界核大战的可能性等诸多因素的分析，经过一议、再议和三议，最后决定在六种作战方案中选用第四种方案——对古巴进行海上封锁隔离。1962 年 10 月 16 日早晨，美国航空母舰“独立号”就已在护航驱逐舰的护卫下，启航驶向巴哈马群岛西北的一个应急基地。10 月 22 日，“企业号”航空母舰也在护卫舰的伴随下驶往同一基地。

同时，美国大西洋舰队的南大西洋部队司令小约翰·A. 泰里海军少将奉命组建一支美国和拉美国家海军的联合海上检查特混舰队——“137”特混舰队，19 个拉美国家中的部分国家派出的舰艇也相继向预定海域集结。美国为了让拉美国家的参战舰艇发挥应有的效能，除无偿修理舰艇，提供补给燃料和零备件外，还为他们的舰艇配备了专用密码通信联络组。拉美国家除派遣舰艇直接参与海上隔离行动外，有的国家还提供了基地、港口，如特立尼达和多巴哥政府提供了当时在美国控制下的查瓜拉马斯海军基地，以供“美洲国家军舰在海上检查期间使用”。此外，阿根廷、委内瑞拉和多米尼加共和国海军都向“137”特混舰队派出了联络官。

（2）第二阶段：封锁隔离阶段

美军通过分析判断，决定对北大西洋方向以及巴哈马群岛和小安的列斯群岛相关海域实施重点隔离封锁。

对于隔离区域大小的设定，美国海军曾考虑尽量避开驻古米格飞机的袭击，提出距古巴 800 海里实施隔离的方案，后为了让苏联在更多一些的时间里分析他们的处境，最后决定在距古巴 500 海里的海域实施海上隔离封锁。

10 月 23 日，美国政府宣布了隔离公告：从 10 月 24 日上午 10 时起，对距古巴 500 海里的海域实行“海上隔离”，任何驶往古巴并载有进攻性武器或导弹装置的船只，都将被迫停航接受检查并返航。

10 月 24 日 10 时，美国在航空母舰、反潜直升机等支持、支援下，实施封锁。到 10 时 32 分，开始有苏联的船只在拦截线边缘停了下来，其他一些船只原地漂泊，而另外一些船只已转向返回了。

同时美军选择性跟踪、登船检查一些船只，向苏联表明：隔离已经生效了，美国说话是算数的。这些船员也配合了美军的检查。

经过一番明争暗斗，10 月 28 日上午 9 时，莫斯科电台发布了赫鲁晓夫致美国总统的公开信。信中说，如果美国解除对古巴的封锁，保证不军事入侵这个岛国，苏联同意拆除和撤走在古巴建立的弹道导弹设施。后苏联开始把这些武器运出古巴。苏联还同意向适当的国际机构提供在公海上对运走这些武器的苏联船只甲板上的货物进行“船靠船的观察”的可能性。

据此，美国和联合国组织把可能在古巴本土上进行的视察改在海上实施。11 月 7 日，美国组织“137”特混舰队在小安的列斯群岛至加勒比海之间进行海上检查。

为便于行动，“137”特混舰队明确了“责任区域”：委内瑞拉的“苏利亚号”和“新埃斯帕塔号”在委内瑞拉大陆和格林纳达岛之间的几个检查点巡逻；阿根廷的“罗萨莱斯号”扼守着多米尼加群岛和瓜德罗普岛之间的通道；等等。其余既定的大部海域由美国舰艇负责监视。

11 月 8 日下午，5 艘苏联商船接受了美军的检查。9 日，美军对检查“阿诺索夫号”商船进行实地报道。截至 11 日，苏联货船从古巴运走 42 枚导弹。

11 月 20 日，美国得到苏联将伊尔－28 型战略轰炸机在 30 天内撤出古巴的承诺后，取消了对古巴的海上封锁。

12 月 6 日，苏联伊尔－28 型战略轰炸机全部撤离古巴。

战场环境保障启示

美国通过成功对古巴海域实施隔离封锁，致使苏联把半年前运往古巴的 42 枚弹道导弹和伊尔－28 战略轰炸机又全部拆除并运回苏联。

（1）大西洋飓风天气的巧妙利用

令人不解的是，美军各种间谍系统较晚才发现苏军秘密部署的 FKR－1 核巡航导弹。据透露，当时中央情报局只发现了苏军部署在古巴作沿海防御的 KS 反舰导弹。事实上，在导弹危机高峰时，苏空军已在古巴部署了两个团的 FKR－1 核巡航导弹——第 584 和第 561 前线巡航导弹团。但它们并不是正常团的编制，每个团只有 2 个导弹连 8 部导弹发射架，而不是通常的 4 个导弹连 16 部发射架。每部发射架备有 5 枚导弹，即在古巴共有 80 枚核弹头，每枚导弹拥有一枚核当量为5~12千吨的核弹头。苏军除在古巴部署两个团的FKR－1核巡航导弹外，还有两个支援工程团，一个中队的伊尔－28型战略轰炸机。

苏联几乎达成了在古巴隐蔽部署导弹的目的，其重要原因之一即是对北大西洋天气的充分研究和主动利用。每年7到9月一般是加勒比海地区的飓风季节，这种天气下各种侦察机通常无法正常活动，苏联决策者也正是利用了这个美军侦察机的活动盲区，实施了差点引发美苏核大战的冒险行动。

1962年是继1939年后最不活跃的大西洋飓风季，只形成5个获命名的风暴，首场风暴直到8月26日才形成，此外还形成了3个较弱的热带低气压。苏联气象海洋保障人员巧妙抓住和利用了该年飓风季节中的不活跃飓风天气窗口，11月15日，飓风季结束，这也与古巴导弹危机的时间轴线基本一致。

（2）海洋环境认识不足和保障不到位

苏联海军的增援力量，主要是4艘F级常规潜艇，1962年10月1日离开苏联港口，穿越大西洋，前往加勒比海，潜艇多数时间航行在水面上，故一开始就被美军发现并监视。苏联潜艇兵的日子很难过，B－130艇长认为这段路程简直是噩梦之旅。柴油动力潜艇不适合远航，他要求携带更多蓄电池，但被上级拒绝，潜艇只能频繁上浮用通气管充电。

穿越大西洋时，潜艇遇到了飓风和时速160千米以上的海风，大多数艇员有晕船反应。不适应热带气候的苏联潜艇兵初次进入热带海域，高温和高湿度把所有人折磨得叫苦连天，官兵们头脑昏沉，全身长满痱子，还饱受缺乏淡水之苦。

进入北大西洋中部的马尾藻海后，舱内最低温度都在37 ℃以上，还有高浓度二氧化碳、浓浓的柴油和机油味、挥之不去的人体臭味，不断有人中暑晕厥。B－36潜艇上的阿纳托利·安德烈耶夫中尉给妻子写信诉苦：“热气把我们逼疯了，湿度急剧增加，呼吸越来越困难。我们都宁愿忍受冰霜和暴风雪。”

其他所有苏军官兵都得跟海军一样坐船去古巴，挤在货船的甲板下方，里面高温、高湿度，超载十分严重，十分不适宜居住。到达古巴时，75%的士兵严重晕船，平均每人体重降低10千克，30%的人上岸后一两天内无力从事体力活，4%的人至少一周无力工作，非战斗减员情况十分严重。

4.4.6 “莫斯科号”沉没

事件概述

2022年4月14日，俄罗斯国防部宣称，俄黑海舰队旗舰“莫斯科号”导弹巡洋舰在敖德萨南部60~65海里突遇火灾致弹药储存库被引爆，为减少人员伤亡，俄罗斯海军选择弃舰处理，全部人员撤离“莫斯科号”导弹巡洋舰。4月14日，“莫斯科号”导弹巡洋舰在被拖往塞瓦斯托波尔基地的过程中沉没。

“莫斯科号”导弹巡洋舰排水量达到11 500吨，配备两座8联装SS-N-12玄武岩型反舰导弹，装载最远射程达100千米的64枚舰载版S-300防空导弹，以及40枚SA-N-4近程防空导弹，6座AK-630型6管近防炮。“莫斯科号”导弹巡洋舰是一座移动的武器库，携带的反舰导弹足以摧毁整个乌克兰海军，防空导弹足以击退任何可能对黑海舰队登陆舰队的空袭。

“莫斯科号”的沉没是俄罗斯军队在俄乌冲突中损失惨重的一次，可能需要耗资约7.5亿美元来弥补。“莫斯科号”以莫斯科市命名，是俄罗斯黑海舰队的旗舰，曾多次部署在军事战斗一线，如格鲁吉亚（2008年）、克里米亚（2014年）以及叙利亚（2015年），发挥了重要的战斗价值。自2022年2月14日俄乌冲突以来，一直部署于黑海，是黑海地区最强大的水面舰艇，在制海权和协同登陆作战中起到了主导作用。尽管“莫斯科号”沉没后，俄海军黑海舰队相比乌克兰海军的优势依旧明显，但“莫斯科号”的沉没对于俄罗斯而言，不仅仅是冲突以来最大的一次损失，更是强烈地打击了俄军士气。

乌克兰方面则宣称“莫斯科号”是被其发射的两枚“海王星”反舰导弹击中。“莫斯科号”上配备的主要搜索雷达为一台MR-800“顶对”雷达和一台MR-710“顶舵”雷达，前者最大探测距离超过500千米，可同时探测

64个目标并辨别其中的24个，后者最大探测距离约300千米。“莫斯科号”的两种远程搜索雷达都是20世纪70年代的水平，虽然探测距离很大，但主要针对中高空大型传统战机。面对低空小目标时，MR－710和MR－800雷达因后端处理能力不足，探测效率十分有限，特别是海面因风浪作用产生海杂波时，MR－800可能将低空反舰导弹视为海杂波而过滤掉。此外，作为一艘排水量达万吨的海上巨舰，“莫斯科号”正常可抵御9级（有效波高14米）以上的大浪，但舰艇在遭受精确制导武器攻击后，若产生破损进水，则其浮性和稳性往往变差，若缺乏有效抗沉措施，则有可能沉没。

在俄乌两国冲突状态下，“莫斯科号”在乌克兰近海活动，理应处于高度战备状态，沉没原因扑朔迷离。为此，基于“莫斯科号”被导弹击中这个大概率事件，结合情景推演途径，分析了海洋环境在事件中的影响和作用，剖析俄罗斯和乌克兰在此次冲突中所展现出的装备技术水平和战技战法运用受海洋环境影响的成功经验或失败教训，旨在为应对未来海上安全威胁和海上军事作战保障，提供科学依据和决策咨询。

情景回放

4月13日深夜，乌军利用TB－2武装无人机对黑海的俄军舰队进行了持续跟踪、监控。随后利用深夜的掩护，动用两枚“海王星”反舰导弹以超低空掠海飞行在3～10米高度突袭俄军舰艇，击中“莫斯科号”巡洋舰，致其爆炸起火。而在此次导弹袭击过程中，俄罗斯的防空系统并未作出任何预警和响应。

4月14日，俄罗斯在疏散“莫斯科号”船员后，在将该舰拖回塞瓦斯托波尔基地的过程中，“莫斯科号”受波浪影响，船舶稳定性丧失，最终沉没。

从海洋环境角度分析，整个事件情景中有两个关键点：一是“莫斯科号”袭击事件中的海洋环境效应，二是海洋环境在舰艇拖运途中的影响。为此，基于实况海洋环境资料，构建雷达探测的海洋环境效应模型进行仿真，定量评估海洋环境在电子对抗（雷达探测）和“莫斯科号”拖航中的作用。

海洋环境特征

模型采用数据为哥白尼海洋环境监测服务（Copernicus marine environment monitoring service，CMEMS）全球分析和预报产品提供的每日更新汇总分析和未来 10 天预报。海浪产品是根据总波浪谱（有效波高、周期、方向、斯托克斯漂移等）以及风浪、主涌浪和次涌浪的综合参数。该产品覆盖全球，水平分辨率 1/12 °（约 8 千米）。书中使用的数据集为 3 小时瞬时值。

数据分析表明，2022 年 4 月 13 日晚间，黑海浪高总体呈现西弱东强分布（如图 4. 22）。平均浪高为 1. 3 ~ 1. 4 米，大浪区分布在东黑海，最大浪高超过 3. 6 米；浪向为逆时针方向：西北黑海为西北向浪，在黑海中部为西向浪，逐渐转为东黑海的西南向浪。“莫斯科号”失事的位置位于蛇岛（图中蓝色圆点）以东约 50 海里处（红色方框），此海区的平均浪高约 1. 1 米，轻浪，浪向为西北向，以风浪为主。

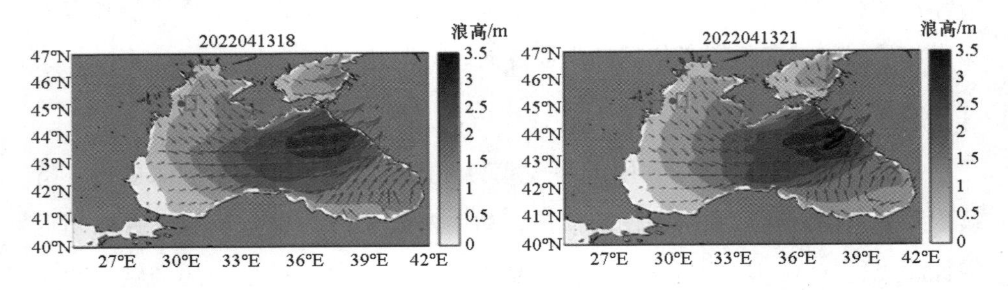

图 4. 22　2022 年 4 月 13 日 UTC 18 时（左）和 21 时（右）黑海浪高和浪向

注：红色方框是“莫斯科号”被袭击的区域，红色五角星是“莫斯科号”被袭击后计划拖往的港口，蓝点是蛇岛，蓝色五角星是乌克兰敖德萨港。

2022 年 4 月 14 日凌晨，黑海海浪转小，平均浪高约为 1. 2 米（如图 4. 23）。浪向仍为逆时针方向。西黑海北部为西北向浪，南部为西向浪；东黑海西侧为西向浪，东侧为南向浪。尽管海况略微平缓，但俄罗斯军舰是向东南方向拖带，浪高逐渐增大，且是顺风顺浪。

海洋环境影响仿真

仿真数据包括：4 月 13 日 18 ~ 21 时的海浪数据，包括有效浪高、浪向和

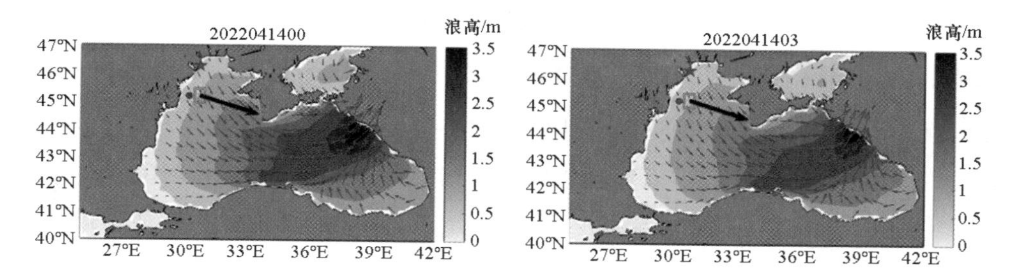

图4.23 2022年4月14日UTC 0时（左）和3时（右）黑海浪高和浪向

周期；大型舰艇探测雷达的工作波段为0.12～0.15米，天线高度为15米。将上述海洋环境数据和装备技术参数代入仿真模型，得到评估结果（如图4.24）：“莫斯科号”在被袭击当天由于受该海区海杂波的影响，防空雷达探测效能衰减较大，“莫斯科号”所在位置受海杂波影响属于雷达探测衰减的大值区（探测效能介于60%～70%）。因此，乌克兰海军或岸防导弹利用海杂波引起的“莫斯科号”的雷达探测盲区，实施导弹掠海低空飞行攻击这一情景是可能和可信的，这是乌克兰利用海洋环境效应达到战术目标的成功范例。从俄罗斯方面来看，则可能是海洋环境数据探测预报不够及时、信息利用不够充分、保障决策不够精准造成的，教训是极为深刻和惨痛的。

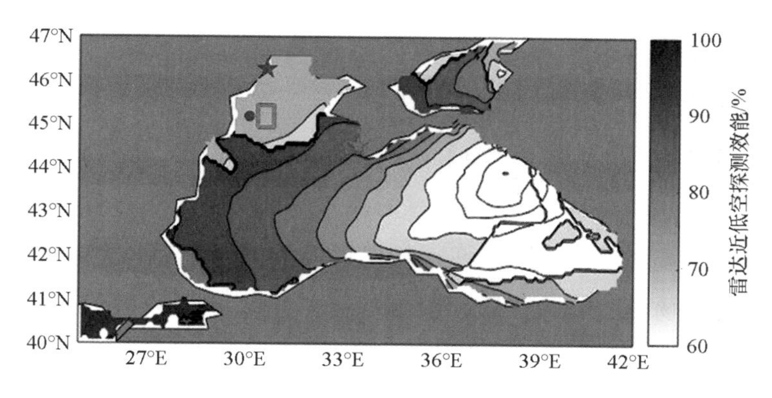

图4.24 2022年4月13日UTC 18～21时，海浪影响下的雷达探测效能分布

图4.25是“莫斯科号”严重受损情况下，在黑海海域拖运时的倾覆概率分布图，仿真计算面随着其拖行的方向（从蓝点向红色五角星方向），船倾覆

的风险急剧增大（80%以上），拖行线路均属倾覆高风险海区。此外，因“莫斯科号”关键参数（如风压横倾力矩系数、静动稳性臂曲线、船舶水线以上部分侧投影面积等）未知，因此在计算时未考虑风对船舶倾覆的影响。在实际过程中，风作为一种动力作用于船，也会引起船舶的横摇角变化，增加船倾覆风险。同时，“莫斯科号”因遭受打击失去动力及船身可能存在的损毁，使船舶抗风浪能力大大下降。三者共同作用，可能是“莫斯科号”最终沉没的主要原因之一。

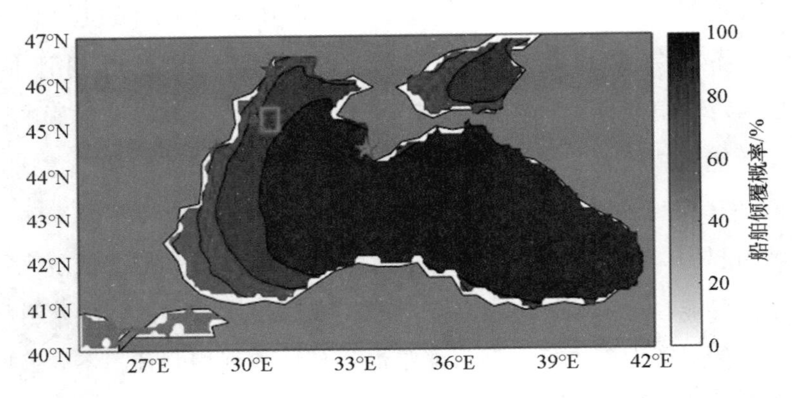

图 4.25　2022 年 4 月 14 日 UTC 0 ~ 3 时，海浪影响下严重破损舰艇的倾覆风险

警示与启示

“莫斯科号”遇袭与倾覆事件给人以警示：在现代战争中影响武器装备效能、制约作战能力乃至决定战争胜败的因素是多方面的，影响机理是非线性的，一个不起眼的细节、一次不经意的疏忽或许将引起战场态势的骤变甚至改变战争的走势，海洋环境或许就是现代战争博弈中那只轻轻扇动翅膀的“蝴蝶”。海战场环境是现代海上作战的舞台空间，海洋环境信息获取、信息传输、信息处理和信息服务贯穿整个海战场环境保障的始终，海战场环境保障能力和技术水平既会成为助推海上作战胜利的“倍增器”，也可能成为导致海上作战失败的“催化剂”。

4.5 海战场环境影响评估

21世纪是海洋的世纪，联合作战、应急作战和信息战、电子战等多样化军事行动和高精武器装备成为现代海战的主要形式和保障目标。现代战争形式和武器装备的共同点是对环境要求更为严苛，武器装备效能发挥和作战进程受战场环境影响十分显著。因此，现代海战场环境保障的重要任务即是科学、准确和客观、定量评估大气－海洋环境对主战武器装备和军事行动的影响，并提出相应的保障决策建议。

4.5.1 效能指标与风险指标

武器装备效能是指某武器装备在特定条件下完成指定任务的能力。武器装备效能由其结构组成、技术含量、使用功能和环境条件等因素决定，是衡量某一武器装备在作战中使用价值的基本标准。海洋环境效能益损指数是衡量海洋环境条件对武器装备作战使用效能影响程度的指标参数，它是以武器装备性能参数的设计标准为依据，并设定武器装备性能参数的设计值是武器装备在理想的环境条件下使用时所能达到的最优性能，分析和衡量实际应用时非理想环境状况对武器装备效能发挥的影响和制约效应。当实际环境逼近理想环境条件时，它对武器装备效能的发挥有增益作用；当实际环境偏离理想环境条件时，它对武器装备效能的发挥有伤损作用。增益或伤损效应可用百分比表示。多种武器装备构成的武器平台和装备系统的效能益损指数，可基于诸个单一武器装备的益损指数，根据运筹学方法和优化理论进行融合、集成，进而得到综合的效能益损指标。

风险即潜在的危险概率及相应的损失程度。海上军事活动的风险主要体现在海军武器装备因受海洋环境因素的影响和干扰，在一定程度上丧失了完成军事任务的能力，能力丧失越严重，则风险越大，反之，则风险越小。当海洋环境状况有利于武器装备效能发挥时，环境起增益作用，军事活动的环境影响风险小；当海洋环境状况不利于武器装备效能发挥时，环境以伤损效应为主，军事活动的环境影响风险大。武器装备效能益损分析和军事活动风险评估均属军事海洋环境保障的范畴，因此武器装备效能益损指数和军事活动风险指数可归纳为海洋环境保障指标体系。

海上军事活动的海洋环境影响风险评估，即是客观分析和定量评价海洋环境条件和影响因素对武器装备效能发挥的增益、伤损效应以及对遂行海上军事活动的成功率和可靠性的影响，而前提条件是首先定义和构建一套科学合理、客观定量的海洋环境保障指标体系。

4.5.2 海战场环境影响评价指标体系

指标体系定义

指标体系主要包含三类：

（1）环境因素影响指数。它位于指标体系底层，将整个海洋环境影响细化为诸个单一要素的影响，以刻画特定要素对评估目标的影响程度。具体定义为：根据武器装备自身的环境标准参数、环境影响因素和保障专家经验，拟定和提取表征气象水文要素与装备效能间特定响应关系的效能函数或评价模型，可理解为特定气象水文要素对武器装备效能影响的增益/伤损概率或益损率。指数取值范围为0～1，指数值越大，表明环境要素越利于武器效能发挥；越小，则越不利于武器效能发挥。

（2）武器装备效能益损指数。它位于指标体系中间层，主要指海洋环境对舰艇编队等战术效能（如机动效能、作战效能等）和武器装备效能（如打击效能、搜索效能等）的影响。益损指数主要用以刻画气象水文环境对武器装备或作战平台效能影响的增益/伤损程度或益损率，它的评估输入为底层的环境因素影响指数，取值范围在0～1。益损指数 <0.5，表示气象水文条件对效能发挥不利或伤损；益损指数 >0.5，表示气象水文条件对效能发挥有利或增益；益损指数 =0.5，表示标准大气海洋状况、气象水文条件对武器装备效能发挥没有明显的有利或不利影响。

（3）军事活动风险指数。指在特定的海洋环境状况下，遂行作战任务和军事行动的风险程度。它的评估输入为中间层的武器装备效能益损指数。风险指数取值范围为 0 ~ 1，指数值越大，则遂行任务的风险越大。1 为最大风险，表明在此海洋环境条件下遂行任务需承担很大风险，任务成功概率很低；0 为零风险，表明此海洋环境条件适宜于遂行任务，风险很小，任务成功概率很高。

体系的构建原则

科学合理的保障指标体系，是客观定量地评价战场环境影响效应的基本前提。构建海洋环境保障指标体系，应根据实际的海洋气象水文要素特点和具体的保障对象开展，指标体系应客观、合理、准确、完整和定量化，易于保障人员和决策机关理解。

构建保障指标体系时，一般应遵照以下原则：

（1）代表性：所选指标要能真实反映评估目标的本质。构建指标体系时，应着力寻找体现评估对象内涵的环境因素及其影响机理或统计关系，使指标体系能刻画评估目标和环境要素的内在关联，重点突出，具有代表性。

（2）独立性：构建指标体系时，各项指标既有关联但又应相互独立，各项指标之间不能有等同或包含关系。这就需要对各项指标的内涵和外延有正确认识和理解。

（3）层次性：所建指标体系应逻辑关系清楚、层次结构分明，同级指标对上级指标的作用大小基本应处在同一层面，以保证指标体系结构的清晰、合理。

（4）可量性：可量性是要求指标体系中的要素出处明了、意义清楚，能够计算测量，可从实际资料中计算或通过试验/实验仿真方法得出结果，并可检查验证。

（5）可用性：可用性是指设计的指标体系要符合实际情况和业务应用

需要，指标体系中的数据和参数能够较为方便地获取，操作简捷、结果直观。

（6）动态性：动态性指评估对象与评估环境条件不是固定不变的，而是随着作战任务的变化和装备的更新而调整变化。如大型水面舰艇编队的气象保障任务是一个复杂的系统工程，需要一个发展、适应过程，需要从保障观念、技术手段和方法途径方面调整、转型。

现代战争的主战形式更多表现为一体化联合作战，参战的武器装备种类繁多，作战模式形态复杂，这就要求气象水文保障应有很强的复合性、交叉性、兼容性。以海上舰艇编队作战为例，无论是各类水面舰艇，还是单一的舰载武器、通信设备、探测仪器，其作战能力都受气象水文条件的影响，任何一个环节保障不到位，都会直接影响到战斗甚至战争的最后结果。因此，评估体系应涉及气象水文保障的每个环节。

体系构建流程与方法

保障指标体系的设计，需要按照一定的程序，采用科学的方法来进行，这样才能使指标体系设计有条不紊，使指标内容、体系达到较为理想的状态。较为通用的保障指标体系的构建方法包括层次分析法和指数法。

（1）层次分析法

层次分析法是美国运筹学家萨迪于20世纪70年代提出的，它是一种定性与定量分析相结合的多目标决策分析方法，其主要思想是通过分析复杂系统的有关要素及其相互关系，使这些要素简化为有序的逐级层次结构，归并为不同的层次。具体分析步骤是：确定评估目标—制定评估准则—分析评估因子。从目标到准则、再到因子自上而下地将各类因素之间的直接影响关系排列于不同的层次，构成一个层次结构图。

（2）指数法

在20世纪50年代中期，美国从事评价分析的军事学专家，将国民经济统计中的指数概念创造性地推广到军事装备的作战效能评价中。其代表人物是美国的杜佩和邓尼根，故指数法又称为“杜佩－邓尼根法”。

指数法的实质是用某个统一尺度（效能指标）度量各种武器装备相对于某一参考武器装备的单项作战效能，从而得到每个武器装备的效能指数。把各类武器装备与相应装备的效能指数按照一定规则（或方法）综合即可得到代表武器装备总效能的指数。这是一个比较武器内在杀伤力的经验度量方法，尽管这样的目标在实战中并不存在，但它能比较出武器的作战效能。我们可以将其引入海战场环境对武器装备性能影响的评估体系之中，下面为保障指标体系构建的基本步骤（如图4.26）：

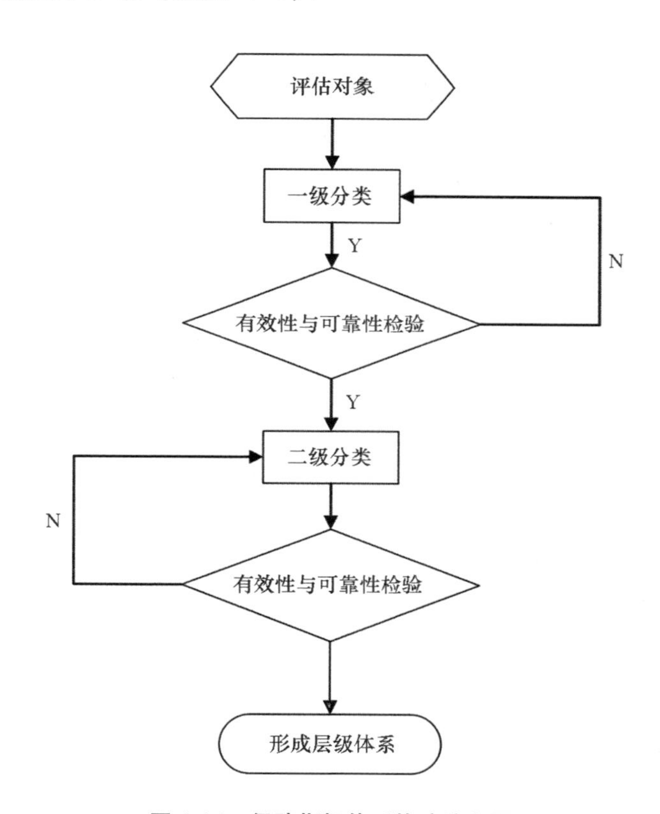

图4.26　保障指标体系构建流程图

1）对象分解

评估对象确定之后，其价值评价目标也相应出现，但这种目标一般比较原则性和概括性，必须对其构成要素予以分析和简化。目标分解应遵循设计指标原则逐层分解，直到分解到可测的指标为止。这样即完成一个初拟的保障指标体系。通常情况下，初拟指标的提出，需经过反复研究、会商和修订。

2）归纳精练

初拟指标中，有的能较好反映评估对象本质，有的则较差；有的是主要因素，有的是次要因素，且各因素之间难免出现交叉、重复、包含、因果等冗余关系。因此，须对初拟指标归类和筛选，去粗取精，提高指标质量，保证评估的有效性。筛选指标常用两种方法：一是经验法，即凭设计者的学识和工作经验进行筛选的一种简便实用的方法，其重点是判断每项指标是否必需，进而舍弃对于刻画目标特性无关紧要的次要因素，去伪存真；二是调查统计法，将初拟指标制成问卷，发给专家和保障人员，请他们对初拟指标的重要性和合理性做出判断，然后回收问卷，统计各评判等级人数比例，将结果不理想的指标删除，提取经过筛选所得的指标。

3）理论论证

经过筛选所得的指标，是否符合评估要求，还须从科学意义上进行理论论证。论证的主要依据是大气海洋科学、军事气象水文保障理论以及系统科学与军事运筹学，应从整体保证指标体系层次分明、结构清晰、体系严谨、内涵准确、表述简洁、通用实用可用、逼近实际。

有效性分析

对同一评估目标，各人对所用评估体系的评价是不同的，但是为了准确实现评估目的，认知差异必须控制在一定范围内，若超出范围，则表明该指标体系不适用于该目标的评估。一般用效度系数来表征指标体系对评估结果真实性的效用程度，即指标体系的有效性评判。

一般可定义效度系数指标来反映人们用某一评价指标来评估目标时产生的认知偏离程度。该指标的绝对数越小，表明不同专家用该指标评估目标时对问题的认识越趋向一致，该指标体系或指标的有效性越高。一般认为，当效度系数指标≤0.1时，有效性较高；效度系数指标介于0.1~0.5时，有效性一般；效度系数指标≥0.5时，有效性较差。

可靠性分析

由于每个人对评估指标的理解不同，因此即使采用同一指标体系评估同一目标，评估结果也有所差异，若差异过大，则说明保障指标体系缺乏可靠性。为了分析保障指标体系的可靠性，通常采用相关系数来反映指标体系的可靠性。

可定义保障指标体系的可靠性系数来表征评估结果的差异性，指标系数越大，表明采用该指标体系评估出的结果差异性越小，保障指标体系的可靠性越高；反之，指标系数越小，则表明各专家采用该指标体系对同一评估对象得出评估结果差异越大，即各专家用该保障指标体系对同一评估目标的评估分歧较大，不适宜采用该指标体系。通常情况下，当指标系数介于0.9～1.0，可认为该保障指标体系的可靠性较高；介于0.7～0.9，该保障指标体系的可靠性较好；介于0.4～0.7，则该保障指标体系的可靠性一般；介于0～0.4，则该保障指标体系的可靠性较差。

4.5.3 指标权重确定与融合方法

各指标的权重确定方法

评估指标的权重指在指标体系中，下层指标对上层指标的影响程度或相对重要性的一种主观评价和客观度量的定量表示。确定权重的方法有很多，大致可分为主观判断法和客观判断法两大类。

（1）主观判断法

该类方法中，具有代表性的有：德尔斐法、专家调查法、比较矩阵法、层次分析法、环比评分法、模糊区间法、重要性排序法、二项系数加权法、直接给出法、频数统计法和集值统计迭代法等。

（2）客观判断法

该类方法中，具有代表性的有：熵值法、特征向量法、主成分分析法和多元回归法等。每种方法都有特定的应用领域，具体应用时需要根据实际情况选择比较适合的方法。

下面简要介绍专家调查法、特征向量法的基本思想。

1）专家调查法

根据评估目标和影响因素，构建调查因素集，制作调查征询表，并将表发给多位专家，由各位专家独立给出每一个指标的权重。根据收回的调查表，对每个因素进行单因素的权重统计和综合评分，取各因素权重的平均值作为其综合权重。

2）特征向量法

亦称互反判断矩阵的特征向量排序法，其特点是具有累积优势度，即通过加权平均累积优势度向量的极限揭示属性重要性的排序。可采用成对比较法来构造模糊互反判断矩阵，成对比较法是在考虑若干因素时，通过对所有可能的组合进行两两比较来确定这些因素在某些方面的优劣性顺序的一种方法。由于比较结果多是一些定性评价，为了将模糊的定性结果量化为可计算的数值结果，通常采用模糊标度法对结果进行量化，如用1～9互反标度进行取值。具体数值如表4.1。

表4.1　标度取值及其意义参考表

标度	含　义
1	表示 u_i、u_j 两个元素相比，具有同样重要性
3	表示 u_i、u_j 两个元素相比，u_i 比 u_j 稍微重要
5	表示 u_i、u_j 两个元素相比，u_i 比 u_j 明显重要
7	表示 u_i、u_j 两个元素相比，u_i 比 u_j 强烈重要
9	表示 u_i、u_j 两个元素相比，u_i 比 u_j 极端重要

多指标的融合集成方法

气象水文环境对武器装备效能的影响评估有一套复杂的指标体系和层次结构，在确定了低层指标的基础之上，还需根据上一层次的总体目标和任务要求，采用适宜的算法对诸低层次的指标进行融合。目前简单常用的融合算法包括加法关系、乘法关系、代换关系和模糊取大取小4种方法，各种方法的基本特征如表4.2所示。

表4.2 不同融合算法的基本特性

算法	加法关系	乘法关系	代换关系	模糊取大取小
指标关系	独立	相关	相关	独立
补偿关系	线形补偿	很少补偿	完全补偿	非补偿
合成原则	主指标突出	指标并列	主指标决定	关注次要指标

4.5.4 航母编队反潜效能影响实验评估

航空母舰作为浮动的海上作战平台，是一个国家政治、经济和军事实力的集中体现。航母战斗群编队涉及水面舰艇、潜艇、舰载机等多种武器装备、作战平台和多兵种的有机组合和协同配合。海洋环境首先影响舰载武器装备，继而制约舰艇、飞机等作战单元平台的效能发挥，最终在航母战斗群编队整体作战效能上体现出来。海洋环境对任一武器装备效能的影响都会对航母编队的作战效能产生不同程度的制约，因而对航母编队的环境影响效能评估是一个自下而上的多级层次结构体系。本节以海洋环境影响航母编队的反潜效能评估为中心，采用层次分析法分析影响编队效能的海洋环境因子，以美军航母战斗群为例给出经典航母编队的结构体系，并以该编队结构体系中反潜效能为例，建立海洋环境影响的三级评估模型。

影响航母编队活动的气象水文要素

影响航母编队活动的气象要素包括：气压、温度、密度、相对湿度、风场、降水、云量、雾、能见度和大气波导等。海洋水文要素包括：海温、盐度、密度、水声、水色、透明度、海发光、潮汐、海流、海浪、海况、海冰等。这些环境要素可直接影响舰艇航行、舰载机起降、导弹和舰炮发射、水中武器与水声设备使用、核武器及生物武器防护、海上侦察及反潜、布/扫雷、登陆、抗登陆等海上军事活动。

气象水文要素对舰载武器性能的影响不是固定的，不同类型、不同技术水平的武器抵御不利气象水文条件影响的能力亦不相同。这就要求分析影响程度时必须针对具体的武器装备性能进行具体分析评估。同样对编队而言，整体作战效能受气象水文要素的影响也非绝对的，航母编队是由多个作战平台组成的有机整体，由于编队成员不同，在同等气象水文环境下会存在不同薄弱环节，有的薄弱环节对编队整体作战效能影响不大，而有的薄弱环节，如雷达、声呐探测盲区的存在则对编队防御体系构成致命的威胁。因此，对航母编队的作战效能进行评估时，应针对不同专业职能和功能特性及其互补性，合理划分出其结构层次体系。

航母编队的结构体系

以美军的航母编队为例，美军航母战斗群的作战编成一般根据使命任务和威胁环境确定。一个具有较高作战效能和生存能力的航母战斗群具有防空、反潜、反舰和对岸攻击等作战能力。美国海军航母战斗群有 3 种典型的编成：在低威胁区巡逻或显示武力时，一般使用以 1 艘航母为核心组成的战斗群（称为单航母战斗群），通常配有 2 艘防空型导弹巡洋舰、2 艘反潜型驱护舰和 1 ~2 艘攻击型核潜艇；在中等威胁区实施威慑、制止危机和参与低强度战争时，通常使用以 2 艘航母为核心组成的战斗群（称为双航母战斗群），配以 4 艘防空型导弹巡洋舰/驱逐舰、4 艘反潜型驱护舰和 2 ~4 艘攻击型核潜艇；在高威胁区参与局部战争或大规模常规战争时，使用以 3 艘航母为核心组成的战斗群，配以 8 艘防空型导弹巡洋舰/驱逐舰、8 艘反潜型驱护舰和 5 ~6 艘攻击型核潜艇。根据使命任务，航母战斗群还可和水面舰艇战斗群混合编成。

反潜效能的环境影响评估

目前，应用较广的评估方法包括：蒙特卡洛法、专家评估法、决策树和层次分析法等。其中，层次分析法通过把复杂问题分解成若干因素，再将这些因素进行比较，以确定同一层次中诸因素的相对重要性，继而排列出各因素重要性顺序。层次分析法方便实用、易于操作，在武器、装备效能评估中得到广泛应用。

由于作战效能概念上的模糊性，评估过程中以对效能的等级标准评估为主，根据评估结果对照综合指标值来对编队的效能进行定性评判。

(1) 编队反潜效能评估的指标体系

编队活动中，编队的反潜任务是由水面舰艇、潜艇和舰载反潜直升机等任务单元来共同完成的。每个任务单元在作战过程中都担负着特定的任务区域。编队反潜效能的实现取决于每个任务单元的单独反潜效能以及任务单元之间的协同互助和信息共享能力。由于编队组成、武器构成的不确定性，下面仅从一般原理的角度阐明评估过程。根据以上分析，航母编队反潜效能评估指标如表4.3所示。

表4.3 航母编队反潜效能评估指标

编队反潜效能（E）		
一级评估指标	二级评估指标	三级评估指标
水面舰艇反潜效能（E_1）	舰载探测装备搜索效能（e_{11}）	温盐跃层（d_1）
	舰载反潜武器攻击效能（e_{12}）	环境噪声（d_2）
	艇员工作效率（e_{13}）	海流（d_3）
潜艇反潜效能（E_2）	潜载探测装备搜索效能（e_{21}）	海浪（d_4）
	潜载反潜武器攻击效能（e_{22}）	深度（d_5）
	艇员工作效率（e_{23}）	风速（d_6）
直升机反潜效能（E_3）	机载探测装备搜索效能（e_{31}）	风向（d_7）
	机载反潜武器攻击效能（e_{32}）	气温（d_8）
	直升机工作效率（e_{33}）	天气现象（d_9）

（2）一级评估

一级评估是整个评估体系的顶层，其目的是估算不同海洋环境下，舰队编成方式的反潜效能。一级评估指标是在不同海洋环境条件下各编队成员的反潜效能，指标取值0~1，1表示海洋环境对编队成员的反潜能力没有影响，0表示海洋环境对编队成员的反潜能力影响极大，以致反潜任务无法完成。评估采用加权求和的方法，每个编队成员的权重取决于舰队编成的战术运用想定，可以根据编队决策层在制订编成计划时的任务配置比例来赋值。评估指标的具体数值需要通过次级评估来获得。

（3）二级评估

二级评估是对编队中某一成员如驱逐舰或潜艇的反潜效能进行评估，其评估指标是由海洋环境所决定的武器装备效能及人员相对工作效率组成，取值范围亦为0~1。由于反潜武器装备往往不是单一种类的武器装备，因而对一些担任反潜任务的成员而言，二级评估往往分为两个阶段，第一阶段以具体探测装备和具体攻击武器的效能为指标，对搜索和攻击两个任务模块的效能分别进行评估（如表4.4）。

表4.4 二级评估第一阶段评估指标体系

评估对象（e_i）	评估指标（e_{ij}）
探测装备搜索效能	装备1效能
	装备2效能
	……
反潜武器攻击效能	武器1效能
	武器2效能
	……

第二阶段以搜索、攻击效能和相对工作效率为指标对总体的反潜效能进行评估。两阶段的评估方法均采用指标值加权求和，权重系数可以采用德尔斐法来确定，由专家根据对不同武器装备性能的比较进行判断，用1~9标度

法进行打分，具体标准如表4.5。

表4.5 1~9标度的定义方法

标度 a_{ij}	定义
1	i指标与j指标同样重要
3	i指标比j指标略重要
5	i指标比j指标较重要
7	i指标比j指标非常重要
9	i指标比j指标绝对重要
2，4，6，8	以上两判断之间的中间状态

对所有指标两两比较得到判断矩阵，若矩阵满足随机一致性指标，则矩阵的最大特征值对应的特征向量就是对应指标在评估中具有的权重。随机一致性检验判断准则为$CR \leqslant 0.1$。

（4）三级评估

三级评估是整个评估体系的底层，评估对象是各种具体的武器装备，评估指标是具体海洋环境要素。三级评估的任务是定量刻画海洋环境要素对武器装备工作效能的影响。因而环境要素指标值的确定是整个评估过程的重点和难点。

1）评估指标确定

三级评估指标即环境要素指标，体现的是该要素状况下武器装备效能的发挥状况，取值范围为0~1，1为最适宜武器装备的环境状态，0为最大制约武器装备的环境状态。海洋环境对武器装备的效能影响机理较为复杂，一般难以获取成熟的机理解析模型。下面根据武器装备对环境要素依赖的一般性关系，提出几种近似模型。

直线关系：有些武器装备性能的发挥同环境要素成近似直线关系，因此可直接以数据标准化值代替指标值，包括环境要素值“越大越好”型和环境要素值“越小越好”型。

负指数关系：部分武器装备性能受环境要素影响在一个理想值附近缓慢变化，而在理想值外急剧下降，其变化曲线类似负指数函数曲线。

分段函数：大部分武器装备对环境的依赖有一个最适宜的区间，因此可以分段函数的方式来表示环境要素对武器性能发挥的影响。

经验赋值法：另有一些武器装备对某些环境要素的依赖是错综复杂的关系，只能作定性描述。这时，仅能用经验评判来对指标进行赋值，用专家打分法对性能进行评估，可将专家评价分为5个等级，对应的标准化值如表4.6所示。

表4.6 评估指标的评分等级标准

评分等级	1	2	3	4	5
等级标准	很好	好	一般	差	很差
标准化值	0.8~1	0.6~0.8	0.4~0.6	0.2~0.4	0~0.2

2）权重系数求法

相关系数法求权重：用相关系数法评估依赖大量武器装备试验数据，需要通过处理大量样本数据，得出武器装备性能发挥同环境要素之间的相关系数，并将相关系数归一化来确定权重。

层次分析法求权重：由于对数据依赖性较大，相关系数求权重操作起来有一定限制。为避免这种麻烦，可以通过层次分析法，以专家打分的方式实现。首先列举所有可能对该武器装备产生影响的海洋环境要素值，然后由专家根据具体武器装备工作原理、制导方式等与环境要素的关系进行比较评判，得出判断矩阵，继而求出权重系数。

反潜评估模型的仿真试验

为方便阐明评估分析过程，基于简单设定的海洋环境实验数据，进行单舰反潜效能的仿真试验，以检验评估分析方法。

实验海洋环境：夏季副热带洋面，水深1 500米，海面风速10米/秒，气温33 ℃，浪高3米，流速1米/秒，流向稳定，海温30 ℃，盐度34‰，海面以下80米附近有强跃层存在；反潜驱逐舰吨位为3 000吨，探潜装备为一台固定式声呐，技术装备水平一般，攻击武器为尾流制导鱼雷和普通深水炸弹。

（1）武器装备效能环境影响评估

海洋环境对声呐效能影响评估的计算矩阵如表4.7；对鱼雷效能影响评估的计算矩阵如表4.8；对深水炸弹攻击效能影响评估的计算矩阵如表4.9；对潜艇艇员工作效率影响评估的计算矩阵如表4.10。

表4.7　声呐效能计算矩阵（$\lambda_{max}=3.05$　$CR=0.05$）

A	跃层	噪声	海浪	权重（w）	指标值（d）
跃层	1	1/2	1/3	0.16	0.5
噪声		1	1/2	0.30	0.8
海浪			1	0.54	0.7

表4.8　鱼雷效能计算矩阵（$\lambda_{max}=3.01$　$CR\approx0.01$）

A	海流	海浪	深度	权重（w）	指标值（d）
海流	1	1/3	4	0.27	0.97
海浪		1	6	0.64	0.95
深度			1	0.09	0.8

表4.9　深水炸弹效能计算矩阵（$\lambda_{max}=3.01$　$CR\approx0.01$）

A	海流	海浪	深度	权重（w）	指标值（d）
海流	1	1	1/3	0.19	0.85
海浪		1	1/4	0.17	0.7
深度			1	0.64	0.9

表 4.10 艇员工作效率计算矩阵（$\lambda_{max}=3.03$ $CR=0.02$）

A	海浪	风速	气温	权重（w）	指标值（d）
海浪	1	3	5	0.66	0.5
风速		1	1	0.18	0.7
气温			1	0.16	0.8

计算得该海洋环境状况下各作战效能为：

声呐效能

$$e_{11}=w'\cdot d=0.16\times0.5+0.30\times0.8+0.54\times0.7=0.698$$

鱼雷效能

$$e_{21}=w'\cdot d=0.27\times0.97+0.64\times0.95+0.09\times0.8\approx0.942$$

深水炸弹效能

$$e_{22}=w'\cdot d=0.19\times0.85+0.17\times0.7+0.64\times0.9\approx0.857$$

艇员工作效率

$$e_{23}=w'\cdot d=0.66\times0.5+0.18\times0.7+0.16\times0.8=0.584$$

（2）反潜武器综合效能评估

根据两种武器的性能，在舰载反潜武器反潜任务中，鱼雷武器权重为0.8，深水炸弹武器权重为0.2；反潜武器攻击效能 $e_{12}=0.8\ e_{21}+0.2\ e_{22}=0.925$。

（3）驱逐舰整体反潜效能评估

驱逐舰战术性能的权重系数计算矩阵见表4.11。

表 4.11 驱逐舰战术性能权重系数（$\lambda_{max}=3.04$ $CR=0.033$）

战术性能	搜索效能（e_{11}）	攻击效能（e_{12}）	工作效率（e_{13}）	权重（w_i）
搜索效能（e_{11}）	1	3	5	0.64
攻击效能（e_{12}）		1	3	0.26
工作效率（e_{13}）			1	0.10

基于上述权重系数加权集合的驱逐舰综合反潜效能为：

$$E = w_1 e_{11} + w_2 e_{12} + w_3 e_{13} = 0.7456$$

评估结果表明，在该海洋环境下，驱逐舰的综合反潜效能指数为0.7456，参照等级评分表4.6，综合反潜效能评价为“好”。该环境条件虽然对艇员的工作效率有不利的影响，但搜索效能等级为“好”，攻击效能等级为“很好”，基本弥补了不足之处，故综合反潜效能评价仍属良好。

4.6　海战场环境保障决策

要保障武器装备发挥最大效益，使军事活动圆满完成，必须对海洋环境条件进行客观分析、定量评估和有机融合，提出趋利避害的保障建议和科学决策支持。

气象水文保障运筹分析与辅助决策旨在为武器装备效能的充分发挥和作战行动的最优部署提供海洋环境影响的客观分析和量化评估，包括为作战地点、作战时机和兵力部署提供气象水文环境的决策信息支持。由于海洋环境变化及海洋气象、水文要素预报的复杂性和不确定性，海洋环境保障也具有相应的不确定性和风险性，运筹分析和保障决策更多表现为风险决策。

4.6.1　决策方法

运筹学的各种理论和方法大多可用于军事运筹学以研究和解决军事问题。事实上，许多军事运筹领域的成功实践，多是在综合运用运筹学几个重要分支的基础上取得的，例如规划理论（线性规划、非线性规划、动态规划、整数规划、随机规划、多目标规划等）、排队理论、对策论等。目前这些分支已广泛应用于军事问题的研究与实践，它们在后勤管理、物资运送、作战规划、武器配备与布置、大型项目研制、国防施工以及战场环境辅助决策等方面发挥着日益重要的作用，成为军事运筹学核心理论基础。

概率论与数理统计

军事运筹学研究的对象中有许多是随机现象，因此经常需要用到概率论进行统计试验及数学运算，以求得军事问题的数量表述，并帮助指挥员找出科学合理的效能评价指标。譬如炮弹在大气中的飞行，人们不可能准确预计每一发炮弹的落点，但通过大量射击可以观察到炮弹落点总是围绕着某一个中心位置散布，而散布又往往是在一定范围内，距中心位置越近，落点越密，这就是随机事件所呈现的规律性。概率计算的目的，是把一件事情中的偶然性和不确定因素，用一个比较可靠的平均数值表达出来，为指挥战斗、计划工作提供科学依据。但概率计算只是决策的辅助手段，由于事件本身的不确定性，加之各种误差，其功效必定是有限的。因此，应根据具体情况，结合其他的科学方法合理、科学地运用。

数理统计是以概率论为基础的一个数学分支，是通过样本来了解和判断研究对象总体统计特性的方法。任何一项军事行动，都蕴藏着反映这一事物发展、变化过程的各种数据。尽管这些数据有一定的局限性，但充分收集、认真分析，应能从中获取有用的信息，从大量偶然现象中抽出具有一定规律性的特征，将作战指挥、运筹规划的人为性、盲目性减至最低，进而充分有效地利用人力、物力、财力和战场环境有利态势。由于许多军事问题，尤其是与战争相关的问题不可能像物理、化学等自然科学现象一样用实验重复再现，因此通过对历史过程中的许多单一的随机事件或同一时期各类不同的随机事件进行抽样统计，以分析判断事件的宏观总体统计特性，就显得更为重要，其在军事领域中的应用也得到了广泛的拓展。

· 知识延伸

二战中，1944 年德军使用无人驾驶火箭 V－1 空袭英国伦敦地区，盟军一时弄不清德军的轰击目标以及 V－1 火箭瞄准攻击某一目标的能力，但该问题对于诺曼底登陆行动至关重要。当时英国军事运筹人员运用数理统计方法

解决了这个问题：他们把大伦敦区地图划分成576个等面积的网格，统计出了576个区域的总落弹数（共537枚）和每一区域的平均落弹数（537/576 = 0.93枚），同时还统计出了不同落弹的区域数。统计结果（如表4.12）表明每一区域的落弹数近似服从平均落弹数为0.93枚的泊松分布。由泊松分布概率公式可以算出，任一区域没有落弹的概率约为0.4，而落弹数为5的概率约为0.0023。这表明V－1火箭瞄准精度很差，该分析结论为盟军制订后续作战计划提供了重要的决策依据。

表4.12 伦敦区V－1火箭落弹数的区域分布

落弹数	区域数	按泊松分布计算的区域数
0	229	227
1	210	211
2	94	99
3	35	31
4	7	7
5	1	1

目前，概率论和数理统计在军事运筹学中仍占有十分重要的地位，它同时也是风险分析与风险决策的重要理论基础与有效方法途径。

规划理论及其方法

规划理论是军事运筹学的一个重要分支，它主要研究在军事行动中如何适当地组织人员、装备、物资、资金和时间等要素构建系统，以便科学有效地实现预定军事目的。它一般可归纳为在满足一定的条件要求下，按某一判定指标来寻求最佳方案的问题。规划理论按规划对象性质不同可分为线性规划（控制模型为线性方程）、非线性规划（控制模型为非线性方程）、动态规划（时间动态优化）、多目标规划（多个目标整体优化）、整数规划（结果取整数）和随机规划（考虑变量随机性）等。

（1）线性规划

线性规划是数学规划理论中最基本也最重要的理论，其中单纯形法是最常用、最有效的算法之一。单纯形法求解的思路是用迭代法从一个顶点转换到另一个顶点，每步转换只将一个非基变量变为基变量，称为进基；同时将一个基变量变为非基变量，称为离基；进基和离基的确定应使目标函数下降最多。

（2）非线性规划

与线性规划不同，非线性规划的目标函数和约束条件的数学表达式是非线性或至少有一个非线性项。军事活动中，实际遇到的问题大多是非线性的，有的可以直接转化为线性问题进行近似处理，有的则需运用非线性规划方法解决，例如重要目标防御中的防空武器分配问题等。

非线性规划有多种解法，如逐步二次规划法、可行方向法、罚函数法、梯度投影法等，其中逐步二次规划法被认为是求解非线性问题的有效方法之一。

（3）动态规划

动态规划是解决多阶段决策过程最优化问题的一种数学方法，它是由美国学者贝尔曼于1951年提出的。许多问题用动态规划方法处理往往比线性规划或非线性规划更为有效，特别是对于离散性问题，这是因为一般数学方法无法解析建模，而动态规划方法却是非常有用的工具。需要指出的是，动态规划是求解某类时变问题的一种方法和途径，而非独立的特殊算法。因此，它不像线性规划那样有一套标准的数学表达和明确的定义规则，而须针对具体问题进行具体分析处理。

贝尔曼最优原理是动态规划的理论基础，它在军事上有广泛的应用，可用以决定多阶段行动的最优方案，以及解决诸如防空武器配置、部队设防等许多阶段决策问题。其基本思想是，一个最优策略应具有如下性质：无论在什么样的初始条件和初始决策下，今后的决策对前面决策所形成的状态而言，都必须是最优，所以动态规划也可称为每一步都在考虑未来各步的规划方法。

（4）多目标规划

线性规划和非线性规划在处理问题时，通常目标函数只有一个，但是在实际问题中，往往需要同时满足的目标却有多个。例如，在确定一个导弹系统设计方案时，需考虑其可靠性、精确性、操控性以及维护保养成本等问题。能最大限度满足上述多个约束条件的设计优化问题即属于多目标规划问题，它的目标函数有多个，且各目标间可能存在矛盾甚至得不到最优解，这就要求我们应根据目标间的相对重要性，划分等级和权重，求出相对最优解——有效解（满意解），一般可通过引入偏差变量将目标函数转化为目标约束。

（5）整数规划

整数规划是规划论的一个特殊问题，即目标函数的部分或全部变量须为整数，如人员、装备等问题计算时须为整数，此时的规划问题称为整数规划。整数规划一般多为线性问题，但演算方法与一般线性规划不同，目前尚无通用性的方法，常用方法是将原问题降阶成一系列较为易解的子问题，而这些子问题中至少有一个的最优解与原问题的最优解相同。降阶技术途径包括：割切平面法、分支定界法、图论法等。

（6）随机规划

前面讨论的规划问题，均以规划问题中的数据为确定性常量为前提。但许多情况下，这些数据是变化的，且这些变化具有随机的特性。对于那些变化不大的数据，一般可忽略随机性，但对那些在一定条件下呈现明显变化的数据，则不能忽略，而应在模型中引入随机理论去刻画它。随机规划研究始于20世纪50年代，近年来在理论研究上取得较大进展，但主要停留在数学推导上，实际应用中尚未见到卓有成效的突破。主要制约因素：首先，建立带有概率约束的模型对问题做出详细分析，比构造一个确定性模型要难得多，而结果可靠性却不一定高；其次，讨论的问题均以随机量的概率分布已知为前提，而这种假设往往难于符合实际。

综上所述，规划理论的各个分支领域目前还处于不断完善和发展阶段，在工程实践，特别是在军事运筹领域，规划理论和方法展现出其广阔的应用前景和巨大的实用价值。

对策论

对策论，也叫博弈论，是运筹学的另一分支领域，它是运用数学理论和方法研究敌对双方（两个或两个以上）在冲突（斗争、竞赛）情况下如何采取各自最优行动的学科。这里的冲突用运筹学的语言来讲，就是对策现象。1912 年，数学家波叶尔首次用数学方法研究了对策现象；二战期间，军事上提出了许多迫切要求解决的对策问题，像飞机如何侦察潜艇、高炮火力配置等，这些军事应用问题的需求极大地推动了对策论的研究。对策论通常的分类方式有：根据局中人数，分为二人对策和多人对策；根据局中人赢得函数的代数和是否为零，分为零和对策与非零和对策；根据局中人之间是否允许合作，分为合作对策和非合作对策；根据局中人策略集中的策略个数，分为有限对策和无限对策。

（1）矩阵对策

在众多的对策模型中，占有重要地位的是二人有限零和对策，又称为矩阵对策。这类对策是目前为止在理论研究和求解方法上均较为完善的一个对策论分支。矩阵对策是一类简单的对策模型，其研究思想和方法极具代表性，体现了对策论的一般思想和方法，且矩阵对策的基本结果也是研究其他对策模型的基础。矩阵对策中，只有两个参加对策的局中人，每个局中人都只有有限的策略可供选择。任一局势下，两个局中人赢得之和总是等于零，即双方的利益是激烈对抗的。“田忌赛马”即是矩阵对策的典型例子，齐王和田忌各有 6 个策略，一局对策结束后，齐王所得必为田忌所失，反之亦然。

矩阵对策的求解方法有许多，例如公式法、图解法和方程组法以及具有一般性的线性规划方法。

（2）微分对策

如前所述，军事活动中的许多问题可用对策论中的数学模型来表达。自 20 世纪 50 年代以来，制导系统拦截飞行器的需要，以及人造卫星发射监测跟踪、空战中的机动追击等问题对军事运筹决策提出了新的要求。从追逐方来说，问题是如何才能有效拦截敌方活动目标，最优策略是什么；从逃避方来说，问题是如何才能顺利到达目的地而不被中途截击，其最优策略又是什么。军事追踪问题中追逃双方的最优行动决策，用前面的对策论已难以描述，于是微分对策理论和方法应运而生。

概括地讲，微分对策是指敌我双方进行对抗时，运用微分方程（组）来描述对抗策略或刻画双方力量生消演变的一种对策。微分对策依不同标准又有不同的分类：根据有无支付泛函，可分为定量与定性微分对策两类，每类中按照对策的信息结构又可划分为完全信息、不完全信息与无信息微分对策或确定型与随机型微分对策；按照参与对策的对手多寡，又可分为一人、二人与多人的微分对策；按照各对手是否有合作的动机，又可划分为合作与非合作微分对策；对于定量微分对策而言，按其支付之和是否为零，可分为零和与非零和微分对策；按对手影响作用或领导作用大小划分，可分为主从与非从微分对策。

微分对策模型是军事运筹中数学建模的一部分，是运用微分模型对实际系统进行描述和研究的有效途径。相关的建模方法包括：逻辑模型、数学模型、物理模型（实物模型）、混合模型等。军事运筹模拟活动中应用最多的是数学模型，数学模型是用来描述研究对象活动规律并反映其数量特性的数学公式或算法。

目前，微分对策应用最为广泛的领域包括：不同武器装备的作战效能对抗、红－蓝双方作战对抗、信息干扰与抗干扰和空战对抗等军事作战问题。气象、水文要素作为战场环境的重要因素，对武器装备的效能发挥和军事行动的胜负具有极为重要的影响，但是考虑气象水文环境影响的军事行动的微分对策研究却很少。20 世纪 90 年代，张铭等人将气象要素引入兰彻斯特方程，构建了一个简单的考虑气象要素影响的“战斗力”模型。张韧等进一步讨论了主战武器装备对抗和多气象条件影响下的微分对策问题，对微分对策在战场环境保障中的应用做了有益的实践和探索。

4.6.2 航母编队保障体系概念模型

航母编队的作战能力由舰艇武器装备等硬实力和组织协同、战术运用及海洋环境保障等软实力共同构成。海洋环境保障体系和智能决策技术是航母编队软实力建设的核心内容、薄弱环节和亟待开展课题，对航母编队战斗力形成、气象水文保障战场适应能力和远洋延伸能力的拓展，具有重要军事意义和应用价值。航母编队涉及水面舰艇、潜艇、舰载机等多个作战平台和多兵种有机组合和协同配合，由于各种武器装备和作战平台在航母编队中所承担的任务各异，对海洋环境的要求和承载能力各不相同，因此，航母编队的海洋环境保障体系是一个极为复杂的系统工程。

对于航母编队这样庞大和复杂的战斗体系，常规的保障模式和技术手段已远不能适应航母编队的保障要求，应按照航母编队单元各自的特性及其对海洋环境不同的承载能力以及在航母编队中所担负任务的差异，建立不同层次的多级保障体系，并按低层目标服务于高层目标、高层目标指导低层目标原则，构建“递阶式”融合集成多级保障体系（如图 4.27）。

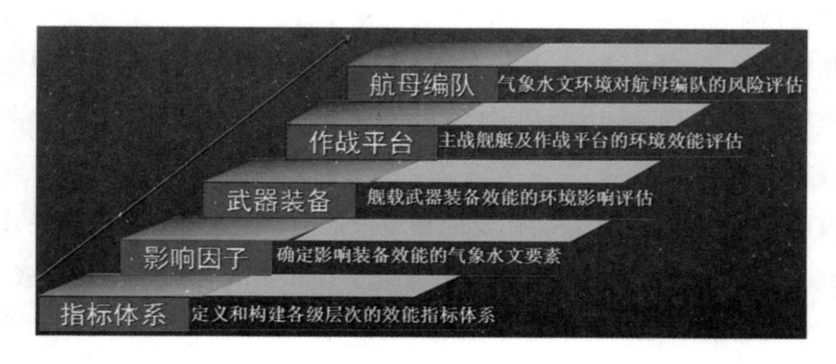

图 4.27　航母编队保障概念模型示意图

航母编队保障指标体系

（1）航母编队作战指挥协同体系

航母编队是高度集成、高度协同、相互影响制约的复杂战斗群体，战场环境保障形式和技术途径有别于单一的作战任务和简单的舰艇编队。建立准确合理的航母编队海洋环境影响评估、风险分析和决策保障体系，必须对航母编队的兵力构成、编队方式、信息流程以及协同作战的体系和原则有基本认识和了解。

（2）航母编队海洋环境保障体系

航母编队由水面舰艇、潜艇、舰载机等多作战平台及其配置的若干武器装备和信息传感器构成。按照航母编队单元各自特性及其对海洋环境不同的承载能力和在航母编队中担负任务的差异，对航母编队的兵力构成、编队结构和指挥协同的体系结构进行分类梳理，构建航母编队的海洋环境不同决策层次和保障对象的多级保障体系。

（3）航母编队海洋环境效能体系

鉴于航母编队多层次、多目标、多功能特性，相应的海洋环境影响指标体系也具有多层次结构和多级属性。因此，建立航母编队保障和评估决策体系，首先应针对航母编队不同层次、不同对象、不同功能构建客观、合理、量化的海洋环境影响综合评价指标体系。基于效能指标本质属性、指标因子的选择标准和指标体系的设计原则，制定出航母编队的海洋环境影响效能的属性规范和指标定义；给出各类效能指标的物理内涵与具体阐述，抽取其数学表达与算法模型，给出其评估决策的示范应用；并按照低层目标服务于高层目标、高层目标指导低层目标的原则，建立起由低级向高级、由简约向复杂、由单一到综合、由独立到协同的“金字塔”形多级效能指标体系。

（4）航母编队海洋环境影响评估体系

针对航母编队不同的武器装备、信息传感器、作战平台、作战单元和战术编队对海洋环境的响应特性和承载能力以及各评估体在航母编队中功能、地位、作用和协同关系，分别构建从舰载武器（导弹、火炮、鱼雷等）、传感器（雷达、声呐等），到作战单元（水面舰艇、舰载机、潜艇等），再到战术行动（防空、反潜、预警等），直至航母编队的协同作战效能的多层次、多等级、多目标的海洋环境影响评估体系。同时，提供上述各级评估体系相应的理论方法、技术途径和算法模型。

（5）航母编队海洋环境风险分析体系

海洋环境对航母编队（舰载武器、作战平台和战术编队等）风险分析体系与评估建模体系包括：海洋灾害对航母编队伤损评价（装备损伤、人员损伤和火力效能、毁伤效能、搜索效能等直接伤损和机动效能、防护效能、生存效能、协同能力损伤、指挥效能损伤等间接伤损）指标体系和风险模型；航母编队风险防御、风险预警和防范对策研究框架；航母编队不同层次、级别、功能、目标伤损评价与风险分析的技术体系和数学模型。

（6）航母编队海洋环境评估决策技术

包括航母编队武器装备、兵力构成、作战样式、联合协同等基础信息和海洋环境影响知识、保障条件等实验数据库；航母编队的海洋环境区划、航线规划、时机选择、方案优选等智能评估决策技术；航母编队的海洋环境保障情景想定、态势推演、预案生成编辑平台。

4.6.3　联合作战智能海战场评估决策体系

智能海战场评估决策体系

海洋是现代战争和大国博弈的舞台，未来诸多的利益争端、军事冲突和战争都将围绕海洋展开。军事海洋智能决策是海战场保障的重要领域和新兴方向，也是宏大而复杂的系统问题。智能海战场评估决策大体包括 3 个层面的内涵。

（1）信息感知和规律认知层

“信息优势决定战场优势”，只有对海战场环境的自然属性和内在规律有了清楚了解和清晰把握，才能科学运筹和合理利用海洋环境，趋利避害，实现驾驭战争进程的目标。海洋环境信息是一个宽泛概念，可以归结为：海洋环境的信息感知、海洋环境的规律认知和海洋环境的变化预知。通过智能信息感知、内在规律认知和发展变化预知来获取对海洋环境的全面剖析和清晰认知，达到“透明海洋”的科学境界，同时为海上作战和军事行动智能决策奠定信息基础。

军事海洋智能决策在此层面表现为：智能信息感知（智能探测技术、智能感知平台和智能信息处理）和智能规律认知（智能特征识别、智能机理学习和智能预报技术）的理论创新和技术进步。

（2）效能评估和风险决策层

天时、地利、人和，是古今作战取胜的重要法宝，其中的“天时”“地利”就包含对战场环境的正确评估和合理利用。现代信息化战争和联合作战的高影响、高对抗、高时效、非线性和不确定性等特点对战场环境保障提出了客观、定量、实时、精细、融合的要求，即“净评估”。这既是对战场环境保障的至高要求，也是军事智能决策的精髓所在。

军事海洋智能决策在此层面表现为：智能评估方法（大数据和人工智能、云平台和深度学习以及信息不完备条件评估技术）和智能决策技术（军事运筹与系统优化、多目标规划与群决策、数据/知识驱动的贝叶斯网络模型等）的理论创新和技术进步。

（3）动态推演和对抗博弈层

海战场环境中的气象、水文要素是动态的，大气、海洋现象也是瞬息万变的，因此海战场环境影响评估与智能决策也应是动态和自适应的，即能够针对海洋环境的变化，动态评判其对武器装备和军事行动的影响效应和作战风险，实时、智能给出评估产品和决策建议。战争是敌我双方的较量和博弈，战场环境的评估决策也应是针对敌我双方的博弈和对抗行为。天高云淡、风平浪静的战场环境，对我有利，对敌亦有利；月黑星稀、风急浪高的战场环境，对我不利，对敌也不利。战场环境对抗博弈即针对战役意图、作战目标和敌我双方的武器装备和兵力部署，评估战场环境对敌我双方影响程度轻重、作战风险大小，取其利于我胜敌方案，为战役规划和战机选择提供决策依据。

军事海洋智能决策在此层面表现为：智能动态推演（智能态势推理、智能想定推演、动态贝叶斯网络）和智能动态博弈（微分对策、多智能对抗、多目标智能博弈）的理论创新和技术进步。

智能海战场决策概念模型

海军作战是在立体化且有明显时变特征的海战场环境空间中进行的，空战、水面战、水下战、两栖战、联合作战等海军典型作战样式对海洋环境具有很强的依赖性。为了充分认知和利用海洋环境，增强海军在动态复杂的海洋环境中遂行多样化任务的能力，世界各主要国家海军都十分重视海洋环境保障工作。

拥有全球最强大海军力量的美国，在海洋环境保障业务领域具有明显领先优势。早在 20 世纪 70 年代，美国海军就已经充分认识到气象与海洋对海军作战计划制订和实施的价值，经过几十年的发展演变，目前美国海军已建立了完备的海洋环境保障业务体系，确立了准确性、一致性、相关性和及时性的保障原则，积累了高时效、高精度、广覆盖的海量海洋环境数据资源，研发了全球、区域和局部多尺度多要素海洋环境预测预报模型，拓展了反潜战、水雷战、特种作战等海洋环境作战应用，形成了“数据—预测—评估—决策”的海上作战决策架构和信息流程。

（1）军事海洋智能决策思想

美国海军在作战领域提出了“空海一体战”“全域进入”以及“分布式杀伤”等作战概念，在海战场环境保障领域同样也有相应的作战保障概念，称为“按需战场空间”（BonD）。该概念于 2011 年提出，并作为美国海军海洋环境保障业务的指导原则，用以推动海军海洋环境领域的业务和技术体系建设和发展。BonD 作战保障概念的目的是在海洋环境层面确保战斗力安全和形成决策优势，从而提升作战效率。BonD 内涵主要包括 3 个方面：一是数据的获取、转换和不同数据源的融合，进而产生相关信息和知识；二是定制化的决策支持产品，以便作战部队应用环境信息来获取战略、战役和战术优势；三是提供深远的国家海上安全和海军发展战略的环境保障支持，促进海洋环境信息和海上战略决策的紧密结合。

（2）军事海洋智能决策体系架构

参照 BonD 的基本思想和保障理念，构建军事海洋智能决策体系架构。该体系架构分为 4 层，呈金字塔结构（如图 4.28）。

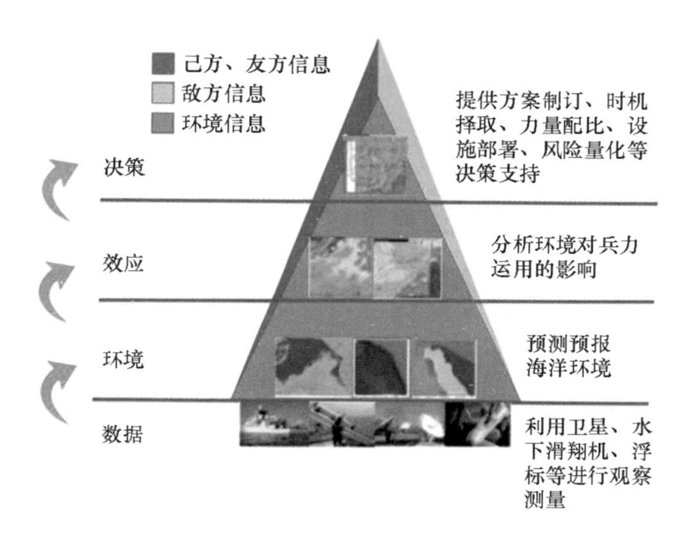

图 4.28　军事海洋智能决策体系架构

第 1 层为基础数据层，主要通过卫星、水下滑翔机、浮标、无人潜行器等现场和远程传感器设备来观测大气和海洋的信息。这些观测数据经过同化和融合，可以准确地描述当前大气和海洋环境的初始边界条件。基础数据层的输出是关于海洋环境状态的一个实际观测数据集合。

第 2 层为环境特征层，主要是对第 1 层的数据进行分析、处理和综合入库，通过运行高性能计算机的海洋数值模型或智能预测系统来预测未来的海洋环境特征状态。环境特征层输出是在时间和空间维度，对作战行动需考虑的海洋环境要素集的一个预测产品集合，该集合中的信息并非绝对准确，通常包含了相应的置信因子。

第 3 层为效应评估层，主要是将第 2 层环境特征信息和作战信息进行融合，来预测己方和敌方兵力、作战平台、武器系统、传感器等既定战场环境中的效能发挥和风险大小，评估海洋环境对作战计划、力量结构、战役目标、作战时机、战术机动和战争进程的影响。效应评估层可输出一组具有置信因子的效能影响和风险评估指数值，因其可将海洋环境影响赋予作战层面含义，更易于军事指挥和作战员对海洋环境的理解和对战场态势的研判。

第4层为决策支持层，主要将第3层中海洋环境作战效能评估值和风险评估值用于决策过程，对战略、战役和战术级别的风险和机会进行量化，并向指挥员和决策人员提供方案制订、兵力部署等方面建议。在效应评估层的基础上，决策支持层进一步增强决策人员对战场态势的理解和对海洋环境的利用，辅助制订更优化的作战方案，从而最大化利用己方环境优势和敌方环境劣势，进一步减轻行动风险，增大作战成功机会。

军事海洋智能决策概念模型的第1层侧重于立体化的环境数据的获取手段，第2层侧重于精确化的预报预测模型，第3层侧重于定制化的环境效应评估产品，第4层侧重于最优化的决策产品制订，层层递进，使海洋环境保障与作战行动紧密结合，形成数据获取—信息处理—模型预测—影响评估—辅助决策的完整作战保障信息链条。

4.7 海战场环境信息不完备问题

4.7.1 小样本案例信息扩散

大数据和人工智能是当今的前沿热点领域，大数据技术使许多隐藏于数据中的规律得以挖掘，使常规方法难以揭示的事件特征得以呈现，一些看似毫不相干的现象，通过大数据方法可以建立起它们之间的关联模型。机器学习、深度学习等人工智能技术为挖掘数据信息、提取知识规律提供了先进的技术手段。然而，机器学习、深度学习和大数据技术是建立在可获取的海量数据信息基础之上的，离开了数据前提，大数据和人工智能技术将成为无源之水、无本之木。

海战场环境涉及地理、气象、水文、空间、电磁等自然因素以及政治、经济、军事、人文等地缘因素，尤其是深海、极地等资源富集和军事敏感区，数据信息往往难以获取。许多情况下海洋环境保障面临的不是大数据问题，而是环境数据样本欠缺和评估决策知识匮乏的情况，即信息不完备问题。这里的信息不完备包含了三层含义：一是远洋航运、海上作业和海洋工程中的自然环境历史资料和数据信息匮乏；二是航道控制区、利益攸关区和军事敏感区实时环境要素资料获取困难；三是缺少构建海洋环境评估决策模型所需要的航行、作战、试验案例样本。如何针对现实海洋环境中客观存在的信息不完备问题，基于有限的、不充分的数据信息和样本案例，拟合逼近真实海洋环境，构建客观、定量的评估模型，是当前和今后海战场环境保障面临的现实问题和迫切需求。

信息扩散是为了弥补信息不足而考虑优化利用样本模糊信息的一种对样本进行集值化的模糊数学处理方法。黄崇福提出信息扩散思想及其相应的数学模型。该方法可将单值样本变成集值样本，进而对非完备样本信息进行有效处理。由于样本只是符合某种规律的取样实例，它是规律的外在表现形式，一般情况下，数量有限的样本难以直接反映出事物发展演变的内在规律性。样本信息不完备是指从该样本中提取出来的信息很稀少，以致难以完全反映出原始抽样总体的分布规律。小样本意味着信息的不充分，当然，大样本也不能完全保证信息充分。实际上，为了估计一个连续概率分布，任何一个样本容量 n 都是不充分的。也就是说，若总体有一个连续分布函数，那么从总体中抽取的任何一个有限样本一定是不完备的。在某种意义上，科学探索的目标即运用观察、实验、学习和推论得来的不完备信息和知识来逼近真实世界的客观规律。

小样本案例信息扩散评估建模即通过引入信息扩散思想，将有限的、离散的案例样本所包含的目标信息合理拓展和映射扩散到对应维连续空间，进而实现对不充分信息的“插补”。该方法可基于稀少的案例样本和匮乏的数据信息，建立量化评估模型，是信息不完备情景下解决量化分析“有无”问题的一种逼近方案。目前，信息扩散方法在地震、泥石流、台风等重大自然灾害和环境污染、暴恐袭击等社会安全事件的风险评估中得到了有效应用。

信息扩散方法包含信息矩阵搭建、信息分配方案制订和信息扩散模型构建等基本环节和计算步骤。其中，信息扩散模型构建（信息扩散函数拟合）是其核心，旨在寻求一个最为合理、有效的扩散函数，进而实现非完备的小样本数据信息的合理映射和最优扩散。黄崇福借鉴分子扩散模型，推导出正态信息扩散函数/模型，该模型也是当前应用最为广泛的信息扩散算法模型。正态信息扩散函数表现的是一种各向同性的均匀扩散过程。但在实际应用中，不完备样本中各要素之间可能存在某些非均匀、非对称的结构，如变量间的“不规则正比”关系，即随着自变量增加，因变量以一种非线性关系变化。对要素间存在这类特性的不完备样本，在进行信息扩散评估时需要考虑：沿某些方向应扩散得快些，而沿另一些方向可能扩散得慢些，即扩散过程应是非均匀、非对称的。基于这种考虑，张韧等分别提出了“椭圆式”和“概率式”以及“弦振动”三类自适应非对称信息扩散函数/模型，进行了相应理论推导和算法实现，并开展了北极航道安全风险评估和南海－印度洋海盗袭击风险评估。

4.7.2 临界条件阈值“点－集映射”

鉴于海洋环境和地缘环境的复杂性、动态性和影响机理的不确定性，目前，对航海装备和海上活动影响的保障要求和决策规范主要表现为评估目标的环境适应条件和临界阈值指标等形式。它们多表现为一些定性的语言描述和宽泛性的阈值范围。有效挖掘和充分利用保障规范和临界阈值蕴含的决策信息，建立客观、定量的影响评估和风险管理模型，既有科学意义，也有应用前景。

目前，基于保障规范和临界条件阈值的评估决策，主要是依靠人的主观判断和经验知识，这样的评估决策手段，一来缺乏量化的评估决策表述，二来也不同程度地夹杂个人的主观倾向。复杂的自然环境和地缘人文评估以及重大灾害和突发事件的应急响应，往往涉及多要素、多部门、多环节的协同，情况更复杂。因此，常规的阈值条件评估方法和决策手段已难以适应海洋环境，尤其是深海、极地等复杂环境和危险航道等复杂地域下的评估决策需要。

仅用保障规范知识和临界阈值进行海上活动的大气、海洋环境的影响效应和风险评估，信息不足更加凸显，甚至信息极度亏缺（甚至可称之为零样本问题）。为此，作者提出了基于临界条件阈值的“点－集映射”思想和评估建模技术。该方法基于保障规范和临界条件阈值（可视为临界特征要素的高维知识点或行为红线），借鉴信息扩散思想，通过“点－集映射”思想来构建“点－集映射”函数，对单值保障规范进行两次模糊集值化处理，将临界阈值中行为规范高维知识点映射为含隶属度约束的临界阈值知识集合，实现“点－集映射”中的专家经验融合和客观定权，进而提供了基于决策规范红线或临界阈值信息的影响评估和风险研判的客观、定量解决方案。由于保障规范中最低环境条件是分别针对单个要素给出的，为此相应地在评估模型中建立起一个层次结构，首先对单一环境要素对航海装备和海上活动的影响进行评估，然后对各环境要素的影响评估结果进行综合集成，进而得到海洋环境影响航海装备和海上活动的风险评估结果。

该研究思想和评估方法能从现有保障规范出发，利用模糊集值化优势，充分挖掘和拓展有限决策信息，得到较为客观、合理、定量的评估结果，进而为决策信息不完备条件（当前普遍存在而短期之内又无法解决的困难）下的海上活动和海洋环境影响评估提供可资借鉴的技术途径。

• 知识延伸

模糊系统理论是一种将人类自然语言转换为客观、定量数学语言和算法模型并加以处理和计算的智能技术。模糊系统的非线性、容错性、自适应性等特点是对传统集合和线性分析方法的有效补充。海洋内波具有复杂非线性机理、样本个例稀缺和解析模型难构建等困难，模糊、定性的内波机理信息难以用传统的数学手段处理，但适合用模糊集合理论和模糊逻辑推理方法予以描述。有学者将模糊集合理论和模糊推理方法引入内波的特征诊断与背景场判别，提出一种内波发生概率的诊断预测途径和模糊推理预测模型。选择西北太平洋作为试验区域进行模型应用试验，试验结果与卫星遥感图像的对比实验验证了该方法的可靠性和有效性。

与卫星资料反演和数值模拟等传统方法相比，采用模糊逻辑技术来预测海洋内波发生概率有如下优点。第一，影响内波发生的海洋环境因子可用模糊化变量表示，对数据的精确性要求不高，更利于内波生成机理知识的充分利用。第二，模糊逻辑预测方法充分融合了专家经验知识，适合描述海洋内波这种多影响因子、多要素相互作用的复杂非线性系统，可作为传统的动力学预测方法的补充。第三，该方法简单便捷、易于理解和应用，适宜于快速诊断预测内波发生的概率，对海洋工程和潜艇航行中规避和防范内波的影响有指导意义和参考价值。

第三篇 水下预警探测

第5章 水声探测与对抗技术

• 史海钩沉

在古代，海洋是神秘的世界，深不可测。竹竿测深、水尺测深、铅锤测深是人类早期揭开海洋“面纱”的工具。进入工业时代，测深技术有了革命性的发展。

单波束测深，“听”出大海有多深。与蝙蝠的“回声定位”类似，利用声学回声探测原理，实现对海底深度的精确测量。正是利用此项技术，我们发现了海底最深的地方——马里亚纳海沟，“听”出了它的深度。

多波束测深，“绘”出海底“素描”。将安装在船底的设备发出的一簇簇呈条带状的声波信号照射到崎岖的海底，然后接收海底面反射回来的声波信号，就可以得到海底面的三维素描图，直观地反映出海底的样貌。

地震勘探，探寻“海底蛋糕”的秘密。通过设备发射声波到海底，声波经过海底及以下地层的反射后传到设备的接收装置，经过计算机技术处理后，就可以得到海底结构的扫描图，看清海底以下的地层结构。

利用声学深拖在海底“放风筝”。声学深拖探测系统集成了单波束测深、多波束测深、地震勘探技术，工作状态像极了放风筝。拖体相当于风筝，电缆相当于风筝线，释放电缆的绞车相当于风筝线盘，电脑主机相当于放风筝的人。它可以在距离海底50米的高度对海底信息进行精确探测，因此有一个形象的名字——“深海风筝”。

未来，人类将继续用声音对深海大洋“把脉”，用科学探索深海宝藏。

5.1 水声探测与对抗概述

5.1.1 水声探测基本概念

水声探测就是利用声音在水中传播的物理特性来获取信息的技术，是以水声学为理论基础的水介质环境中的应用声学工程，是船舶与海洋工程学科的一个重要分支，主要是为满足海军水下作战和海洋开发的需求而发展起来的一门新兴工程技术。

水声探测器一般统称声呐，它包括用水声方法对水中目标进行探测、定位、跟踪、识别、通信、导航、制导、武器射击指挥和水声对抗等的各种水声设备。

声呐（sound navigation and ranging，SONAR），意思是声导航与测距。今天的声呐，其含义早已超出原来所指的内容。简言之，声呐是利用水下声波判断海洋中物体的存在、位置及类型的方法和设备。近年来，人们将声呐的含义加以推广，以至凡是利用水下声波作为传播媒体，以达到某种目的的设备和方法都是声呐。然而人们更习惯于将声呐理解为具体的设备，因而凡是用声波对目标进行探测、定位、跟踪、识别，以及利用水下声波进行通信、导航、制导、武器射击指挥和对抗等方面的水声设备皆属声呐这一范畴。

声呐是一种特殊的水声设备，一部分在水中，一部分不在水中，所以整个系统可以分为两大部分，习惯上称为湿端与干端（如图5.1）。所谓湿端就是放在水下的部分，而干端指的是在船上、陆上或飞机上的电子设备。这种划分并不是绝对的，有时会产生一定的模糊，例如岸用声呐的传输电缆或光缆，即使登陆了（有一部分在岸上），通常也把它归入湿端；拖曳式线列阵用的绞车，有时虽然在甲板上（如水面舰艇用的绞车），但是通常也把它与拖缆一起归入湿端。所以，湿端与干端的划分，并不是绝对按水下与水上来定义的。

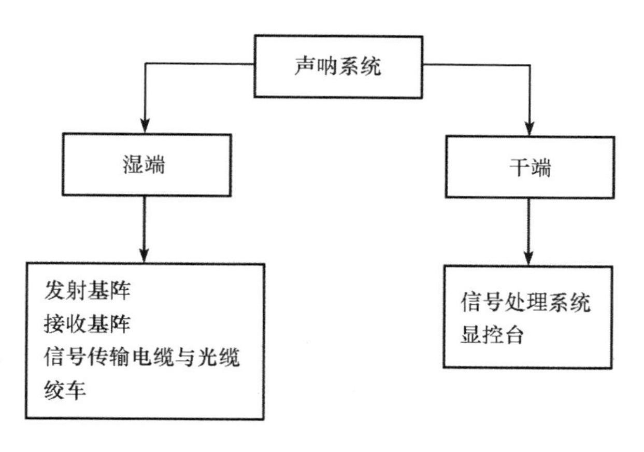

图5.1　声呐系统的组成

5.1.2　水声对抗基本概念

水声对抗（acoustic warfare，AW），即声学战，又称水下电子战。国军标GJB 3688－1999《水声对抗术语》中，对水声对抗进行了定义：在水中使用专门的水声设备和器材以及利用声场环境（如声影区、温跃层、深水散射层等）、隐身、降噪等手段，对敌方水中探测设备和水中兵器进行侦察、干扰，削弱或破坏其有效使用，保障己方设备正常工作和舰艇安全的各种战术技术措施的总称。按功能可分为：水声侦察、水声干扰、水声防御。

水声对抗位于水声学、舰艇战术学和电子对抗技术的结合部，属于一门新兴的边缘学科。水声对抗的目的是利用水声技术、设备和器材诱骗、干扰敌方声呐和声自导鱼雷的探测，从而免受敌方的鱼雷攻击，提高自身的生存能力。从水声侦察与反侦察、探测与反探测到摆脱跟踪、规避攻击，从水声环境和目标特性的利用到软/硬杀伤性武器的使用，都属于水声对抗的范畴。

水声对抗从广义上讲是海战的对抗，从狭义上讲是舰艇、潜艇与反舰、反潜兵力之间的对抗，是对抗双方用水声技术所完成的发现和反发现、跟踪和反跟踪、识别和反识别、攻击和反攻击等的过程。从某种意义上讲，水声对抗是信息战和精确打击在水下的体现和延伸。

5.1.3 水声探测与对抗的地位和作用

由于声波在海洋中具有独特的优势，水声探测与对抗技术在军事上具有特别重要的意义，先进的水声探测与对抗技术是国家强大的象征。声呐、声自导鱼雷和音响水雷以及水声对抗设备和器材等是当今海军作战最重要的手段之一，是开展潜艇战、反潜战、水雷战和反水雷战不可或缺的武器装备。潜艇在水下的作战活动范围和攻击防御能力，在很大程度上取决于它所装备的声呐、鱼雷和水声对抗系统的性能。同样，水面舰艇的防潜、反潜和反鱼雷、反水雷能力，也主要取决于所装备的声呐、鱼雷和水声对抗系统的性能。可以说，没有水声探测与对抗设备就没有海防，没有先进的水声探测与对抗设备就没有巩固的海防，也就将失去制海权。

• 知识延伸

水声探测与对抗技术在现代海战中已得到广泛应用，并取得了显著效果。如1982年的英阿马岛海战中，阿根廷的“圣路易斯号”潜艇在对英舰实施了第一次鱼雷攻击后，虽然遭到了许多反潜直升机和三艘护卫舰长达20小时的搜索和攻击，但是仍然安全地返回了基地，很大原因就是有效地使用了水声对抗器材。英军也对阿根廷最大的巡洋舰“贝尔格拉诺将军号”发起了鱼雷攻击，由于该舰缺乏有效的水声对抗系统，英军只用了一枚直航鱼雷就将其击沉，这场战斗最终决定了整场战争的胜负。另外，阿军也对英舰进行了多次鱼雷攻击，但英军的水面舰艇上装备有先进的水声对抗系统，在发现鱼雷攻击后使用了有效的水声对抗器材，使得来袭鱼雷失去目标并最终耗尽航程，失去攻击能力。

随着水声换能器技术、信号检测技术、声传播理论和应用的快速发展，水声探测技术和鱼雷武器声制导技术得到了不断发展和提高，水声对抗技术随之得到发展并日益受到各国海军的高度重视。它不仅是提高各种舰艇和潜艇自身生存能力的重要措施，同时也是取得水下作战主动权的决定性因素。现代海战是空中、水上、水下同时进行的立体化战争，使用的武器射程远、命中率高、杀伤力强、破坏性大。对于海战而言，谁能先发现敌人并采取正确快速的反应措施，谁就能取得战争的主动权。在电子技术高速发展的今天，世界各国都已把海军装备中有无先进的水声探测与对抗系统作为衡量舰艇现代化水平的重要标志之一。

5.2 水声探测原理

现代声呐的干端实际上是一部大型的多功能计算机。这部计算机的设计依赖于湿端以及我们对海洋环境、水声传播特性的了解。所以声呐设计是水声物理、水声工程、信号处理、无线电电子学及换能器等领域互相结合的产物。

声呐方程是目前普遍采用的用于声呐技术论证的重要工具，它把换能器、水声信道、噪声、混响、最佳检测和信号波形设计等概念贯穿起来，组成一个有机的整体。本节我们以声呐方程为出发点，讨论一般的水声探测原理。

5.2.1 声呐的分类

迄今为止，国内外已经使用或正在研制的声呐不下百种。为了在众多的声呐系统中区分其功能、用途、所用技术等，必须对它们进行分类。声呐系统分类的方法很多，笼统地可分为军用和民用两类声呐。按工作原理或工作方式划分，可分为主动式声呐和被动式声呐，回声站、测深仪、通信仪、探雷器等均可归入主动声呐类，而噪声站、侦察仪等则归入被动声呐类。若按装置体系分类，可分为舰用声呐、潜艇用声呐、岸用声呐、航空吊放声呐和声呐浮标、海底声呐等。按工作性质（战斗任务）分类，可分为通信声呐、探测声呐、水下制导声呐、水声对抗系统等。探测声呐中按换能器基阵扫描（搜索）方式划分，可分为步距式单波束声呐、环扫声呐、旁扫声呐、相控扫描声呐、多波束声呐等。声呐还可按技术特性来分类，例如按信号波形分类，有脉冲声呐、连续调频声呐、阶梯调频声呐、双曲线调频声呐、编码声呐等。图 5. 2 是按声呐湿端安装的部位不同来划分声呐，这里仅仅列出了在水面舰艇和潜艇上安装的不同类型的声呐。

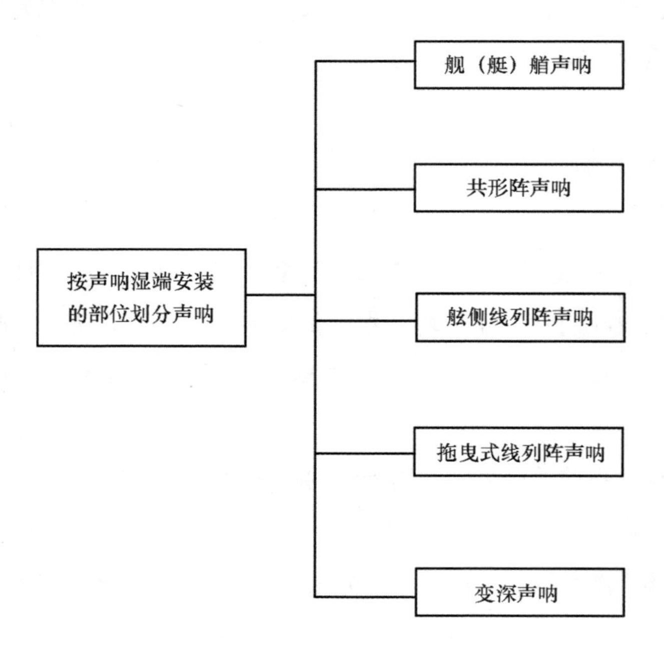

图 5. 2　按声呐湿端安装的部位划分声呐

5.2.2 声呐的工作方式

主动声呐

有目的地主动从系统中发射声波的声呐称为主动声呐。一般来说，通信声呐、回波测探仪等属于主动声呐。它可用来探测水下目标，并测定其距离、方位、航速、航向等运动要素。主动声呐的基本原理如图5.3所示，主动声呐发射某种形式的声信号，利用信号在水下传播途中遇到障碍物或目标反射的回波来进行探测。由于目标信息保存在回波之中，所以可根据接收到的回波信号来判断目标的存在，并测量或估计目标的距离、方位、速度等参量。具体地说，可通过回波信号与发射信号间的时延推知目标的距离，由回波波前法线方向可推知目标的方向，而由回波信号与发射信号之间的频移可推知目标的径向速度。此外由回波的幅度、相位及变化规律，可以识别出目标的外形、大小、性质和运动状态。

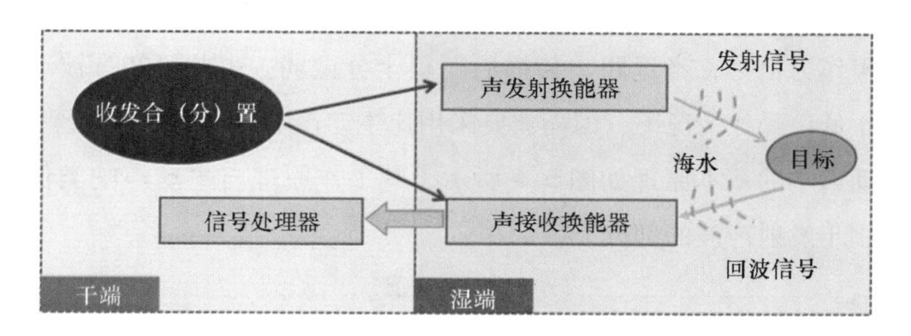

图5.3 主动声呐探测的工作原理

因为主动声呐主动发射探测信号，因而可通过收发信号间的时差精确测定目标的距离。而且正是由于主动声呐利用接收的回波来探测目标，所以它除了可对运动目标进行探测外，对于坐沉海底的潜艇、沉船、飞机残骸及其他固定不动的障碍物也可探测。主动声呐的主要外部干扰之一是混响，这是由发射信号在各种散射体（海底、海面及海水中不均匀水团）上的散射产生的。混响有时会严重妨碍信号的接收，使声呐作用距离减小。水体混响在频谱上与发射信号几乎相同，增加了抑制其干扰的难度。探测沉底目标特别是沉底小目标时，海底混响变成了主要干扰。因为有混响的存在，又因接收的信号承受着双程传播损失，再加上本舰噪声的干扰，故主动声呐作用距离一般不是很远。主动声呐主要用在水面舰艇上，在潜艇上虽也装有主动声呐，但一旦使用易被敌方发现，影响潜艇的隐蔽性。潜艇声呐平时以被动方式为主，只有在精确测距时才用主动声呐发射 2 ~3 个脉冲测定目标距离。

被动声呐

利用接收换能器基阵接收目标发出的噪声或信号来探测目标的声呐称为被动声呐。由于被动声呐本身不发射信号，所以目标将不会觉察声呐的存在及其意图。在声呐设计时设计者并不能控制目标发出的声音及其特征，对其了解也往往不全面。声呐设计者只能对某预定目标的声音进行设计，如目标为潜艇，那么目标发出的噪声包括螺旋桨转动噪声、艇体与水流摩擦产生的噪声以及各种发动机的机械振动引起的辐射噪声等。因此被动声呐与主动声呐最根本的区别在于它是在本舰噪声背景下接收远场目标发出的噪声。此时，目标噪声作为信号，经远距离传播后变得十分微弱。由此可知，被动声呐往往工作于低信噪比情况下，因而需要采用比主动声呐更多的信号处理措施。

被动声呐的基本原理如图 5.4 所示，其工作原理与主动声呐类似，只是它没有用于发射声波的部分。

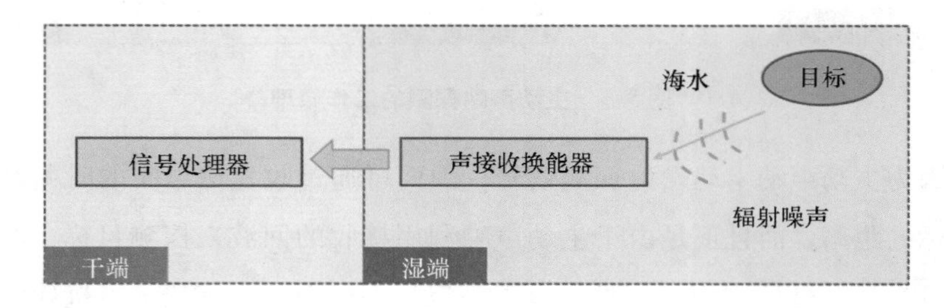

图 5.4　被动声呐探测的工作原理

5.2.3 声呐方程

主动声呐、被动声呐的工作方式有所不同，但它们工作时的信息流程却是相同的，都由3个基本环节组成，就是声信号赖以传播的海水介质、被探测目标和声呐设备本身。下面我们将首先给出各个声呐参数的定义，再根据基本原则，组成方程。

声呐参数

在声呐方程中出现的参数可分为3类：

（1）取决于声呐系统的参数

SL——声源级，描述主动声呐所发射的声信号的强弱，它定义为 $SL = 10\lg \left.\frac{I}{I_0}\right|_{r=1}$，式中 I 为发射换能器（阵）声轴方向上离声源声中心1米处的声强，I_0 为参考声强（均方根声压为1微帕的平面波的声强），$I_0 = 0.67 \times 10^{-22}$ 瓦/厘米^2。

DT——识别系数，又称为检测阈。在水声技术中，习惯上将设备刚好能完成预定职能所需的处理器输入端的信噪比称为检测阈，它定义为 $DT = 10\lg\frac{\text{刚好完成某种职能时的信号功率}}{\text{水听器输出端上的噪声功率}}$。

DI——接收指向性指数，与发射换能器（阵）总具有一定的发射指向性一样，接收换能器（阵）一般也有指向性，定义为 $DI = 10\lg\frac{\text{无指向性水听器产生的噪声功率}}{\text{指向性水听器产生的噪声功率}}$。

GS——声呐系统的空间增益，它是由布阵取得的，如果用于发射系统，我们用 *DI* 来表示。通常对于常规线列阵来说，$GS = 10\lg N$，其中 N 为阵列的基元数。

GT——声呐系统的时间增益，它是由信号处理系统在时间上的积累而取得的。

（2）取决于被探测目标的参数

SL_1——目标的辐射噪声源，就是被动声呐的声源，定义为接收水听器声轴方向上，离目标声学中心单位距离处测得的目标辐射噪声强度 I_N 和参考声强 I_0 之比的分贝数，定义为 $SL_1 = 10\ \lg \frac{I_N}{I_0}$。虽然 SL_1 也称为声源级，但它只适用于被动声呐。

TS——目标强度，定量描述目标反射本领的大小，定义为 $TS = 10\ \lg \frac{I_r}{I_i} \bigg|_{r=1}$，式中，$I_i$ 为目标处入射平面波的强度，I_r 为在入射声波相反方向上，离目标等效声中心 1 米处的回波强度。

（3）取决于环境的参数

TL——传播损失，定量描述了声波传播一定距离后声强度的衰减变化，定义为 $TL = 10\ \lg \frac{I_1}{I_r}$，式中 I_1 为离声源等效声中心 1 米处的声强度，I_r 为距声源 r 处的声强度。上式定义的传播损失 TL 值总是正值。

NL——环境噪声级，度量环境噪声强弱的一个量，定义为 $NL = 10\ \lg \frac{I_N}{I_0}$，式中 I_N 为测量带宽内的噪声强度，I_0 为参考声强度。如测量带宽为 1Hz，则这样的 NL 称为环境噪声谱级。

RL——等效平面波混响级，定量描述混响干扰的强弱，设有强度为 I 的平面波轴向入射到水听器上，水听器输出某一电压值；如将此水听器移置于混响场中，使它的声轴指向目标，在混响声的作用下，水听器也输出一个电压值。如果这两种情况下水听器的输出恰好相等，那么，就用该平面波的声强级来度量混响场的强弱，并定义等效平面波混响级 $RL = 10\ \lg \frac{I}{I_0}$，式中 I 是平面波强度，I_0 是参考声强。

上面介绍的声呐参数，从能量的角度定量描述了海水介质、声呐目标和声呐设备所具有的特性和效应，如果从声呐信息流程出发，按照某种原则将它们组合起来，就得到了一个将介质、目标和设备的作用综合在一起的关系式，它综合考虑了水中声传播所特有的现象和效应、目标的声学特性对声呐设备的设计和应用所产生的影响。这个关系式就是声呐方程，它是声呐设计和声呐性能预报的理论依据，在水声工程上有众多重要应用。

基本原则

声呐总是工作在有背景干扰的环境中，工作时既接收到有用的声信号，也接收到背景干扰信号。如果接收信号级与背景干扰级之差正好等于设备的检测阈，即

$$接收信号级-背景干扰级=检测阈$$

根据检测阈的定义可知，此时设备刚好能完成预定的职能。反之，若上式的左端小于右端，设备就不能正常工作了。所以，通常将上式作为组成声呐方程的基本原则。

主动声呐方程

根据主动声呐信息流程（如图5.5），可以写出主动声呐方程：

$$SL-2TL+TS+GS+GT-NL=DT$$

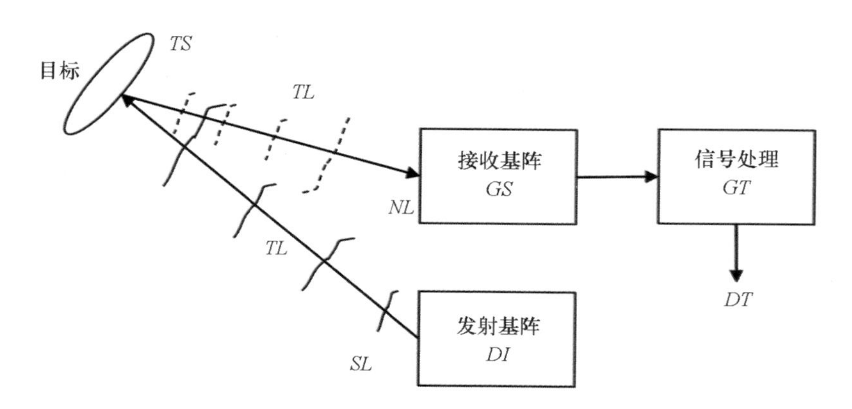

图5.5 主动声呐信号级的变化示意图

需注意两点：

（1）上式方程适用于收、发合置型声呐。对于收、发换能器分开的声呐，

声信号往返的传播损失一般是不同的，所以不能简单用 $2TL$ 来表示。

（2）上式方程仅适用于各向同性的环境噪声情况。但是，对于主动声呐来说，混响也是它的背景干扰，而混响是非各向同性的，因而当混响成为主要背景干扰时，就应使用等效平面波混响级 RL 来代替各向同性背景干扰 NL，方程为 $SL-2TL+TS+GS+GT-RL=DT$。

被动声呐方程

被动声呐的信息流程（如图 5.6）比主动声呐略为简单：首先噪声源发出的噪声不需要往返传播；其次，噪声源不经目标反射；最后被动声呐的背景噪声一般为环境噪声，不存在混响干扰。

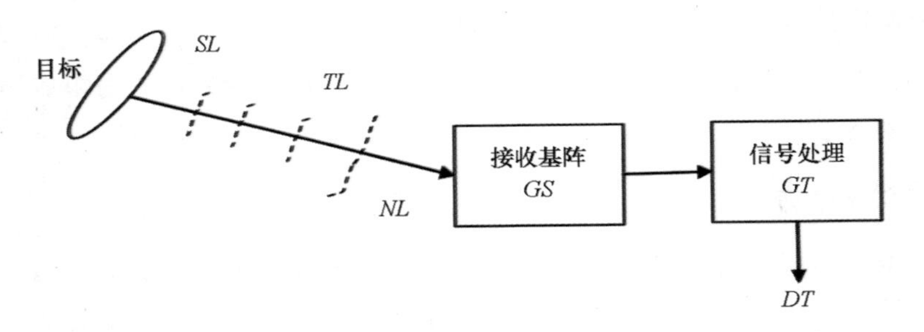

图 5.6　被动声呐信号级的变化示意图

因此，被动声呐方程可写为：

$$SL-TL+GS+GT-NL=DT$$

5.3　水声探测技术

前文介绍，声波是水下唯一能够远距离传播的能量辐射形式，声呐利用声波对水中目标进行探测。虽然声呐根据工作方式、用途、安装平台等方式可以分为多种声呐类型，但总体而言，声呐大体可以分为两个组成部分：湿端和干端。

声呐湿端系统一般指声呐系统中处于水中工作的部分，它是一个有机的整体，其中水声换能器是核心单元，它的性能好坏直接影响声呐湿端的性能。为实现更好的性能，水声换能器通常作为基元，在空间进行排列（可以排成各种形状，如直线形、圆柱形等）组成声阵，声阵是声呐发射和接收声信号以及完成声呐信号空间处理的装置。除水声换能器外，声呐湿端通常还包含导流罩、声障板等辅助声学结构和机械结构。

声呐干端系统一般指声呐系统中不在水中工作的部分，通常包括信号处理、显控、供电等部分，优良的声呐设备不仅湿端系统有良好的性能，干端系统也具有强大的信息处理能力，涉及微弱信号放大、信号处理、声场声信息处理、计算机体系结构、人机工程、人工智能等技术。下面将分别介绍声呐的湿端（水声换能器、换能器阵）和干端（声呐信号处理）及其典型技术。

5.3.1 水声换能器技术

水声换能器用于实现水中声场信息与电（光）信号的转换，是感知水下声信息的耳目，是水声探测系统的核心部分。作为一门综合技术，水声换能器技术涉及声学、磁学、电子学、材料力学、流体力学、新材料技术等多个学科，具有很强的理论性和实践性。

水声换能器可以按照多个方面区分：按照功能来分，可以分为发射换能器、接收换能器（水听器）和收发两用换能器；如按工作频率分，可以分为低频换能器、高频换能器，宽带换能器、窄带换能器等；按工作原理分，可分为压电换能器、磁致伸缩换能器、光纤水听器等；按照换能器拾取的信息类别分，可以分为标量（声压）换能器、矢量（振速或压差）换能器等。在不同的应用场合，可根据特点选择不同类型的换能器。

压电换能器

当前水声换能器广泛采用的压电陶瓷元件就是一种压电型有源元件，其工作原理是，利用压电效应，将电能转换成水中机械能或将水中机械能转换成电能。

压电体通常用应力、应变、电场强度和电位移表示它的力学和电学状态。图 5.7 描述出了常见压电陶瓷换能器各物理量相互作用的关系。压电体 4 个物理量之间的关系可以用多种压电矩阵方程表示，其中压电应变系数的方程式为：

$$\begin{cases} S = S_E T + d_t E \\ D = dT + \varepsilon_T E \end{cases}$$

式中 S 表示压电体的应变；S_E 表示电场强度 E 恒定时压电体的弹性顺性，单位是米^2/牛；T 表示压电体受到的应力；d 表示压电应变系数，单位是库仑/牛；D 表示压电体的电位移；ε_T 表示应力 T 恒定时压电体的介电常数，单位为法/米；下角标 t 表示转置矩阵。

目前压电换能器（压电水听器）是各种水声探测器和水声装备的主要水声传感元件。它的主要器件是压电陶瓷，其工作原理如图 5.7 所示。一方面当对压电陶瓷施加压力时会产生火花，这是因为给它加压产生形变，电极两端输出电压信号，就是将声波转换成电信号，进行声波探测；另一方面，可以给两极加入电压信号，使它产生形变，在水中会有振动传出，由此产生声波。

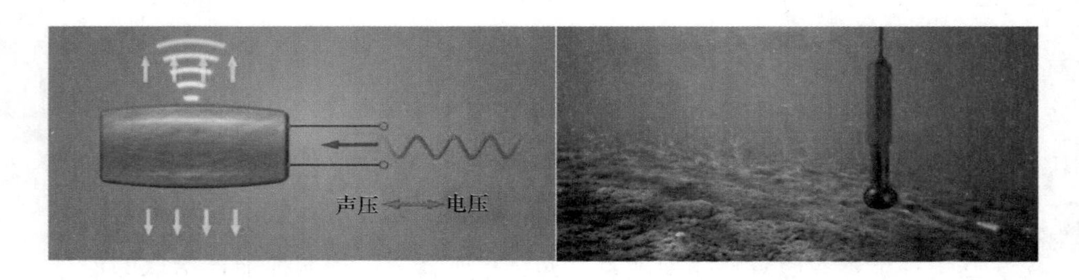

图 5.7　压电换能器工作原理示意图与实物图

换能方式与构成换能器有源元件的性能参数有密切关系。为了保证有源元件能够产生最大的效率，大多数换能器都应工作在谐振状态，而且应根据不同的用途采用合适的几何形状（如棒形、圆柱形、板形等）和合理的几何尺寸来构成谐振系统。就压电陶瓷元件来说，由于它易于加工成型，可制成各种尺寸和形状，所以由它可以构成多种振动模式。它的基本振动模式有伸缩振动、弯曲振动和切变振动等11种振动方式，图5.8列出了常见的几种振动方式。

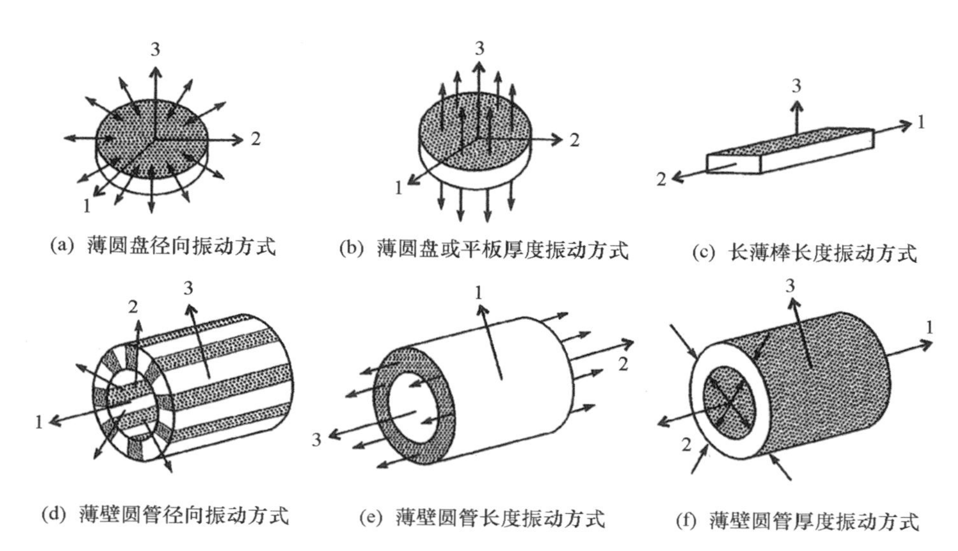

图5.8 压电陶瓷元件的振动方式

磁致伸缩换能器

磁致伸缩换能器是由铁磁性物质制成，如镍、钴、铁等金属材料及合金材料。磁致伸缩换能器的工作原理是建立在铁磁物质的磁致伸缩效应上的，所谓磁致伸缩效应，是指铁磁材料在磁场的作用下，其大小和形状将会发生变化，或当铁磁材料在受外力作用时其磁化状态发生变化的现象。由于变化的类型和形式不同，磁致伸缩效应又分为线磁致伸缩效应、体积磁致伸缩效应以及扭转磁致伸缩效应等。在水声设备中使用的磁致伸缩换能器大多是利用线磁致伸缩效应，主要包括正向磁致伸缩效应（Joule效应）和反向磁致伸缩效应（Villari效应），其中正向线磁致伸缩效应常被用来做水下声发射换能器。

正向线磁致伸缩效应与材料的性质、加工方法、预先磁化的程度及温度有关，一般情况下形变引起长度的相对变化（$\Delta l/l$）仅为10^{-6}数量级。磁致伸缩形变是磁场强度 H 的偶函数，与磁场的方向无关。图 5.9 给出了铁镍合金中的成分变化时相对形变和磁场强度的关系曲线。实验发现，磁致伸缩形变受温度影响是很明显的，随温度的升高而减少，并且不同材料存在某一温度，当温度高于该温度时，材料的磁致伸缩效应就完全消失，这个温度称为居里点。在设计功率较大的换能器时，必须注意因热效应而引起的换能器性能的变化。

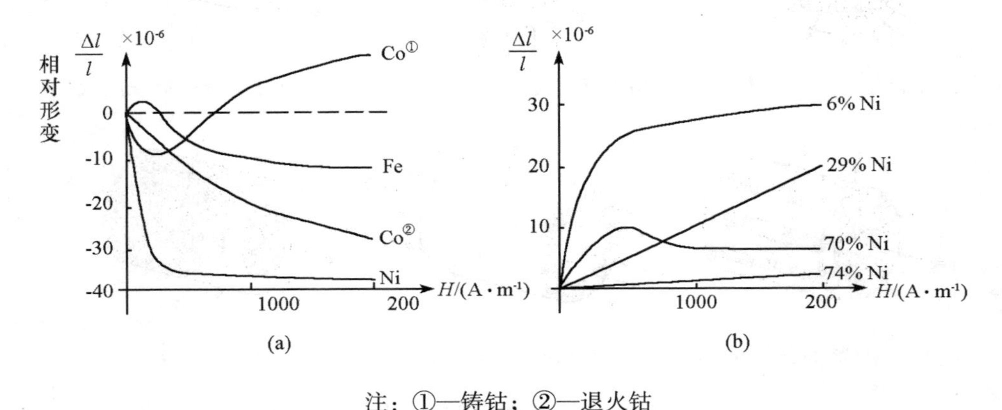

注：①—铸钴；②—退火钴

图 5.9　铁镍合金成分变化时相对形变与磁场强度的关系

正向磁致伸缩效应可以用来制作水声换能器，其基本原理是利用线圈电流产生磁场，使铁磁材料棒中产生磁感应强度，从而在棒中产生应力或使棒发生形变，如果线圈中通过交变电流，棒就会发生振动，并且推动声源表面的振动。这样，就把交变的电磁信号转变成交变的力信号和声信号，从而辐射声场。

磁致伸缩换能器典型形状有纵向换能器结构、圆环形换能器结构、弯张换能器结构等。纵向换能器结构简单，磁致伸缩棒与前辐射头和尾质量块结合成类似一维振动系统，前辐射头一般为轻质材料，尾质量块一般为密度大的材料，以实现辐射面输出更大的振动位移。圆环形换能器由若干个稀土棒围成正多边形，通过过渡件激发一系列圆弧面做径向振动实现大功率声辐射。弯张换能器是利用压电陶瓷堆或磁致伸缩棒的纵振动来激励具有振幅放大效应的外壳（或桶条梁）辐射面做弯曲振动的一类换能器。

光纤水听器

光纤水听器是建立在光纤、光电子技术基础上的一种新型水声传感器，以其灵敏度高、响应频带宽、抗电磁干扰、耐恶劣环境、结构灵巧、易于遥测和构成大规模阵列等特点而备受关注，成为现代光纤传感技术发展的重要方向。

光纤水听器的传感原理是利用声波调制光纤中光波的强度、相位、波长等参量来获取声波的频率、强度等信息。因而从传感原理上看，光纤水听器可分为强度型、相位干涉型和光纤光栅型三类。强度型光纤水听器采用早期光纤水听器技术，其检测灵敏度远不如后来发展的相位干涉型光纤水听器；光纤光栅型水听器技术出现最晚，目前是研究的热点，但还不够成熟，还没有完成由实验室研究进入实用化的过程。目前实用化的光纤水听器均采用相位干涉型，现介绍其基本原理。

图5.10是Michelson光纤干涉仪基本结构图。由激光器发出的激光经3分贝光纤耦合器分成两路，一路构成光纤干涉仪的传感臂，接受声波的调制，另一路则构成参考臂，不接受声波的调制，或者接受声波调制（与传感臂相反的调制），两路光信号经过后端反射膜反射后返回光纤耦合器，合在一起发生干涉，干涉的光信号经光电探测器转换为电信号，经信号处理就可以拾取声波的信息。干涉后的光信号经过光电转换后可以写成：

$$V_0 \propto 1 + V\cos(\varphi + \varphi_n + \varphi_0) + V_n$$

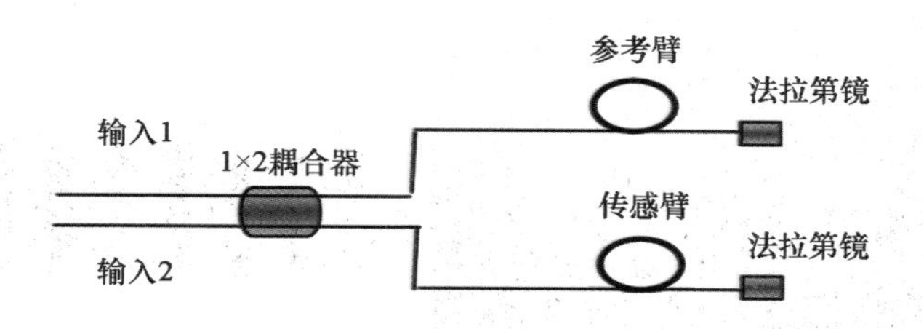

图5.10 Michelson光纤干涉仪基本结构

其中，V_0 为输出的电压信号；V 为干涉仪的条纹对比度；V_n 为电路附加噪声；

φ 为由水声波引起的相位差信号，即要探测的水声信号；φ_0 为干涉仪的初始相位，它是个常量；φ_n 为相位差的低频漂移，它是一个不确定量，随温度和外界环境影响而变化。

由上式可知，干涉仪输出的光强与两束光的相位差 $\varphi = 2\pi d/\lambda$ 密切相关，其中 d 为两束光传播距离的长度差，λ 为光的波长。通过对光纤水听器探头结构的设计，使水下声场的声压变化引起光纤干涉仪传感臂长度变化，而干涉仪参考臂长度不变化或者反向变化，即可使得水中声压信息转化为干涉仪两个臂之间的长度变化 d，进而转化为可以探测到的干涉仪输出信号 V_0，从而实现了光纤水听器对水声信号的探测。

光纤水听器探头的典型结构是将干涉仪的传感臂缠绕在一个声压弹性体上（如薄金属圆柱壳），当声压变化时，弹性体随声压受迫振动，弹性体上的传感光纤长度被拉长或缩短，形成光纤长度的变化。经过理论分析，这种光纤长度的变化与声压的变化成正比，可表达为：

$$\Delta\phi = \frac{2\pi nlv}{c} \cdot \frac{\Delta l}{l} = \frac{2\pi nlv}{c} \cdot kp$$

$$\Delta\phi = K \cdot a\cos(2\pi ft + 2\pi x/\lambda)$$

式中 k、K 为比例系数。上列一式说明干涉仪相位差变化与声压变化成正比，二式说明干涉仪相位差信号直接感应水下声波场。两式奠定了相位干涉型光纤水听器拾取声信号的理论基础。图 5.11 所示为国防科技大学研制的光纤水听器工作原理及基元。

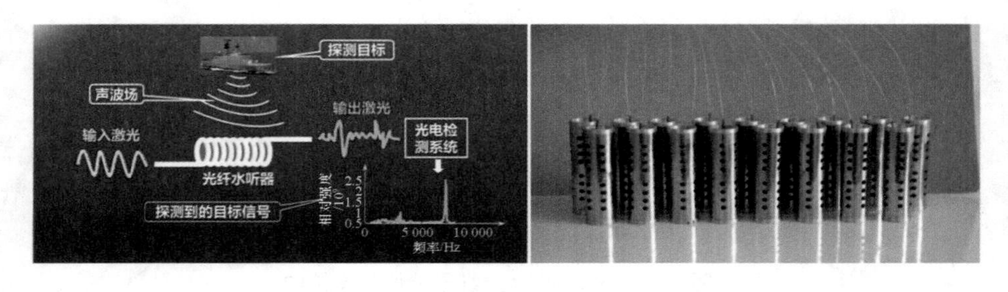

图 5.11　光纤水听器工作原理示意及基元图

· 知识延伸

国防科技大学自20世纪90年代开始从事光纤水听器技术研究，在关键光纤元器件取得突破的情况下，开展了干涉型光纤水听器探头及系统研究，于2000年在南海成功进行了我国光纤水听器首次海上试验，标志着光纤水听器技术从理论研究走向海上试验研究。之后在国家的大力支持下，经过20多年的发展，设计定型了多款光纤声压水听器和光纤矢量水听器探头，同时攻克了基于波分、时分和空分复用的混合复用成阵、深海耐静水压、大规模多通道低噪声光电信号检测、超远程传输模拟光放大和非线性抑制、水下全数字化光纤水听器阵列、超窄线宽光源等关键技术，研制出系列光纤声压和矢量水听器阵列，如远程传输的大规模岸基阵、装载在舰船及无人平台上的轻型拖曳阵、垂直矢量潜标阵等。近年来研发了单光纤分布式光纤声波/振动传感技术，可进一步减小阵列直径，提高阵列可靠性。目前光纤水听器阵列系统已在物理海洋研究、海洋环境监测、海洋资源勘探和水下目标探测等应用领域发挥重要作用。

矢量水听器

水下声场的矢量信息包括声压梯度、质点加速度、质点振速、质点位移等参量，对这些矢量信息进行感知的一类水声换能器称为矢量水听器，目前矢量水听器在国内外已成为热门的研究方向，根据换能器与声场相互作用的方式，矢量水听器可分为双水听器型、外壳静止型、同振型等。双水听器型比较直观，是利用一对声压水听器测量水下相距很近的两点声压差来检测声压梯度；外壳静止型，设计外壳为重质量块，连接在外壳上的敏感元件直接与声场作用，检测压差信号；同振型如图5.12所示，通过固定框架柔性悬挂一个平均密度与水近似相等、尺度远小于工作波长的球（柱）体，该球（柱）体因随水介质一同振动而得名“同振型”，声波不直接作用在敏感元件上，而是由惯性力转移到与内部质量块相连的敏感元件上。矢量水听器的突出特点是能够拾取声场的矢量信息，具有偶极子指向性，也因此有着重要的应用。

图 5. 12　同振型光纤矢量水听器结构实物图

5. 3. 2　阵列水声探测系统

阵列信号处理作为信号处理的一个重要分支，在通信、雷达、地震勘探和射电天文等领域获得了广泛应用和迅速发展。阵列信号处理将一组换能器按一定方式布置在空间不同位置上，形成换能器阵列。用换能器阵列来接收空间信号，相当于对空间分布的场信号采样，得到信号源的空间离散观测数据。阵列信号处理的目的是通过对阵列接收的信号进行处理，增强所需的有用信号，抑制无用的干扰和噪声，并提取有用的信号特征及信号所包含的信息。

由于现代声呐向低频、大功率、高搜索率等方向发展，单个换能器已无法满足这些要求，只有采用换能器阵才能够达到现代声呐的性能要求。“阵”，就是由若干单个换能器按一定规律构成的具有一定形状的阵列（如图 5. 13）。

声呐换能器阵从功能上可分为发射阵和接收阵两类。如果同一个阵兼具接收和发射两种用途，则称作收发两用阵，如水面舰艇的综合声呐阵和超声探头。发射阵（声源）是主动声呐的水下电声转换设备，其使命是按一定要求将电信号转换为水中声信号发射出去，即在水中形成声场分布；接收阵（接收器）是被动声呐的水下声电转换设备，其使命是接收水中的声场信息

图 5.13 大规模阵列示意图

（如声压信息），并转换为电信号。

声呐换能器阵与控制电路相结合，能使发射阵辐射的声能量大部分限制在一个有限的方向角内，或者使接收阵只接收某个特定方向角内的声能量，可以说形成了一个发射或者接收的波束，我们称之为波束形成。波束形成对于阵列水声探测具有重要的意义，对于发射阵，一般要求它把发射的声能集中到某些方向上，而在其他方向尽可能地减少声辐射；对于接收阵，一般要求它尽量排除其他方向信号以及噪声等不需要的干扰，尽可能多地接收指定方向的信号，以增大接收信噪比。波束形成的基本原理将在下面的典型水声探测技术中介绍。

光纤水听器自 1977 年美国海军研究实验室首次提出以来已获得突破性进展，目前美国该技术处于领先地位，部分关键领域已进入装备研制。2001 年 7 月，美国海军与利通公司签订远程供电全光固定分布式系统开发合同，其核心是研制全光纤水听器阵列，该项目于 2003 年 6 月演示成功，目前正逐步替代原有水下警戒系统。2003 年 8 月，美国“弗吉尼亚号”攻击型核潜艇下水，该潜艇舷侧阵首次装备了轻型大孔径光纤水听器阵列，系统由 6 个子阵列构成，基阵的规模达到 2 700 基元。2006 年 12 月，美国海军向切萨皮克科学公司定购了两套 TB－33 潜艇光纤细线拖曳阵系统，至今一直在推进该型声呐的改进与列装工作。

图 5.14 是舰艇中装备的典型形状的水声换能器阵列。

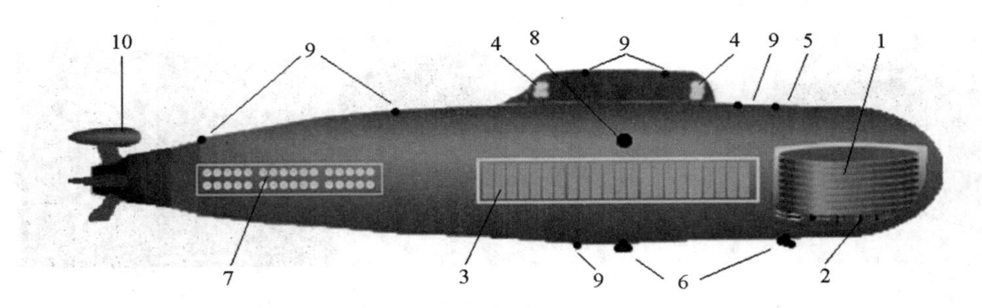

1—艇艏圆柱阵（收、发共用）；2—中频基阵；3—舷侧阵；4—侦察阵；
5—声速梯度仪基阵；6—多普勒测速仪基阵；7—被动测距基阵；
8—鱼雷报警基阵；9—测深（防碰）基阵；10—拖曳线列阵。

图 5.14　典型形状的水声换能器阵列

5.3.3　典型水声探测技术

声呐对水声目标的探测主要是通过水下声阵与水声信号处理结合起来实现的。水声信号处理是指对水听器或水听器阵接收的水中声信号所进行的特定加工和处理，目的在于提取有用的信息，实现声呐相应的特定功能。

概括起来，水声信号的特点是：信号的动态范围大，不同距离、不同海水衰减条件下，声信号的强度相差很大；信号受水声信道的影响大，由于海水的不均匀性、界面的不平整性和声速结构的变化性，水声信号传播过程变得相当复杂，信号容易出现严重的波形失真，其幅度和相位也会因多径效应引起随机起伏；信号受背景噪声和干扰的影响严重，往往还受到平台噪声的干扰。

由这些特征可见，水声信号处理的主要任务是：一、适当调节或压缩信号的动态范围，以利于后续处理；二、尽可能处理与水声信道响应相匹配的滤波（空间、时间），实现信号能量的积累，抑制噪声能量；三、尽可能利用信号的可识别特征，从背景噪声和干扰中提取有用的信号信息，以实现对水声目标的检测、定位、跟踪和识别。

阵列水声信号处理的基础是水声换能器阵的波束形成，典型的水声探测技术包括水声目标方位估计、水声目标距离估计、水声目标速度估计等技术。下面将分别介绍相关的技术。

水声换能器阵的波束形成

从接收阵的角度讲，波束形成最紧要的目的是定向。当远处的目标辐射噪声传播到各基元时，由于声程差的缘故，每个基元的输出信号是不同的。如果对这种差异进行人为的补偿，可使补偿后的信号一样。这就是常规波束形成的基本思想。

常规波束形成如图5.15所示，假定一个等距排列的N基元线列阵，入射信号是远处目标辐射的平面波。以平面上某一点为参考点，设到达第i个基元的信号为$s[t+\tau(\theta_0)]$，这里θ_0是远处目标的方位角。如果将这一路信号延时$\tau(\theta_0)$，那么所有N路信号都会变成$s(t)$。将这个N路信号相加便得到$Ns(t)$，再平方、积分便得到$N^2\sigma_s^2$（这里σ_s^2是目标辐射的信号的功率），而噪声成分经过平方积分变为$N\sigma_n^2$。当波束形成观察方向θ_0等于目标方位θ时，波束形成输出获得了N倍的信噪比提升，而对其他方向信号则有不同程度的抑制，从而形成了接收阵的波束形成。这就是基于时延的波束形成的基本思想。

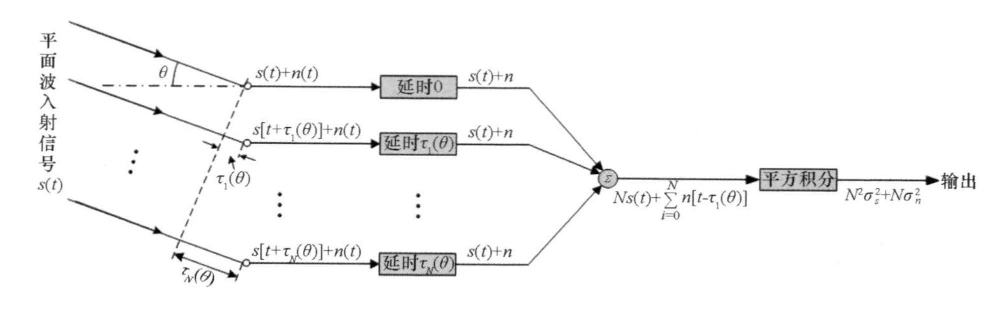

图5.15　波束形成示意图

经过理论推导，可得出等距排列N基元线列阵的归一化指向性函数为：

$$D(\theta) = \left| \frac{\sin\left[N\pi \frac{d}{\lambda} \left(\sin\theta - \sin\theta_0 \right) \right]}{N\sin\left[\pi \frac{d}{\lambda} \left(\sin\theta - \sin\theta_0 \right) \right]} \right|$$

其中 θ_0 为基阵的主瓣方向，N 为基阵的基元数目，d 为基阵的阵元间距，λ 为声信号的波长。其指向性如图 5.15 所示，由图中可以看出，基阵对 θ_0 方向的声信号响应最灵敏，而对其他方向的信号则有不同程度的抑制，从而构成了接收阵的波束形成。

对于其他形状的基阵（如圆柱阵、球阵等），时延波束形成的基本思想同样适用，也可以采用“时延—求和—平方”的策略，只是由于基阵形状不同，导致各基元的延时 $\tau_i(\theta_0)$ 不同。

根据傅里叶变换的性质，在时域上对信号的时延可以转化为对频域信号的相移，时域上的时延波束形成方法可以转化为频域上乘一个相移（加权）系数，而实现频域的波束形成。现代波束形成方法进一步研究了更加灵活的加权策略，产生了性能更好的波束形成方法，如最小方差无失真响应波束形成方法，可以获得尖锐的主瓣和超低的旁瓣。

水声目标方位估计

波束形成本身可以获得水声目标方位的初步估计，但波束主瓣的宽度较宽，波束的数量有限，其主瓣方向可能不会恰好指向目标的方位，所以为了获得准确的目标方位，还需要在波束形成的基础上进行目标方位估计。

现代声呐中，方位估计一般采用两种方法：相位（延时）比较法和幅度比较法。下面分别加以说明。

（1）相位（延时）比较法

其基本原理如图 5.16 所示，设两个距离为 d 的水听器接收来自 φ 方向（与水听器连线的法线夹角）的一个平面波声源，水听器对声源响应的电压分别为 u_1，u_2，则两电压间的相对时延为（假定它们的幅度相等）

$$\tau = \frac{d\sin\alpha}{c}$$

其中 c 为声速。在窄带情况下，时延也可用相位差等效表示：$\Delta\varphi = 2\pi d/\lambda\sin\alpha$，其中 λ 为信号中心频率对应的波长。

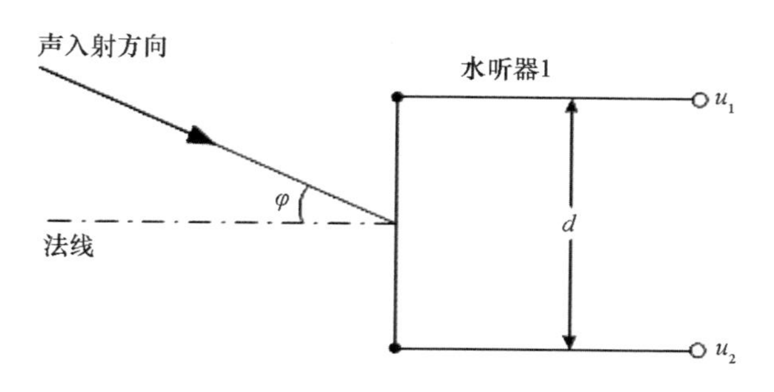

图 5.16　目标相位估计示意图

现代声呐往往形成多个跟踪波束，用以同时跟踪多个目标。每个跟踪波束都有对称的两路输出，通过比较它们之间的延时（在窄带情况下为等效的相移）来确定目标的方向，这类定向处理都归结为延时（相位）参数估计问题。

（2）幅度比较法

当阵的对称性不好，难以用单一结构的跟踪波束实现全向扫描时，或者已有覆盖全向的预成多波束系统时，可以采用幅度比较法确定目标方向。

在一个波束的波束宽度，即在波束主瓣内相对于轴线方向的响应下降3分贝以内的方向范围内，接收的信号可能来自波束范围内不同的方向，故根据该波束的输出确定入射的准确方向是很困难的。但是，若同时存在该波束左、右相邻波束的输出，则根据入射信号在所有3个波束中响应幅度的相对比例，就可以确定声信号的准确方向。这就是幅度比较法的原理。

幅度比较法的实用方法是幅度内插法，具体又可分很多种，这里简单介绍基于波束图模型的方法。波束图的函数表达式一般比较复杂，但在主瓣区间可以用分段直线或余弦曲线来近似表达。当相邻波束重叠较大时，可以据此简化模型，推导出相邻波束响应幅度比例与信号入射方向的计算公式，从而根据实际的波束输出计算出目标方向（一般称之为内插法）。但这只是一种相当近似的方法，且要求各相邻波束的波束形状和轴向响应必须一致。对于复杂的不对称的波束形状，最好采用模式识别的方法，就是先按一定的方向测量精度确定标准参考数据（或称指导模式、训练模式），然后比较实测数据模式（各波束输出的幅度序列）与各方向的参考模式的欧式距离，最后选择具有最小距离的参考模式的方向为信号方向。显然，这种估值法可以采用更现代的模式识别方法，如神经网络方法来实现。

水声目标距离估计

确定目标位置的参数除方向以外，另一个最重要的参数就是距离。主动声呐根据回波延时就能比较容易地得到目标距离，而被动声呐测量目标距离是相当困难的。

（1）主动测距

主动声呐大多数都是用脉冲信号探测目标，但也有用连续发射信号探测目标的。

使用脉冲信号探测目标时，计算从发射起始到目标反射回波到达接收点的时间延迟，再换算成距离就可以了。目标距离计算公式很简单，就是 $r = 0.5c\tau$。其中 c 为声速，τ 为脉冲信号来回传播的延时。显然，除了声速外，影响距离测量精度的因素就是延时的测量精度。

有的声呐，如某些探雷声呐，为了减小混响影响等特殊需求，采用连续发射探测信号（一般为线性调频信号）进行测距。这时对接收到的信号与发射信号做差拍处理，把产生回波的目标的距离转变成差频波的频率，通过对所得差频信号做频率分析求出目标距离。这种分析可以用滤波器组实现，也可应用傅里叶变换直接计算。

（2）被动测距

以被动方式测量目标声源的距离时，在近场条件下可以利用波阵面的弯曲现象，远场条件下需要匹配场等声场信息处理手段。近场条件下，声波从声源发出后，通常以球面波（或柱面波）形式向外扩展。距离越大，波阵面的形状在有限的尺度内越接近于平面。尽管如此，从水平面上看，波阵面仍然是以距离为半径的圆。因此，只要使水听器的间距适当增大，由实际的曲面波阵面造成的各水听器信号的抵达程差就与平面波的情况不一样。于是，只要根据各水听器接收信号的实际的相互延时推算出波阵面的弯曲半径，便可得到目标的距离。被动测距的具体办法如图5.17所示，用具有较大间距的直线排列的3个水听器（或水听器子阵）接收目标声源的信号，分别计算左端水听器（水听器1）相对中间水听器（水听器2）的信号延时τ_{12}，以及中间水听器相对右端水听器（水听器3）的信号延时τ_{23}，再算出两者之差$\tau=\tau_{12}-\tau_{23}$，用以下公式计算目标距离：

$$r=d^2\cos\varphi/c\tau$$

$$\varphi=\arcsin[c(\tau_{12}+\tau_{23})/2d]$$

其中d为水听器间距，φ为声源方位角（相对于阵的法线）。

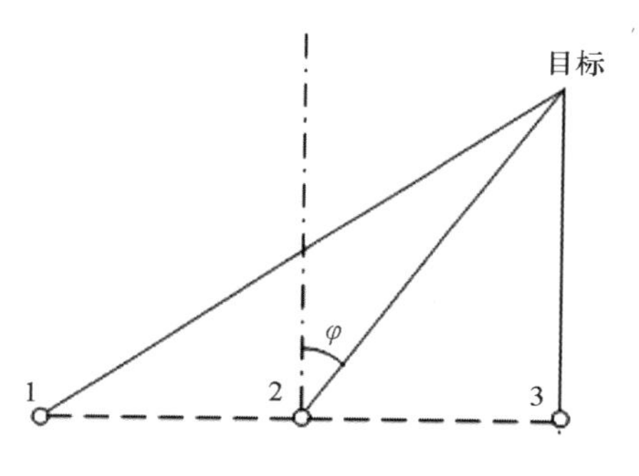

图5.17　被动测距的示意图

显然，被动测距的精度主要取决于d的大小和延时的测量精度。实际上由于声呐装载平台尺度的限制，d的增大是相当有限的，所以测距精度的提高主要在于延时的估计。输入信噪比越高，信号的频带越宽，信号积累的时间越长，就越有利于延时估计精度的提高，所以被动测距声呐一般都采用有较高空间增益的子阵代替单个水听器，尽可能使用宽的信号频带和长的积分时间。

水声目标速度估计

在海军作战中，为了指挥武器的射击，特别是鱼雷和导弹的发射，必须要知道目标的瞬时速度和加速度，以便给出武器射击的提前量。因此目标速度的测定也是声呐的重要任务之一。

一般来说，目标速度是指矢量速度，通常用径向速度和切向速度两个量来描述，利用速度的方向（与船艏线的夹角）和速度的数值大小亦可以描述。

速度测量的基本原理是利用速度引起的信号的某些参数的变化及反映，一般是间接测量。可利用方位变化率、多普勒效应、信号音调的变化等方法测量目标速度。下面将介绍回波脉冲比较法。

回波脉冲比较法测速原理如图 5. 18 所示。接收信号被分为两路，一路不经延迟，另一路经延迟 T，两路相减，延迟时间 T 为两发射脉冲间隔时间。

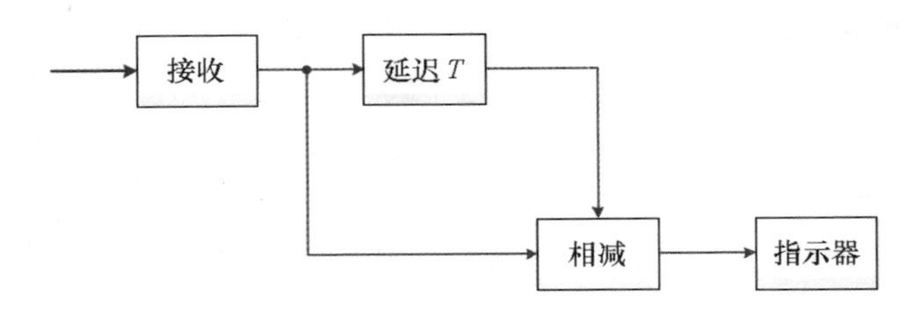

图 5. 18　回波脉冲比较法测速原理

具体的计算方法如图 5. 19 所示，其中，图 5 – 19（a）为发射脉冲。当目标与本舰无相对径向运动时，回波 1 与回波 2 落后发射脉冲的时间 τ_1、τ_2 相等，均为 $\tau = 2R/c$，延迟与不延迟信号相减后输出为零，如图 5 – 19（b）（c）（d）所示。当目标与本舰有径向相对运动时，τ_1 和 τ_2 不相等，延迟 T 与不延迟的信号相减后的输出不为零，如图 5 – 19（e）（f）（g）所示。速度越大，相减后输出脉冲越宽。利用测宽度的方法可以测出目标的径向速度。从原理图可以看出，目标速度不可太高。若最大允许测量的速度为 v_{rmax}，则必须满足 $Tv_{rmax} \leqslant \tau_0 c/2$，否则第二回波脉冲与第一回波延迟后的脉冲宽度无重叠，相减输出脉冲宽度为常数，无法测速。

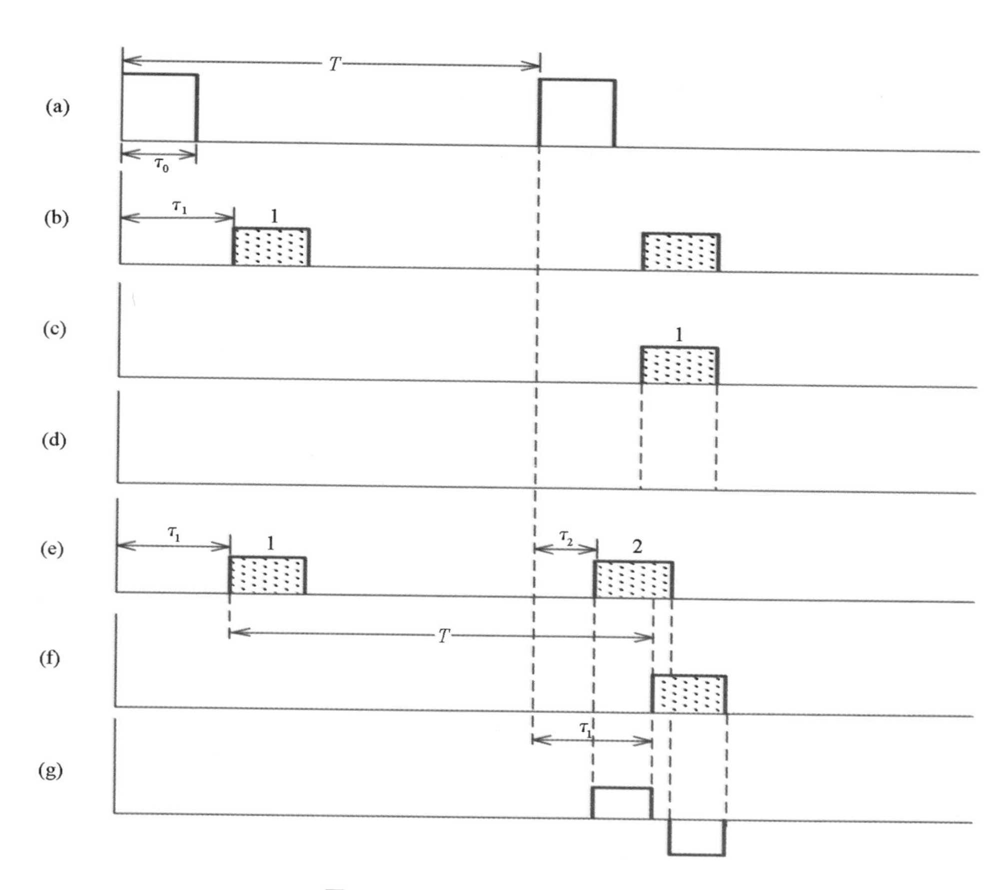

图5.19　回波脉冲比较法测速波形

5.3.4　现代水声信号处理

随着现代海洋声学技术和信号处理技术的发展，涌现出了大量新的水声信号处理技术。这些技术面对复杂的海洋环境，利用水声信道的特点，依托不断进步的信号与信息处理技术以及日益进步的计算机技术，实现了水声目标高分辨定向、三维定位等更复杂的功能，下面简要介绍几种典型的现代水声信号处理技术。

自适应水声信号处理

在水声信号处理过程中，并不精确知道实际的干扰噪声场的特性，而且它总是不断变化的。因此要保持处理结构与其匹配，就要不断地根据实测数据估计噪声场的统计特性，并据此调整处理结构。20 世纪 60 年代以来出现的自适应信号处理方法，可以在缺少先验知识的条件下，根据采样数据迭代计算出最佳的滤波权系数，当迭代次数趋于无穷时，滤波权系数可收敛到最佳滤波器权向量，使得滤波器在变化的噪声环境中达到并保持最佳的工作状态。

自适应信号处理在不同的场合具有不同的应用方式，就声呐信号处理而言，常用处理方式包括自适应波束形成、自适应干扰抵消、自适应谱线增强等。限于篇幅，这里简要介绍典型的自适应波束形成技术。

典型的自适应波束形成器如图 5.20 所示。图中，1、2、…、N 代表 N 路水听器的输入。与常规波束形成器类似，自适应波束形成器的输入也是接收阵的 N 路水听器信号，每路信号都是由 k 个时间采样构成的序列。但常规波束形成器只对每路信号做延时相移处理，而这里却要通过线性组合器权系数的调整不断改变每路信号滤波的传输函数，从而能按某种准则最佳地调节波束形成器的输出。

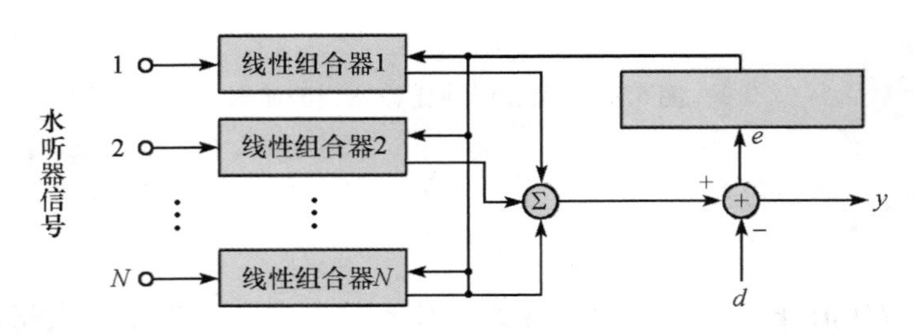

图 5.20　自适应波束形成原理图

如果将 d 取为常规波束形成器的输出，则可将 e 作为输出使用，这样调整将使常规波束输出中的噪声被抵消。但是，自适应线性组合器的输出也会含有信号成分，因而会使信号对消，这当然是不理想的。所以必须对权系数施加约束，使自适应线性组合器的输出中尽可能不含信号成分。这种约束通常称为信号成零约束或信号禁止约束。最小方差无失真响应的自适应波束形成器便是这种约束处理的典型代表，其结构如图5.21所示。图中常规波束形成模块输出观察方向的信号，信号置零矩阵模块主要负责将输入中的观察方向信号置零，只留下其他方向信号以及噪声信号，这样输出信号 e 就实现了观察方向信号无畸变而其他方向信号以及噪声被抵消的结果，从而实现了自适应的波束形成。

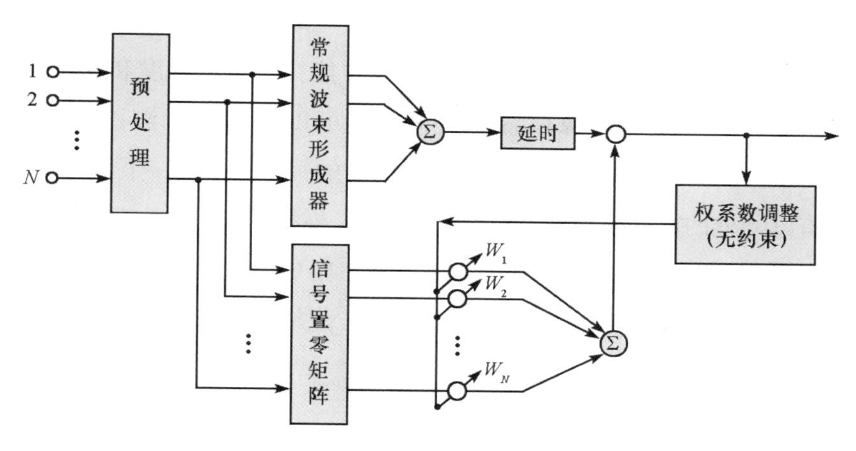

图5.21　最小方差无失真响应的自适应波束形成器

匹配场处理

海洋与陆地不同，不可能建设很多基站，所以雷达的很多定位方法在水下无法应用或者效果不好，而匹配场定位技术，则是将信号处理与适应海洋环境相结合的一种三维定位技术。

声源、海洋信道与水听器阵是水声研究中的3个基本要素。已知其中两者就可以推断第三者，这是水声匹配场处理的基本依据。传统的水声信号处理将水声信道视为均匀介质，未考虑海水介质的非均匀性引起的折射与绕射效应以及海洋边界引起的反射与散射，因而传统的水声信号处理无法与具有多途、频散的水声信道相匹配，处理增益必然降低，也无法进行远程被动定位。匹配场处理将声传播理论与信号处理技术有机地结合起来，充分利用水声场在时域与空域（或频域与空域）上的复杂性，不但可以提高处理增益，而且还可实现远程被动定位。

匹配场处理由巴克尔和黑利希引入，费泽尔和巴格罗尔等人又做了进一步讨论，它是把常规低维平面波波束形成器推广到三维复杂声场传播的一种处理方法。广义的匹配场波束形成器是将在阵处测得的声场与对所有声源位置预计的拷贝场相匹配。这些拷贝场是通过一些水声传播模型（如射线模型、简正波模型、抛物方程模型等）计算得到的。声场空间结构的唯一性与阵的几何形状和海洋环境的复杂性有关，使得有可能在距离、深度和方位上进行定位。声场的干涉图与声源位置有关，因而可以对这种干涉图进行匹配。图 5.22示范了这一过程：有次序地在搜索网格的每一点上放一个试探点声源，计算所有阵元处的声场（拷贝场），然后使这一模拟场与来自实际点源（位置未知）的数据相关。当试探点源与实际点源在同一位置时，相关值应该达到最大。巴格罗尔和库珀曼以及托尔斯泰都对匹配场处理算法进行了评述，并且给出了大量参考文献。

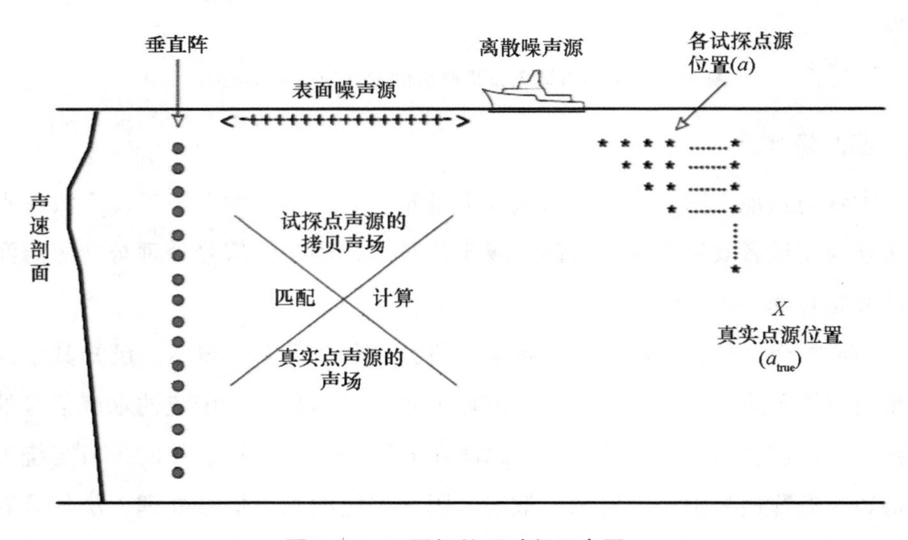

图 5.22　匹配场处理过程示意图

匹配场方法的具体原理是：在特定海洋环境条件下，利用现有的水声传播模型，计算声源在某个特定位置 a 处辐射的声场到达水听器阵的声场，用矢量 $\boldsymbol{W}$ 来表示（$\boldsymbol{W}$ 的各个元素表示水听器阵各基元的声场解），它代表了声源位置在 a 处的拷贝场。将水听器阵接收到的来自实际声源位置的数据 $K(a_{\text{true}})$ 与拷贝场的数据进行匹配，不仅能够寻找声源相对阵的方向，而且能够搜索声源的实际位置。在空间中每一点 a 匹配场处理器的输出用 $B_{\text{Bart}}(a)$ 表示（这指明推广到了平面波波束形成以外），该输出为 $B_{\text{Bart}}(a)=w^{\dagger}(a)K(a_{\text{true}})w(a)$，该波束形成器的输出 $B_{\text{Bart}}(a)$ 在 a_{true} 处有峰值。$B_{\text{Bart}}(a)$ 也称为匹配场处理器的模糊度函数（或模糊面，如图 5.23 所示），因为它也含有模糊峰，这些峰与常规平面波波束形成器的旁瓣类似。通常使用非线性波束形成器，如最小方差（MV）波束形成器 $B_{MV}(a)=[w^{\dagger}(a)K^{-1}(a_{\text{true}})w(a)]^{-1}$ 就能达到旁瓣抑制。波束形成器首先是对平面波波束形成器推出的，但现在的 a 指的是角坐标或空间坐标（也可以是任何其他被估计问题的未知参数，如海底类型）。这种波束形成器与巴特利特波束形成器一样，也在实际声源位置上产生峰值输出。

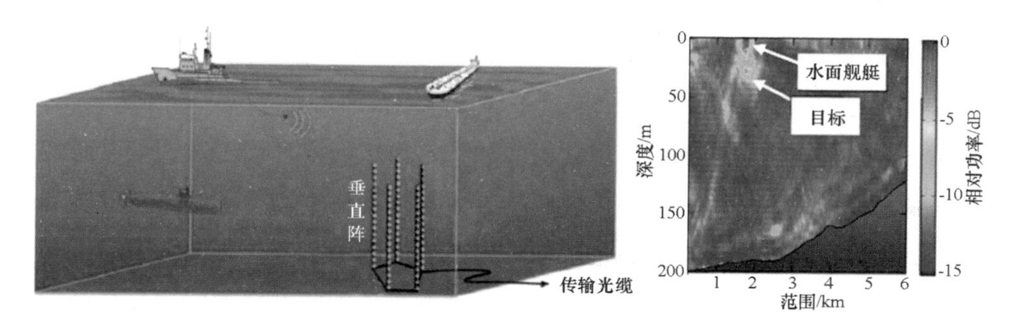

图 5.23　匹配场定位原理示意图

由于海洋环境广阔而且复杂，很难获得足够精确的海洋环境参数，拷贝场的计算总会出现一定的误差，而最小方差波束形成器在具备高分辨能力的同时，对于误差也非常敏感，海洋环境参数的不精确性会严重影响最小方差波束形成器匹配场计算的性能。这种情况下，人们针对匹配场开展了大量耐不确定性方面的研究。其中，多重约束匹配波束形成器在旁瓣抑制方面与最小方差波束形成器相似，而它的主瓣宽度与巴特利特波束形成器的主瓣宽度差不多，具有良好的耐环境不确定性。

匹配场定位技术不仅能给出目标距离和方向的二维信息，而且还可以给出深度信息，也就是可以分辨出目标是水面还是水下，这对于水下作战应用非常重要。例如，敌方潜艇潜入我方海域时，通常会派水面舰艇在潜艇上方同时同向驶出进行掩护，传统的二维水平定向技术无法区分它们。从图 5.23 右图可以看出，采用匹配场技术实现对目标的三维精确定位，可以有效区分出水面舰艇与潜艇，进而对两者同时实施精确打击。

信息与战术数据库技术

信息数据库主要储存海洋环境、敌我舰艇目标特征等资料；战术数据库储存战术决策规则等资料。

声呐等水下装备的最大特点是其使用性能容易受海洋水文环境参数的影响，同样的声呐装备在不同的海洋环境条件下，其性能会有数量级的差距，因此只有结合海洋环境参数才能发挥声呐系统最优性能。信息与战术数据库技术不仅可以提升声呐探测性能，而且可以为作战决策和训练提供支撑。

美国之所以能够成为海洋强国，不仅是因为其拥有先进的水声探测装备，更重要的是拥有全球的海洋环境数据库和特定海域海洋环境参数，可以对特定海域海洋环境参数进行预报。近些年来，美国的侦察船“无暇号”“胜利号”常态化地在我国东南沿海抵近侦察，一方面是为了获取我国潜艇与水面舰艇的声信息，另一方面就是在我国东南沿海收集不同海域不同气候条件下海洋水文数据，也就是为了建立我国海域的信息与战术数据库（如图 5.24）。

21 世纪，全球重要海上战略通道成为世界各海洋大国战略博弈和利益争夺的焦点。美国拥有庞大的海外基地群，这些密集的海外军事基地与游弋在各海域的航母战斗群一起成为美国全球战略的重要依托。

信息融合与深度学习技术

现代潜艇往往配置多台声呐，因此目标检测的信息来源是多种多样的。

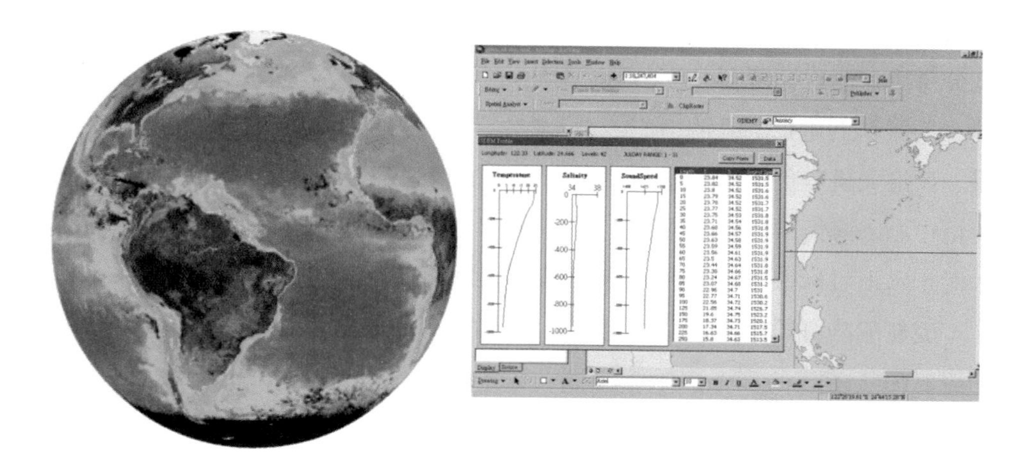

图 5.24　美国全球水文数据库

为了最大限度地利用不同传感器基阵、不同声呐信号处理的结果，得出对目标的各种判断信息，必须对所接收的数据进行综合分析处理。这种综合的工作有一部分是可以由声呐员或指挥员完成的，但更多地必须依赖于信号处理系统。这种分析处理就是信息融合。

随着海陆空一体化作战思想的推进，当前水下对目标的探测也不仅仅是单一舰艇的工作，所有信息的获取都是立体的，也不再是单一水下信息。从图 5.25 中可以看到，除了水下潜艇以外，水下的潜标、水面浮标、陆地雷达、岛上雷达，以及卫星遥感、水面舰艇和浮标等都可以获得信息。这些信

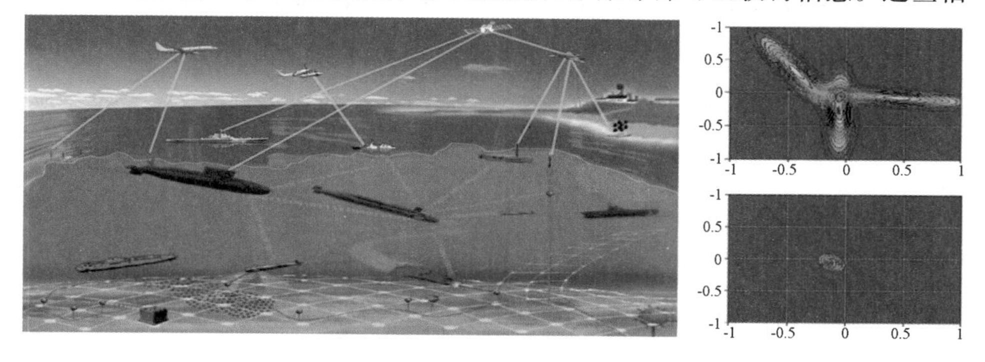

图 5.25　立体全方位数据监测系统示意图

息通过卫星或直接通过电磁波传到海情信息中心进行信息融合，就可以高精度分辨出探测目标所在方位，同时对它进行识别。

美国本土建立了海情中心，“无暇号”“胜利号”海洋考察船及其他卫星、反潜飞机等负责信息搜集，所有获取的信息都会通过卫星及时地传输到海情中心。海情中心有数百或上千人进行大量的数据分析。因此信息融合技术对于水下目标探测、精确识别与定位、目标的精准打击是至关重要的。

舰艇编队协同探测就是信息融合技术的一个典型应用（如图 5.26）。利用舰艇编队搭载的多个声呐、浮标、雷达等探测装备，采用信息融合技术，形成多频段、多方位、多维度的水下目标协同探测体系。通过编队协同探测可以抑制声呐盲区影响，增强目标探测与跟踪稳定性，提高探测系统生存能力。

图 5.26　舰艇编队协同探测示意图

此外，将人工智能引入水声目标识别可以实现智能化目标探测。深度学习是机器学习领域的一个新研究方向，是通过学习样本数据的内在规律和表示层次，让机器像人一样具有学习分析能力，能够识别图像、声音等数据（如图 5.27）。当前，深度学习在图像识别领域已经超越了人眼的识别率，而在水声目标识别领域的应用才刚刚起步。相对于传统的机器学习，基于深度学习的水声目标识别可以实时处理大量水声数据，实现对微弱目标和稀有目标的识别，充分挖掘信号抽象特征实现自动识别，融合不同来源与形态数据进行识别。未来有望通过发展机器声呐兵替代人工值守。

图5.27　基于深度学习的水声目标识别

海洋环境效应技术

水声预警探测的应用都离不开特定的应用环境，其使用性能与环境因素密不可分。了解环境，进而利用环境、扬长避短，提高这些系统的性能、可靠性，充分发挥其作战效能，已成为科研工作者与使用人员共同关心的问题。

水声预警探测所涉及的“海战场环境”特指在研制和使用过程中决定或影响其整体技术、战术性能的自然条件和诱发条件，特别是相对背景环境有明显变化的自然条件和诱发条件，包括“平台环境”和“海洋环境”两种因素。

平台环境主要指水声探测装备的载体安装条件和使用条件，包括平台（如舰船、军用无人潜航器、水中兵器、反潜飞机、水声对抗器材等）诱发的决定装备的安装条件以及使用过程中平台自身所激发的决定装备整体技术性能的物理场（如振动、噪声场和电磁场等）环境，其主要影响装备的功能和性能、作战效能、适应性和可靠性，属于海战场环境的内在因素。

作为声呐装备的载体，平台减振降噪效果是声呐装备声学性能设计和评价中的重要因素，降低基阵采集信号的背景干扰与通过先进信号处理技术来增强基阵的增益一样，对提高装备的远程目标感知能力均具有重要的意义。任何平台被动声呐探测性能的重大改进，都应建立在减振降噪取得进展的基础上，对潜用被动声呐来说尤为突出。美国、俄罗斯及西欧等军事强国十分重视改善潜艇的减振降噪性能。目前，一艘比较安静的常规潜艇，其辐射噪声总功率还不足0.1兆瓦（宽带总声压级130分贝，以微帕为参考级），也就是说，潜艇辐射噪声只比深海四级海况的海洋噪声高30分贝。而先进的安静型潜艇在低速航行时自噪声更低，大约只相当于三级海况的海洋噪声，致使对潜艇的检测距离由数百千米增加到几千米。减振降噪技术不仅增强了潜艇的隐身能力和生存能力，而且也为提高装备的水中目标远程感知能力创造了尽可能“安静”的背景环境。若潜艇自噪声过高，而目标潜艇辐射噪声很低，要检测目标潜艇是非常困难的。

海洋环境是指影响水声预警探测装备整体技术、战术性能的海洋气象、海洋水文、海洋地质和地球物理、海洋物理、海洋化学、海洋生物等方面的自然条件，其主要影响装备的功能和性能、作战效能、隐蔽性、适应性、可靠性和使用寿命，属海战场环境的外在因素。

作为战场空间的海战场环境，与敌我双方的活动、对抗、装备的适应性以及作战保障、后勤保障等均具有十分紧密的关系。从某种意义上来说，海战场环境对装备的影响实际是制约水下战斗中实现先敌发现、先敌判断、先敌行动、先敌制胜的瓶颈。

海洋环境下的水声信道是一个极其复杂的时/空/频变随机传输信道。通常，我们把声波在海洋环境声波导条件下所呈现的普遍和异常变化特征称之为“水声环境效应”。海洋声环境是比大气更具地域性、更多变并且参数变化值更大的复杂环境。海洋中的声速剖面、海底地形、地质、内波、锋面、中尺度涡旋等对声传播都会造成强烈影响（如图5.28）。例如，浅海环境比深海更为复杂，声呐系统在软泥底、强负梯度浅海环境的作用距离会比同样水深良好水文条件下的作用距离缩短至1/20。从发表的有关传播损失异常观测资料可以估计，内波导致的传播损失异常可达25分贝，锋面可达30分贝，中尺度涡旋可达25分贝。其实，如此之大的异常也只是对大洋的统计平均而言，剧烈的现象会出现非常大的异常，如在强内波条件下观测到声波起伏在35~40分贝，英国在地中海中马耳他锋面的观测结果达65分贝。

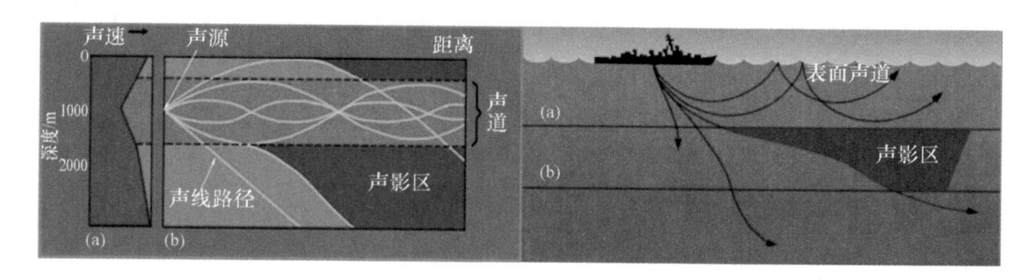

图 5.28 深海声道传播结构示意图

注：深海声道中声能集中，可实现声波远距离传播，同时在声道轴上方和下方形成声影区。

可想而知，各种水声装备在良好水文条件下具有的技术、战术性能，在复杂海洋环境中均将产生或强或弱的不稳定变化，甚至导致声呐系统出现盲区或弱视区，严重影响声呐的远程探测，人们也认识到了利用海洋水声环境效应来提高战术隐蔽性的重要性。

综上，平台环境和海洋环境与海上军事斗争、海军武器装备体系中装备的关系非常密切。对用于不同目的或者即使是同一目的的装备来说，其使用条件和活动方位不同，决定了其所涉及的环境因素有时是平台环境和海洋环境的综合，有时可能主要是海洋环境。声呐装备与海战场环境的有机结合，已成为新的水声技术和装备发展、新的作战方法发展的必然趋势。

5.4 水声对抗技术

5.4.1 水声软对抗技术

水声软对抗是指利用诱骗、干扰、压制器材使来袭鱼雷迷失方向或者航程耗尽。目前，水声对抗领域装备最多、应用最广泛的对抗器材是软对抗器材，其发展历史较长，技术较完善，对抗效果也较好。

水声软对抗技术主要包括了声诱饵、噪声干扰器、气幕弹等。从20世纪40年代至90年代，各国研制的声诱饵、噪声干扰器、潜艇模拟器、气幕弹等水声对抗软杀伤设备已有上百种。这些器材在以防鱼雷为主的水声对抗中发挥了极大作用，尤其是在防御尾流自导鱼雷和智能鱼雷等方面。

现将各国比较典型的软杀伤武器装备列表如表 5 - 1 所示：

表 5.1　国外典型的软杀伤武器装备

国别	声诱饵	噪声干扰器	气幕弹
美国	拖曳式：AN/SLQ - 25 及其改进型；AN/SLQ - 36 型 悬浮式：ADC MK 5 - 6 型；AN/SLQ - 14 型；AN/ULQ - 6 型 自航式：BLQ - 9 型；MK 57 型等	60 年代：AN/BLQ - 3 低频干扰器；AN/BLQ - 4 高频干扰器 70—80 年代：ADCMK 1 ~ 6 型干扰器	自航式气幕弹
英国	CI - 738 拖曳式诱饵；ATAAC 型悬浮式声诱饵；DMT 深水自航靶雷等	“赤刀鱼” 干扰器；低频水下噪声干扰器	
法国	火箭助飞式声诱饵；CI - 5 潜艇目标	SLAT 系统中的烟火 - 水声干扰器；有可控多普勒频移假回波的水声干扰器	SLAT 系统中的气幕弹（由 “萨盖” 火箭发射系统发射）
俄罗斯	SSTD 鱼雷防御系统中，由 UDAV - 1 发射的声诱饵	SSTD 鱼雷防御系统可发射噪声干扰器	潜艇必备的气幕弹；舰艇 UADU - 1M 防鱼雷系统可投放的气幕弹
意大利	C 310 管式发射声诱饵	C 303A 干扰器	
其他	以色列的 ATC - 1 和 ATC - 2 拖曳式声诱饵	德国 TCM 2000 鱼雷对抗系统可发射干扰器	德国专利申请号 P4648149.9 提出的气泡效应装置

声诱饵

（1）功能和分类

声诱饵又称水下目标模拟器，它通过发射模拟目标的回波或辐射噪声，诱骗对方声呐和来袭鱼雷，使其进行错误跟踪或攻击，从而掩护舰（潜）艇成功规避。

声诱饵的基本功能有：模拟舰（潜）艇噪声特性和声反射特性；与舰（潜）艇的环境条件和使用条件相适应；与舰（潜）艇上的相关设备接口相匹配；具有所要求的多种声学工作方式，并能按要求设定。

声诱饵最基本的功能就是对目标的噪声特性进行模拟，连续发射出与舰艇辐射噪声相似的宽带噪声，对低频段应有一定的倍频衰减量、螺旋桨节拍调制量及线谱模拟，如实现目标信号形式、频率范围、回波、目标强度、回波展宽、延时、多普勒频移、亮点结构等模拟。另外声诱饵在发射模拟噪声的同时，还能够应答较远距离的鱼雷寻的信号，能够检测出鱼雷或者声呐的探测信号，然后进行应答。声诱饵模拟目标的特性越逼真、功能越完善，水声对抗的效果就会越好。

声诱饵按运动特性可分为自航式声诱饵、悬浮式声诱饵、拖曳式声诱饵等（如图5.29）。按工作方式可分为：主动式声诱饵、被动式声诱饵。

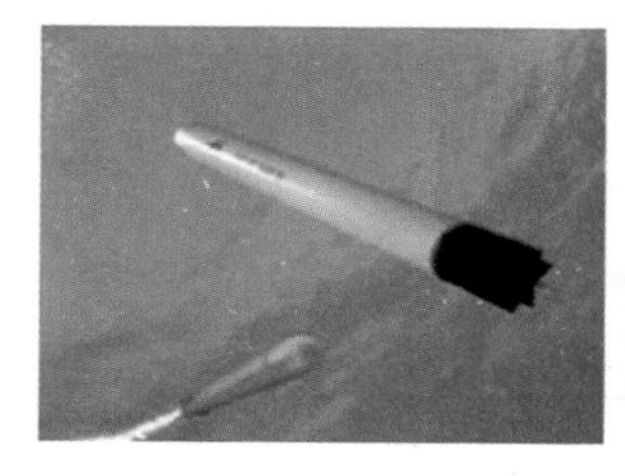
(a) 自航式声诱饵

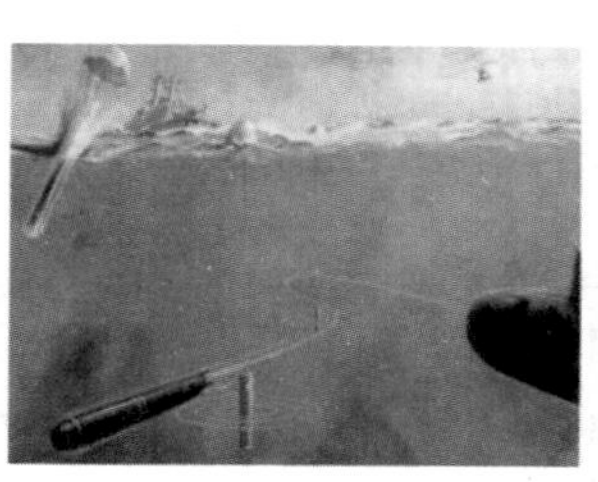
(b) 悬浮式声诱饵

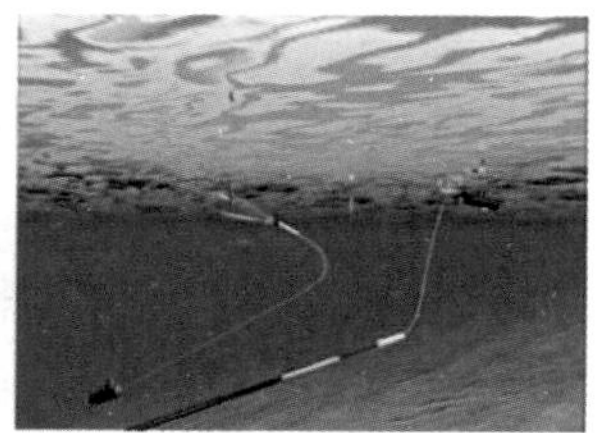
(c) 拖曳式声诱饵

图5.29　声诱饵实物图

自航式声诱饵主要装备于潜艇，是欺骗性声干扰器材，安装有被动信号和主动信号模拟器，由于其自身的运动，且能够逼真地模拟潜艇的声学特性，因此对鱼雷具有很大的欺骗性。

悬浮式声诱饵既可装备水面舰艇，也可装备潜艇。悬浮式声诱饵类似于声呐浮标，发声部分可产生宽带声干扰信号、运动目标的噪声信号，还可模拟运动目标的回波，浮体部分具有浮力控制装置，可以设定工作深度。使用时一般抛射于舰艇和来袭鱼雷之间，让其吸引鱼雷，同时舰艇机动规避。

拖曳式声诱饵通常装备于水面舰艇，可以布放、回收和多次使用。拖曳式声诱饵引诱欺骗鱼雷，使其把拖体当作真目标，从而保护舰艇免受鱼雷攻击。此外，拖曳式声诱饵还能够对鱼雷的自导系统进行干扰，降低其作用距离，延滞其对本舰的发现、跟踪。

（2）结构和组成

以拖曳式声诱饵（图 5.30）为例，拖曳式声诱饵安装在水面舰艇后甲板以上。视舰艇类型和安装空间要求，亦可安装在后甲板以下。舰艇进入作战水域后的航行过程中，由显控台控制收放装置，将拖体及拖缆放入水中。根据舰艇航行速度和拖体内深度传感器反馈的拖体深度值，控制拖曳长度使拖体稳定拖曳在要求深度。舰艇速度发生变化，则拖缆长度也应随之变化。除水声换能器和发射机外，其声学目标模拟器的电子装置通常与显控台设计在一起，因此，它的声学工作方式可随时根据指令变化，且能源靠母舰供给，持续工作时间可以很长，一般可以连续工作 8 小时以上。本次战术任务完成后，显控台控制收放装置将拖缆回收并盘绕在绞车上，直至拖体离开水面，并将拖体回放在绞车附近的专用存放架上。拖曳式声诱饵是多次重复使用的、

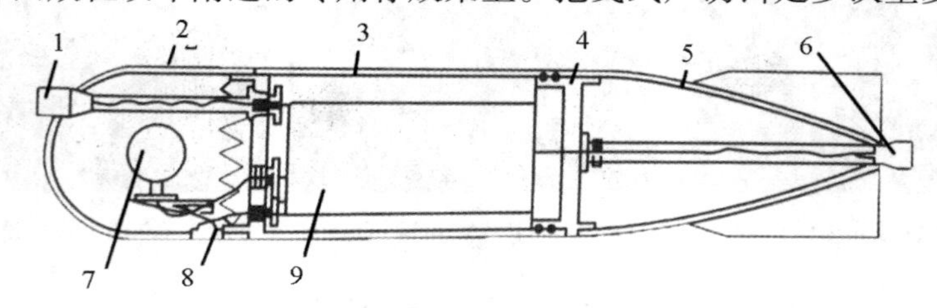

1—水密插座；2—艏部；3—舯部；4—舱盖；5—艉部；6—水密插座；

7—发射换能器；8—深度传感器；9—发射机。

图 5.30　拖曳式声诱饵拖体内部布置示意图

长期置于舰艇后甲板上的装备，在适应环境要求方面，除抗冲击载荷不如自航式和悬浮式声诱饵外，其他方面则要严格得多。

（3）声诱饵装置实例

以美国的AN/SLQ－25型拖曳式声诱饵（AN/SLQ－25 Nixie）为例。称作“水精”（Nixie）的AN/SLQ－25由频率工程实验室的母公司——美国通用航空喷气发动机公司研制于20世纪70年代中期，首批生产合同于1975年获得，主要装备于水面舰艇。其主要装置为装于舰艉的2个轴电缆缆线盘，其后各拖带一个拖体，每个拖体可经由系统控制单元控制，并通过拖带的同轴电缆的信号传输，据此控制拖体产生声信号。整个系统包括以下几个部分：

1）可监控拖曳作业的遥控装置。

2）可产生并放大至足以干扰鱼雷声信号的发射装置。

3）可将电信号转换成声信号的换能器以及收放拖缆、拖体用的双鼓形绞车。

4）同轴信号交换器，可接收来自发射装置的鱼雷干扰频率，并转传绞机或送至假负载供测试用。

5）假负载，利用它可在静态状况下对发射装置进行测试。

6）2条各长488米且尾部类似鱼雷造型的信号电缆。

该声诱饵已生产多年，应用十分普遍，安装在美国大部分巡洋舰、驱逐舰和护卫舰上，也用于其他国家，如澳大利亚、意大利、日本、韩国、葡萄牙和西班牙等国。

噪声干扰器

（1）功能和分类

噪声干扰器是当舰艇受到敌方声呐探测、跟踪或声自导鱼雷、线导鱼雷攻击时，通过发射强功率宽带噪声，对敌声呐或鱼雷进行干扰，降低其作用距离和探测、跟踪性能，提高舰艇生存能力的一种压制、欺骗性水声对抗器材。

噪声干扰器按照工作频段可分为高频噪声干扰器和低频噪声干扰器，其中，高频噪声干扰器主要用来对抗声自导鱼雷，低频噪声干扰器主要用来对抗敌舰艇声呐或线导鱼雷。

噪声干扰器的干扰效果取决于干扰噪声级、噪声频率范围、持续工作时间及干扰方式等战术、技术指标。

噪声干扰器按照干扰方式可分为瞄准式干扰、阻塞式干扰、扫频式干扰、综合式干扰以及自适应干扰等。干扰方式的选择应结合战术、技术指标综合考虑后确定。一般在不知道敌方声呐或来袭鱼雷的工作频率时，常使用宽带大功率阻塞式干扰，这种干扰的主要优点是实现干扰的速度快，可同时工作在干扰频率范围内的各种主/被动声呐和线导/声自导鱼雷；但缺点是干扰功率的利用率相对较低，在其干扰功率允许的情况下，可使用此种干扰方式。总的说来，各种干扰方式均能取得一定的干扰效果，都有其优缺点，目前噪声干扰器正朝自适应干扰方向发展。

（2）结构和组成

噪声干扰器主要由浮力调整器、海水电池、电子设备、记录器和励磁机、换能器、蓄电池等构成（如图 5. 31）。

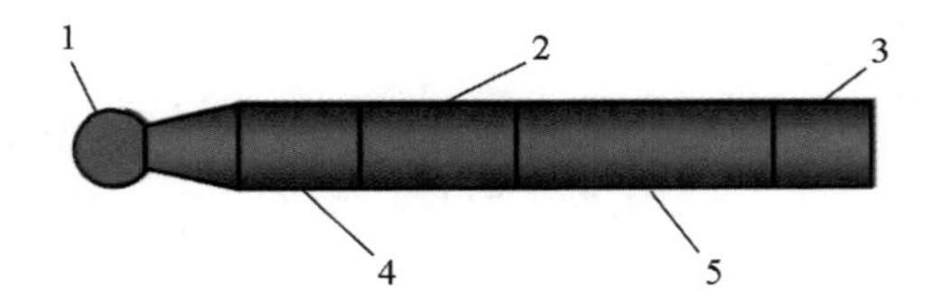

1—换能器；2—电子设备；3—浮力调整器；
4—记录器和励磁机；5—海水电池。

图 5. 31　噪声干扰器结构图

1）浮力调整器的主要作用：一是保持干扰器在水中基本成竖直状态；二是使干扰器保持在预定的深度上。它由化学药物和一个压力推动的阀组构成，海水与化学药物接触时产生气体，当产生的气体与排出的气体相等时，干扰器就保持在原定的深度上；化学药物用完后，此装置自动沉入海底。

2）海水电池的作用是给整个装置提供能源，保证装置持续工作。

3）电子设备的作用是产生并放大干扰噪声信号。

4）记录器和励磁机的作用是把接收到的主动声信号放大后，记录在转磁鼓上，放大后连续或断续地回放，使主动声呐或声自导鱼雷收到多次的回波干扰，难以分辨目标；当没有收到主动信号时，干扰器仍发宽带或调频噪声。

5）蓄电池的作用是提供工作时所需的电源。

6）换能器的作用是接收水声信号和辐射干扰噪声信号。

（3）噪声干扰器装置实例

以美国的ADCMK 7、ADCMK 8机械式噪声干扰器为例，二者均属海军最新一代舰用水声对抗器材，研制于20世纪80年代，主要装备于水面舰艇，其工作原理示意如图5.32所示。

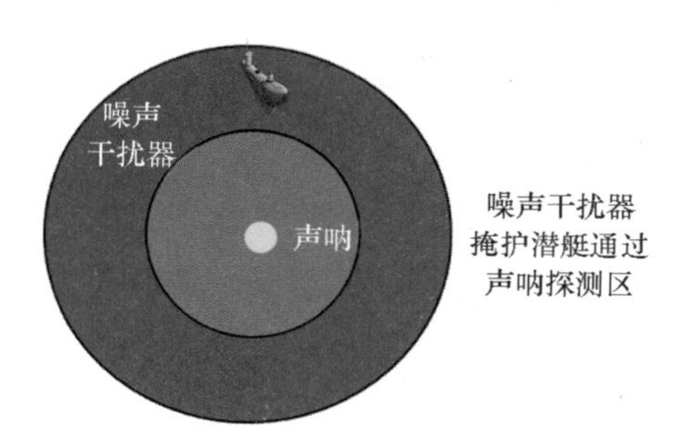

图5.32　噪声干扰器工作原理示意图

该干扰器直径约为130毫米，重量分别为14.9千克和13.8千克，用于声呐、声自导鱼雷的探测和跟踪，降低其作用距离。这两种噪声干扰器是彼此配套的产品，两者在原理上相近，具有以下特点：

1）均是依靠马达驱动的机械式噪声发生器。

2）从火箭发射装置发射。

3）工作状态均为悬浮式。

气幕弹

（1）功能和对抗原理

气幕弹是较早发展起来的一种无源水声对抗器材，也称气体发生器，它内装化学物质，和海水接触会迅速起化学反应产生大量大小不同的气泡。由于气泡体积不同，上浮的速度不同，在水中逗留的时间也不一样。体积大的上升快，在水中逗留的时间短；而体积小的则上升慢，在水中逗留时间比较长。这样只要控制了气泡的体积，就能在水中形成大片的气幕，如图 5.33 所示。一般来说，气幕能起到两种干扰作用：一是气幕层能反射鱼雷的主动声自导信号，形成假目标，起到欺骗和迷惑作用；二是气幕层能屏蔽目标的辐射噪声，同时又可衰减主动寻的声波的能量，使主/被动声自导鱼雷和探测声呐的作用距离缩短。

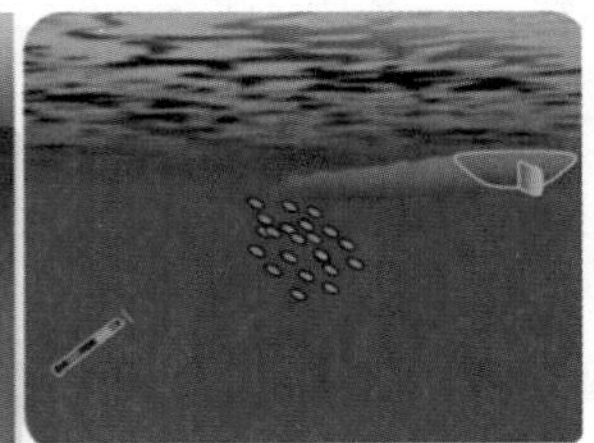

图 5.33 气幕弹示意图

气幕弹的对抗方式主要包括声诱骗与声屏蔽。

1）气幕的声诱骗作用

由于气幕具有一定的目标强度，对以主动工作方式工作的声呐或鱼雷声制导装置来说，是一目标反射体，有诱骗作用。但是，只有当气幕的目标强度较大（至少在 6 分贝以上）时，才有可能在较远的距离被主动声呐检测到，起到诱骗作用。

海上实际测量表明，虽然从 5 ~ 30 千赫不同频率上气幕的反射不同，但平均来说，气幕的声压反射系数约为 10%，声强的反射系数为 0.01。粗略估计，约需 400 平方米的气幕才能形成 6 分贝的目标强度，约需 1 000 平方米的气幕才能形成相当于潜艇首尾的目标强度。实际上，气幕产生的回波和潜艇产生的回波在声音上有较大的差别，几个回波后，声呐员就可判断出不是潜艇的回波。虽然诱骗时间短，但毕竟可使声呐从跟踪潜艇的状态转变到跟踪气幕上，再到重新搜索、发现和跟踪潜艇，这就给潜艇规避创造了有利时机。

2）气幕的声屏蔽作用

由于气幕有较大的插入损失，可对透射声波造成较大的衰减，因此，对被动声呐探测潜艇的辐射噪声以及主动声呐探测潜艇的声信号和回波信号都有衰减作用。

当气幕位于潜艇和鱼雷之间时，气幕对潜艇噪声（也包括潜艇的回波）的屏蔽效果和鱼雷到气幕的距离 R、气幕的有效宽度 D、潜艇到气幕的距离 L 有关。由于声波的绕射效应，R 越小，L 越小，D 越大，屏蔽效果越好。

由于声波衍射效应，气幕后的有效声屏蔽区域和几何屏蔽区域相差较大，气幕后的声屏蔽区域近似为三角形，即气幕后方中垂线上声屏蔽效果最好，偏离中垂线角度越大，声屏蔽效果越差。

（2）结构和组成

气幕弹呈圆柱形，由弹簧、铝外壳、药柱（化学药块）、附属零部件组成。铝外壳的作用是保护药柱；弹簧的作用是利用自身弹力把气幕弹散射开来；化学药块一般由氢化钙、脂肪酸钠制泡剂、硅和硅铁或氢化钾等按一定比例配置后压制成圆柱形；附属零部件的作用是固定、保护药块，调节药块在水中的下沉速度，控制药块和海水的接触面积，控制反应速度以改变气泡浓度，使气幕具有足够的声散射能力和持续时间。

气幕弹的基本结构如图 5.34 所示，它由外壳、水压弹簧开关、发气药柱

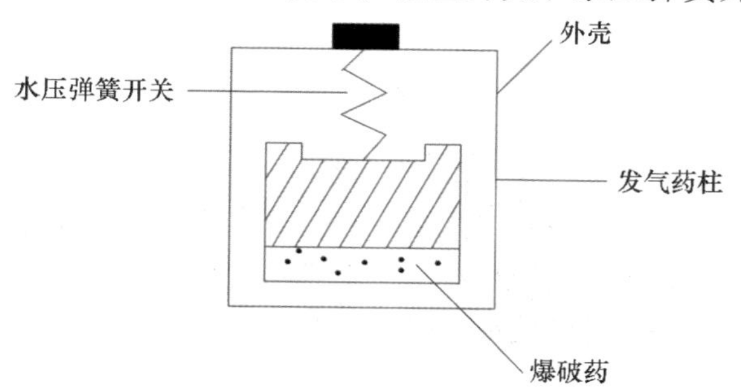

图 5.34　气幕弹的基本结构图

和爆破药组成。当气幕弹入水下沉到一定深度时，水压弹簧开关激活爆破药点火电路，在爆破药作用下，发气药柱散开成众多分散的药粒，它们在海水作用下形成大量气泡。

5.4.2 水声硬对抗技术

随着鱼雷技术的发展和性能的不断提高，其已成为舰艇面临的主要威胁之一，反鱼雷也随之成为现代海战中的一项重要任务。鱼雷技术和反鱼雷技术是相互依存、相互促进的，鱼雷技术的发展，给舰艇造成的威胁不断加大，反过来也倒逼了反鱼雷技术的不断进步。传统的软对抗手段在高智能化、高航速、大杀伤力的鱼雷面前，越来越难以满足要求。因此，世界发达国家在提高远距离探测鱼雷能力的同时，研发了一系列对抗鱼雷的硬杀伤武器，例如反鱼雷鱼雷、反鱼雷水雷、反鱼雷深水炸弹、防雷鱼网、引爆式声诱饵等。硬对抗器材在软对抗的基础上能够摧毁或者致盲鱼雷，可以避免鱼雷的二次搜索和攻击，从根本上消除舰艇面临的威胁。本节主要对反鱼雷鱼雷、反鱼雷深水炸弹、防鱼雷网、反鱼雷水雷等几种典型的水声硬对抗器材进行介绍。

反鱼雷鱼雷

反鱼雷鱼雷，是一种较理想的硬杀伤武器。反鱼雷系统捕获来袭鱼雷信号后直接把反鱼雷鱼雷导向来袭鱼雷，在两雷最靠近时刻引爆炸药，毁坏或击伤来袭鱼雷，使其失去攻击力（如图 5. 35）。

图 5. 35 反鱼雷鱼雷实物图

反鱼雷鱼雷是导弹反导概念在水下作战空间中的自然延伸，但由于水下探测的困难和鱼雷速度的限制，相对来说水下拦截鱼雷的难度更高。尽管用反鱼雷鱼雷拦截来袭鱼雷在技术上是可以实现的，但同时受到很多因素的限制，如战场环境的复杂性、经济性、对抗多目标能力和持续作战能力等。不过作为目前硬杀伤系统的主要组成部分之一，反鱼雷鱼雷的研究仍然十分重要，已得到了各国海军的密切关注。

与其他反鱼雷武器相比，反鱼雷鱼雷具有用途广、活动范围广、效果好、使用方便，来袭目标导引方式和搜索弹道多样化使拦截难度较大，作战时间短，探测来袭鱼雷困难，引信引爆战斗部困难等多种特点。根据这些特点，反鱼雷鱼雷对自导、引信、控制和弹道等技术均提出了更高的要求，即必须要有灵敏和快速的自导系统、非触发引信系统、机动性良好的控制系统和流体动力布局，使反鱼雷鱼雷发射后能尽快地捕获到所要拦击的鱼雷信号，并准确追踪到来袭鱼雷附近，使引信及时动作，准确地引爆。其中自导目标探测技术、非触发引信技术以及弹道设计技术尤为关键。

反鱼雷深水炸弹

深水炸弹（简称深弹）是一种由水面舰艇或飞机发/投射，入水后下沉到一定深度爆炸，攻击潜艇或鱼雷的水中兵器。

深弹作为传统的反潜兵器，在近代海战中发挥了重要作用。随着鱼雷声自导技术的发展，人们开始考虑将其用来对抗鱼雷。如今，深弹不仅可用于攻击潜艇，而且可以用来炸除水雷障碍或防御并摧毁声自导鱼雷，有时也用来打击水面和滩头目标。

在水面舰艇反鱼雷防御系统中，俄罗斯利用火箭助飞式深弹对来袭鱼雷进行拦截是一种较为有效的方式，其研制开发的 UDAV－1M 型（如图 5.36）和 RPK－8 型反鱼雷火箭深弹系统已装备于水面舰艇，对直航鱼雷的拦截概率达 90%，对自导鱼雷的拦截概率为 76%。深水炸弹对抗鱼雷具有效果好、成本低等特点，已越来越受到人们的关注。

发展反鱼雷深弹技术必须考虑鱼雷和水面舰艇的战术技术特点、鱼雷的

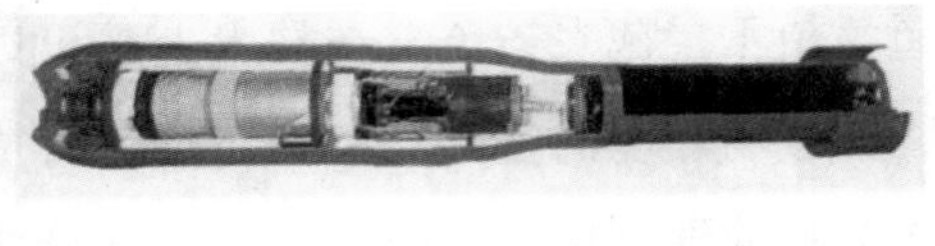

图 5.36　反鱼雷深弹实物图

运动速度、鱼雷报警声呐的报警距离、对来袭鱼雷的方位距离的测量及测量误差、深弹的作战效能、系统的反应时间等。针对上述特点，发展远、近结合的水面舰艇反鱼雷深弹系统是一个发展趋势。

由于潜艇发射方式及自身运动方式的限制，只有水面舰艇和反潜飞机才能够装备该对抗器材。深弹之所以能杀伤或摧毁鱼雷，是因为深弹爆炸的冲击波能破坏鱼雷的自导系统或控制系统。如果发射几枚深弹组成飘浮式防鱼雷网，不仅冲击波的范围可以扩大，而且其连续爆炸的声音能够中断声自导系统对目标的跟踪。

若 30 千克高能炸药，在水中爆炸产生的超压，在距离 30 米处自由场压力为 4.4×10^6 帕，如果在 10 米左右处爆炸，自由场压力将超过 9.8×10^6 帕。若炸点在鱼雷航行前方，则鱼雷的接收传感器将受到更大的超压动载。据研究，鱼雷接收传感器若承受的动载超过 3.9×10^6 帕，就可能产生故障。一般来说，水下爆炸对鱼雷有 4 个方面的影响：

（1）强大的爆炸声源可使声制导鱼雷致盲。

（2）利用深弹爆炸时产生的超压值及压力冲量，使鱼雷敏感元件、关键性的薄弱环节损坏，导致鱼雷失效。

（3）深弹爆炸时产生的水下冲击波可使鱼雷失稳、翻身、丢失目标、迷失航向。

（4）悬浮式深弹在距炸点一定距离处可产生强噪声，并形成较大范围的气幕，可阻塞声自导鱼雷对所攻击目标的自导接触，从而造成软硬杀伤的综合效果。

据资料分析，俄罗斯现有 RBU－2500 型深弹炸药量在30千克以上，其爆炸的冲击波能使70米范围内鱼雷的电路工作状态失效。美国在20世纪80年代曾用30千克装药的深弹进行反鱼雷验证试验，在距炸点20米处爆炸冲击波压力达到 6.4×10^{6} 帕，导致鱼雷壳体漏水、轴扭曲、鳍舵变形。而对于悬浮式深弹，多枚深弹同时爆炸足可以在一定距离范围摧毁来袭鱼雷。

防鱼雷网

防鱼雷网（torpedo det defense，TND），由舰艇的鱼雷发射管或者专门的防鱼雷网炮发射，然后在水中快速展开，捕捉鱼雷，通过控制装置或引信使起爆装置引爆，摧毁来袭鱼雷（如图5.37）。

图5.37　防鱼雷网工作示意图

防鱼雷网一般由浮子、重物、展开装置、金属丝网（强纤维网等）、控制装置、起爆装置等构成。防鱼雷网的种类主要有助飞式、自航式、拖曳式等，防鱼雷网可装备水面舰艇和潜艇，但潜艇一般不采用拖曳式。

20世纪80年代，苏联推出了65型尾流自导鱼雷，该鱼雷不受声诱饵和噪声干扰器的压制和诱骗，利用舰艇无法消除的气泡尾流的特征进行导引。尾流自导鱼雷在尾流中或尾流的下方航行，通过检测尾流的存在与否或鱼雷距尾流的高度修正鱼雷的航向，因而具有很强的杀伤力。它的出现给美国舰艇构成很大的威胁，引起了各方的极大重视。针对尾流自导鱼雷的运动特点，一种有效的对抗方案就是采用防鱼雷网，即采用硬杀伤直接摧毁的办法来达到对抗目的，爆炸式拦截网是防鱼雷网中的一种。这种方法主要是在水面舰艇上使用，防鱼雷网可由火箭助飞系统布放至舰艇后方的尾流区域内，它入水后张开，其有效面积可从几平方米到几十平方米，在拦截网上挂有一定数量的炸药，鱼雷一旦触网，不仅行动受到阻碍，而且还会引起拦截网炸药的爆炸而受到毁伤。

当潜艇探测到来袭鱼雷，开始做规避运动。由于鱼雷速度较快，很快就逼近潜艇，于是潜艇从尾部鱼雷发射管发射防鱼雷网。发射后通过定时器的指令使防鱼雷网张开，并使之和潜艇处于同一深度上。当鱼雷闯入展开的防鱼雷网时，起爆装置检测到网的张力而点火，引爆炸药，将来袭鱼雷摧毁。

美国的大型舰艇和航母上很多都装有防鱼雷网炮，专门用来发射防鱼雷网装置，防鱼雷网通常有两种布放方法：

（1）沉网法：把拦截网投入舰船尾流中，浮子接触到海水时，气体发生器将其充气后悬浮在海水中，同时伸缩式支柱伸出，使整个网在尾流中张开，一旦尾流自导鱼雷进入尾流并碰到拦截网，即因引爆挂在网上的炸药包而被摧毁。

（2）拖网法：在舰船后面用同轴电缆拖引一个内部装有折叠拦截网的圆形拖体，拖体上装有声呐，用来探测来袭鱼雷，通过电缆把探测数据传输到舰船信息处理机，信息处理机的控制指令又经电缆传送到拖体内，以便拖体转动叶轮使整个拖体进入来袭鱼雷的航道，当鱼雷碰网后即引爆挂在网上的炸药而被摧毁。

其他硬对抗技术

除以上所述硬对抗技术之外，常见的硬对抗技术还包括：反鱼雷水雷、超空泡射弹武器、反鱼雷火箭等。

其中，反鱼雷水雷利用鱼雷运动过程中产生的电磁、声信息，提供电磁引信和声引信来引爆水雷，进而毁伤来袭鱼雷（如图5.38）。

超空泡射弹武器系统（如图5.39）是一种潜在的有效反鱼雷近程防御武器系统，其作用类似于密集阵近程反导武器系统。

反鱼雷火箭是一种集火箭、深弹和水雷等优点于一体的硬杀伤反鱼雷武器，主要由载体、反鱼雷装置组成。其中，反鱼雷装置由减速伞装置、水下分离机构及硬杀伤装置组成，而硬杀伤装置又由悬浮装置与近炸装置组成，载体由弹身、火箭发动机、稳定器、保险、空中开舱抛射装置等组成。其工作示意如图5.40所示。

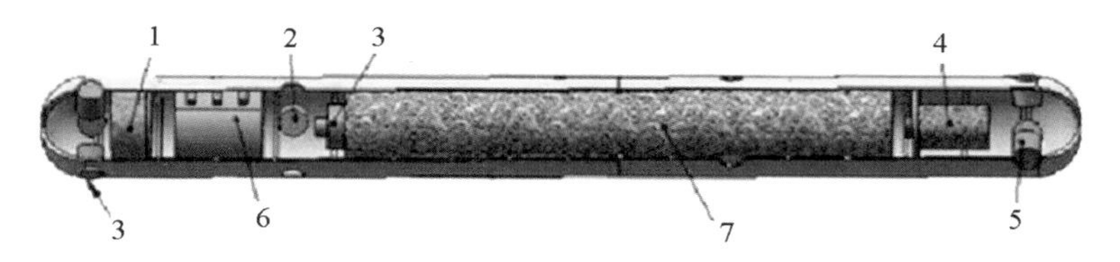

1—电池组；2—保险；3—起爆装置；4—浮力调节装置；
5—声基阵；6—控制中心；7—主装药。

图5.38 反鱼雷水雷装置图

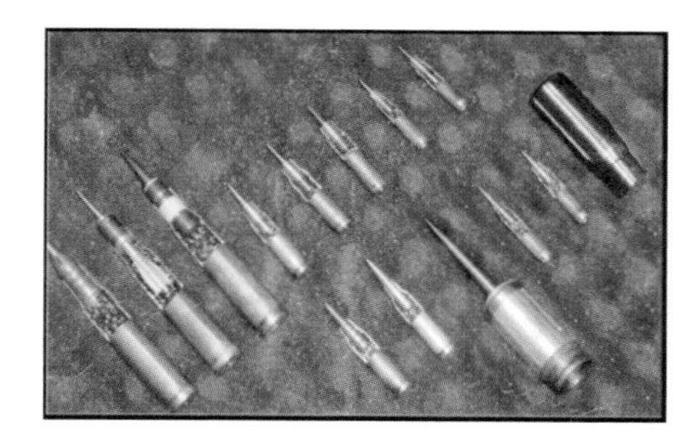

图5.39 超空泡射弹实物图

图5.40 反鱼雷火箭工作示意图

第6章

水声探测与对抗系统

· 史海钩沉

水声探测有着悠久的历史，最早可追溯到达·芬奇。1490 年，他在摘记中写道：“如果使船停航，将长管的一端插入水中，而将管的开口放在耳旁，则能听到远处的航船。”这是人类利用声波探测水下目标的最早记载。

1826 年，丹尼尔·克拉顿和查尔斯·斯特姆合作，在日内瓦湖上测量出声音在水中的传播速度为 1435 米/秒，与现代测量值十分接近。

1840 年，焦耳发现了磁致伸缩效应，1880 年皮埃尔·居里发现了压电效应；在此基础上，由此发展出了水声压电换能器和磁致伸缩换能器，实现了电能和声能在水中的转换。

20 世纪初，大型船只只有简单的无线电通信设备，而没有对海观测的雷达，更没有用于水下目标探测的声呐。1912 年，“泰坦尼克”号沉船事故使科学界开始广泛关注声呐的研制。

1914 年，朗之万和康斯坦丁·基洛夫斯基合作，利用电容发射器和一只放在凹面镜焦点上的磁粒微音器，进行水声换能器的实验。1916 年，实验取得成功，可以接收到 200 米以外的一块装甲板的回波。1917 年朗之万成功研制了石英-钢夹心换能器，并利用了真空管放大器，首次将电子学应用于水声技术。1918年，该设备成功地探测到1500米以外的水下潜艇的反射声，首次实现了利用回声探测水下目标。第一次世界大战爆发后，军用声呐开始发展。

6.1 水声探测典型系统

6.1.1 拖曳式线列阵声呐

拖曳式线列阵声呐是20世纪70年代国外开始研制并装备部队的声呐，经过近50余年的努力已成为水面舰艇和潜艇的最重要的声呐装备之一。

在没有拖曳式线列阵声呐之前，水面舰艇或潜艇的声呐基阵都固定于舰艏，基阵的孔径受安装平台的限制，迫使声呐的信号处理设备只能在较高的频段工作，从而使低频信号的检测受到了限制，声呐的作用距离也没有大的突破。

随着安静型潜艇的出现，微弱信号的检测需求日趋突出，于是人们把目光投向了拖曳式线列阵声呐的研究，把基阵从平台处分离开来，放到远离本舰噪声的地方。做出这种大胆的决策确实需要勇气，因为拖曳式线列阵的声学模块是柔性阵。波束成形的特性首先受到了挑战。另外，安装了拖曳式线列阵的水面舰艇、潜艇，由于有较长的拖缆，使得其运动受到影响。对于水面舰艇来说，甚至要腾出后甲板原来可以安装武器的空间，这样做是否值得？

实践证明，舰艇安装拖曳式线列阵声呐所带来的优点远远超过不便之处。美国国防部1982年的报告中提及了拖曳式线列阵声呐，50余年来，水面舰艇反潜战中最重要的发展是战术拖曳式线列阵声呐的问世。

拖曳式线列阵声呐发展简介

与大多数声呐的发展史不同，拖曳式线列阵声呐一开始是在民用部门发展起来的。自从20世纪50年代英国在北海附近海域发现海底石油以来，寻找海底石油成了海洋开发中的重要课题，其中最紧迫的任务是要有一种高分辨率、高效率的海底地质剖面仪。地震勘探是达到这一目的的有效方法。当时，美国的西方石油公司、物探公司，英国的Plessey公司，挪威的Simera公司，先后使用拖曳式线列阵来接收地震回波。

在实际使用中，发现这种拖曳式水听器阵列具有远程听测潜艇低频辐射噪声的能力，所以美国海军首先在20世纪60年代末致力于把它移植到水面舰艇上的研究。

由于声呐所使用的频率范围远比地震勘探的高，同时两者对信号处理的方法要求也有极大的差异，再加上拖曳阵本身的定深、噪声等问题，使拖曳式线列阵声呐的研制遇到了不少困难，一直到1975年6月，才有一种用于警戒的远程拖曳式线列阵声呐被研制出来，其型号为ANSQR-14。这种声呐不是装在战斗舰艇上的，而是装在一种专门的警戒船上的。

与此同时，美国又开始研制安装于水面舰艇与潜艇上的战术拖曳式声呐，简称TACTAS（tactical towed array sonar）。第一部TACTAS是由EDO公司制造的AN/SQR-18。它是附加于变深声呐AN/SQS-35（V）之后的，由32个隔震水听器组成的100米长的线列阵，这只是一种过渡形式。后来EDO公司使用了Gould公司的技术，制造了没有拖鱼的长拖曳TACTAS。

Gould公司研发TACTAS开始于1976年，1982年把第一部AN/SQR-19拖曳式线列阵声呐安装于DD-980导弹驱逐舰上。自1983年开始，所有的美国“斯普鲁恩斯”级导弹驱逐舰上几乎都装备了这种声呐。

同时，Gould公司还研制了核潜艇上用的拖曳式线列阵声呐AN/BQR-25，简称STASS（submarine towed array sonar），装备在攻击型核潜艇SSN594、SSN598、SSN637上。

西方主要大国研制拖曳式线列阵声呐几乎是同步进行的，如美国、英国、法国、德国等。

拖曳式线列阵声呐主要特点及关键技术

拖曳线列阵声呐有两大突出特点：

（1）这种声呐基阵打破了船体尺寸对声呐基阵尺寸的限制，可大幅度降低工作频率，使这种声呐可在10赫兹以下极低频段工作，可利用舰艇的低频线谱获得超远距离探测能力。

（2）基阵远离拖曳它的平台，背景干扰小，并可如同变深声呐一样选择在最有利的深度工作，可拖曳在海水温跃层以下，探测舰壳声呐所不能探测到的潜艇或其他目标，因而能更好地利用海洋条件，发挥声呐的潜在能力。

这种声呐使现代声呐技术发展到了一个新的高度，除了能对潜远程警戒外，它还为远程武器（如反潜导弹）的使用、水面舰艇在反潜战中完成战术任务创造有利条件，在舰载综合声呐系统或反潜作战系统中发挥非常重要的作用。因此，这种声呐将是未来新一代声呐系统发展的重要趋势。

拖曳式线列阵声呐也可以分为两大类，即被动式和主-被动式。在潜艇上安装的只有被动式拖曳式线列阵声呐，在水面舰艇上安装的声呐则可以是被动的，也可以是主-被动联合的。

拖曳式线列阵声呐的信号处理部分与其他声呐是一样的，只是增加了拖缆姿态的信号处理与显示，发射部分需要有专用的发射换能器。因为必须适合在水中拖曳，目前主要有两种形式：一种是垂直阵，一般由稀土材料制作的发射换能器构成，放在导流罩内，以减少流噪声的影响；另一种是相控阵，把换能器阵装在较粗的拖缆内，发射换能器需要有专门的吊放设备和定深装置，但是也可以采用临界角拖曳的办法，即用调整缆长、航速的办法改变发射换能器的深度。

拖曳式线列阵声呐接收部分的湿端比较复杂，除了用于接收声信号的声学模块之外，还必须有若干配套部件：一是隔震模块，二是仪表模块。隔震模块是一个机械滤波器，把拖缆的可能抖动过滤掉，尽量不使这种抖动作为噪声影响水听器的工作。仪表模块内通常有深度（压力）传感器、温度传感器和航向传感器，这些传感器的信号传输到船上之后，可以显示出声学模块的姿态。

声学模块中安装水听器、前置放大器等元器件，如果用数字传输信号的话，还必须有 A/D 转换器、多路数据混合系统和编码电路等。

拖缆的作用一方面是作为机械的拖拉缆，另一方面是用于信号（包括仪表模块的传感器信号）和电流的传输。

信号的传输媒介有三种基本的形式：第一种是模拟电缆，传输的是模拟信号；第二种是同轴电缆，传输的是数字编码信号；第三种是光缆，传输的是光信号。可以看出，拖曳式线列阵声呐的湿端还是比较复杂的，为了构成一个完整的拖曳式线列阵声呐系统，必须对干、湿端的各种参数进行充分的论证，根据平台的条件，找出一种最适合的方案。

水面舰艇拖曳的水下系统主要有两种形式，它们都是声呐湿端的主要组成部分。一种形式是拖缆与线列阵，这是一种水下分布质量系统，为了保证声学模块能下沉到一定的深度，有时候要加载定探拖鱼；另外一种形式是拖缆加拖曳体，这是一种集中质量系统。

拖曳系统在水下的运动方式是声呐设计者非常关心的，因为水听器阵所接收的信号是声呐信号处理系统的基本数据，所以了解声学模块在水下的运动状态具有重要意义，实时的监测可以为必要的误差补偿提供依据。

拖曳系统在水下的运动是水动力学方面的重要课题，目前还没有特别有效的数学工具能简单地描述拖缆在水下的运动规律。但是，一些近似的简化模型还是可以帮助我们了解声学模块在水下的运动状态，大量的实验工作又为声呐的设计提供了经验。

拖曳式线列阵声呐的特殊问题

（1）目标方位的左右舷模糊问题

由于线列阵上的水听器是无指向性的，线列阵本身没有能力区分来自左舷或右舷的目标。这就给使用这种声呐带来问题，即当发现目标时，无法肯定目标是处在本艇的左舷还是右舷，这个问题称为左右舷模糊问题，这是拖曳式线列阵所特有的。

声呐设计者曾想了一些办法来解决这个问题，目前最为有效的办法就是在发现目标后，拖曳平台稍微机动一下，就能做出判断。用这种办法来解决左右舷模糊问题是有效的，其缺点是需要拖曳平台机动，而机动是需要时间的。

另外一种解决办法就是利用偶极子或水听器组构成特殊的指向性，以区分左右舷的目标，这种组合会增加声学模块的直径，并大大增加通道数。

（2）拖缆的流噪声问题

声呐的接收水听器安装于尼龙套中，当声学模块在水下拖动时，海水流过尼龙套表面会产生流噪声，拖曳速度越快，流噪声就越大。另外，流噪声还和缆径的大小有关，声学模块越细，水听器离尼龙套表面就越近，从而噪声也就越大。

对于拖曳式线列阵声呐来说，情况稍微好一点，因为这种声呐的工作频率一般在 100 赫兹以上，而在 100 赫兹以上的频率范围内，流噪声已不是很严重。

至于流噪声与缆径的关系，目前还没有理论推导的结果，因为还要看水听器是如何安装在拖缆内部的。

（3）声学模块的深度与缆长和航速的关系

拖曳式线列阵声呐的一个突出优点是，可以按照海洋环境的声速剖面的实际情况，把声学模块调整到比较有利于发挥声呐性能的深度。

目前有两种方法用于调节声学模块的深度。一种是利用所谓的“水鸟”，这是一种用电缆信号遥控的机械升降装置，附加在拖缆外护套上，指挥员可以通过电缆发送让“水鸟”上下浮动的信号。实际上，“水鸟”本身并不和拖缆联结，而是通过接收电磁感应信号来调整本身的状态。声学模块本身是零浮力的，它随着“水鸟”的上升和下降被拖曳到所需要的深度。当然，深度的设计不是随意的，而是与拖缆的长度有关。

另外一种调节声学模块深度的办法是利用拖缆长度与拖曳速度的关系，这种方法称为临界角拖曳。对每一部拖曳式线列阵声呐都可以列出一个表，指挥员只要查一下表，就可以决定在什么航速下用多长的拖缆使声学模块处于某一深度。

（4）水听器的加速度灵敏度问题

拖曳式线列阵声呐的声学模块是在运动中接收水声信号的，拖曳平台的突然加速或转弯会产生加速度。设计者希望这种速度的变化不至于引起附加的噪声，即水听器的加速度灵敏度越低越好。

为降低水听器的加速度灵敏度，通常要进行专门的设计。一种措施是使每个水听器由两个极片构成，受加速度影响时，两个极片的输出正好电极相反，互相抵消，电压灵敏度则不受影响。另外一种措施是把水听器安装于抗震的支架上，这种支架具有较好的机械滤波特性，在拖曳平台突然加速或减速时，支架起到缓冲作用。

典型的拖曳式线列阵声呐

自 20 世纪 60 年代以来，俄罗斯和西方发达国家为提高潜艇的水声探测能力，装备了型号繁多、种类各异的拖曳式线列阵。如美国陆续在长尾鲨、鲟鱼、洛杉矶、海狼、弗吉尼亚级核潜艇上，安装了 TB－16、TB－23、TB－29 等型号。现役的阿利－伯克级驱逐舰、提康德罗加级巡洋舰、佩里级护卫舰都配备有 AN/SQR－19 型拖曳式线列阵。洛杉矶、海狼、弗吉尼亚级攻击核潜艇更是配备了两套拖曳式线列阵。英国在快速、特拉法尔加、机敏、前卫级上，安装了 2046、2076 等型号。俄罗斯在鳐－KC、鳐－3 声呐系统中配置了拖曳式线列阵，法国、日本、德国、荷兰、瑞典、澳大利亚也都在潜艇上装备了先进的拖曳式线列阵。可见通过装备拖曳式线列阵来提高潜艇的水下探测能力，早已成为世界发展趋势。

下面介绍典型的潜艇用拖曳系统。

（1）美国的 TB－16/34

TB－16 主要用于潜艇的警戒探测。其优点：收放速度快，便于作战时使用。TB－16 长期服役，美国洛克希德·马丁公司进行了多项改进，其中 TB－16 B大大减小了自噪声。TB－16 系列已安装于 SSN 637、SSN 688 洛杉矶级核潜艇，海狼级和三叉戟级潜艇。TB－16 D已交付舰队，与AN/BQQ－5 D声呐系统和AN/BSY－1、BSY－2潜艇对抗系统相容。

TB－34是用于替代美国海军潜艇的TB－16系列的最新一代拖曳阵列。TB－34能够有效支持浅海和开阔海域环境下的作战。美国海军在2010年1月完成了TB－34的操作测试。

（2）美国的TB－23/29/29 A/33

TB－23主要用于潜艇的远程警戒探测，主要为SSN 688洛杉矶级核潜艇使用，目前已被TB－29/29 A取代。TB－23优点：在载体有限的空间内，拖曳阵长度更长，拖曳速度更快。其缺点是：不便于作战使用，容易损坏，难以零浮力匹配。

TB－29系列代表了潜艇细线拖曳阵的前沿，可用于AN/BQQ－5（E）声呐系统和AN/BSY－1、BSY－2潜艇对抗系统（如图6.1）。TB－29系列长度更长，拥有更优秀的探测、识别和定位能力，同时能够使潜艇工作在更快的战术速度上。TB－29A细线拖曳阵是TB－29的一种商用货架产品，用于洛杉矶级和弗吉尼亚级攻击核潜艇。该声呐基阵的声学孔径长度约为800米，可以分段进行被动测距。

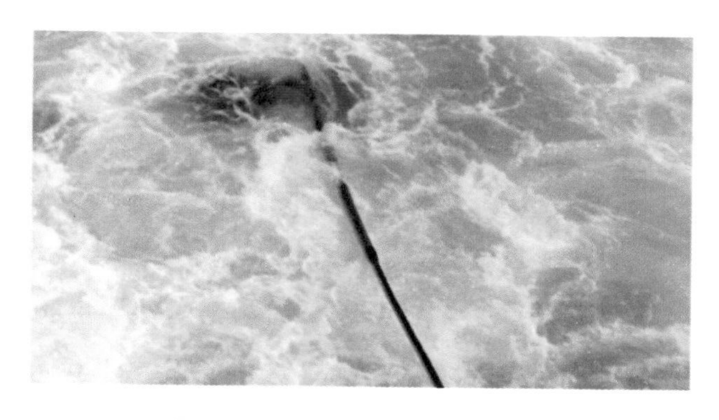

图6.1　TB－29系列细线拖曳阵

TB－33是美国下一代细线拖曳阵，其单基元采用低反射率FBG的FFP腔传感结构的光纤水听器。与采用传统压电陶瓷类水听器的拖曳线列阵声呐相比，因为光纤水听器的灵敏度更高、自噪声更低、体积更小、重量更轻、抗干扰性更强，所以在综合性能上的提升较大。该型在保持 TB－29 细线拖曳阵探测能力的同时，显著提高了可靠性。

（3）英国的 COMTASS II 型被动拖曳式线列阵声呐

英国 Plessey 公司研制的 COMTASS II 型被动拖曳式线列阵声呐（紧凑型拖曳式线列阵声呐系统，compact towed array sonar system），湿端由尾绳、隔震模块、仪表模块和声学模块组成，其拖缆最长可达 1 200 米，声学模块由 64 个基元构成，相邻水听器的间隔为 1 米，可以组成 32 元的低频阵和中频阵，绞车是液压驱动系统，可以保证在 0.5～1.5 米/秒无级变速，还有自动排缆系统。在湿端至干端之间有一脐带联结点。绞车具有自动锁定功能，即在干、湿端的电缆处于联结状态时，绞车自动锁定。仪表模块中的深度传感器、温度传感器和航向传感器的信号，可以在拖缆状态指示器中显示。

声呐信号处理系统的硬件以摩托罗拉公司生产的 96000 系列为 CPU，具有故障自检系统，对故障的检测可以定位至印制板。

波束成形分为宽带和窄带两种方式，都是频域算法。显控台有数字、字符显示，可以对目标进行手动录入跟踪，最多可以跟踪 1 个目标。

该声呐可以通过 DEMON 分析进行机助辅助目标识别，是英国 20 世纪 80 年代末期的产品。

（4）德国的 ACTAS

ACTAS（active towed array sonar）是德国 STN ATLAS 公司研制的主动拖曳式线列阵声呐（如图 6.2），该声呐的接收基阵为双基阵，长为 110 米，拖缆长为 980 米，主动发射工作频率为 1.5～2.5 千赫，声学模块直径为 70 毫米，密度为 1.019 千克/升（约 1.0189 克/厘米^3），绞车电功率为 75 千瓦，发射用拖缆和接收用拖缆合置，共用一个绞车，收、放时需要特殊的操作（如图 6.3）。

图6.2　ACTAS主动拖曳式线列阵声呐

图6.3　ACTAS的绞车和拖曳系统

6.1.2　潜艇用舷侧线列阵声呐

拖曳式线列阵声呐的接收基阵由于远离拖曳平台的辐射噪声，又可以用大孔径基阵接收信号，所以作用距离有了大幅度的延伸，但是这种声呐对潜艇的使用是有一定影响的，主要是拖曳的基阵和收、放缆线的绞车会制约本艇的机动。于是，声呐设计者转而研究既把基阵收回来又保持较大孔径的方法，潜艇用的舷侧线列阵声呐就应运而生了。这是一种充分利用艇身尺度的声呐，但拖曳式线列阵声呐远离本艇辐射噪声的优点也随之消失。

艇艏基阵受到艇体布置的限制，进一步增大声阵孔径和降低工作频段都较为困难，使得声呐的被动探测距离受到了限制。同时艇艏基阵在艇体舷侧和艇体后方也都存在着盲区，不能做到全方位监测，影响了潜艇的实时警戒和监测范围。为了提高潜艇探测能力，现代潜艇开始在艇体上布置舷侧线列阵声呐。由于舷侧线列阵声呐可以充分利用艇体长度扩大基阵的声阵孔径，工作频段进一步降低，被动探测距离得到了有效的延伸。现代舷侧线列阵声呐的工作频段可以降低到500～2 000赫兹，极个别的甚至可以达到200赫兹的频段。在基阵长度上有些核潜艇的阵列长度可以达到60米，作用距离达到

50 海里左右。

舷侧线列阵声呐以被动方式工作，隐蔽性好，声呐的湿端位于艇体两舷侧，监测范围大，而且能直接判别目标的方位。舷侧线列阵声呐在探测距离和探测范围上都优于艇艏声呐系统，在探测距离上虽然不及拖曳线列阵声呐，但是舷侧线列阵声呐没有基阵的收放拖曳问题，对潜艇的水下机动影响小，也不存在拖曳线列阵声呐的左右舷模糊、柔性声阵容易畸变失真的问题，可以实时进行被动探测工作，提高了潜艇快速反应能力。所以舷侧线列阵声呐是现代潜艇用来弥补其他声呐系统功能不足，提高潜艇探测水平的重要手段。

舷侧线列阵声呐主要特点及关键技术

潜艇上用于检测目标的声呐主要是艇艏的球形或圆柱形声呐，由于受艇体空间尺度的限制，一般的孔径在 4 米以下，于是能够用于探测的频率要高于 1 000 赫兹。频率更低的话，由于基阵孔径的限制，指向性会变差，定向和检测都会受影响。

如果把基阵沿艇体分布，则基阵的孔径就可以大大扩展，于是可以使用较低的频率，作用距离会增加。最早把基阵沿艇体配置的是美国洛杉矶级潜艇上的声呐，这是一种共形阵（或称镶体阵），水听器从艇艏延伸到舷侧部分，垂直方向分为三层，但这种基阵的孔径还不是很大。后来研制的舷侧线列阵声呐已完全和圆柱阵分开，声呐基阵对称地分布于潜艇的两侧，称为左舷阵和右舷阵。前提条件是电子设备必须有两套，但这在目前并不是一个大的问题，因为硬件的发展可以提供性能优越的平台，承担复杂的运算任务。

潜艇上舷侧线列阵声呐的基阵孔径一般在 30 ~ 40 米，这样，可以使用的频率在 100 ~ 1 500 赫兹，低频的使用可以较大幅度地延伸声呐的作用距离，并可利用目标低频线谱成分进行目标的分类识别。

舷侧线列阵声呐的另一个功能是可以替代被动测距声呐。因为从声呐设计角度来说，被动测距所需要的三点阵完全可以从舷侧线列阵中找到。从这个意义上来说，舷侧线列阵是一种多功能的声呐基阵，当然，只限于被动的检测。

舷侧线列阵声呐的特殊问题

（1）本舰噪声的自适应抵消

舷侧线列阵声呐的水听器安装于艇壳上，除了接收到声压场的水声信号之外，还接收到本艇震动引起的噪声，这两种声音是完全不同的，后者是无用信号，显然会对有用信号的接收产生干扰。

假定水听器安装于艇体上，一般要有隔震去耦的材料，使壳体的震动尽量不影响水听器的工作。当潜艇运动时，流噪声及艇壳运动产生的湍流层都会成为干扰噪声，这些噪声都是不可避免的，但可以运用适当的手段尽量减少。

由于本艇壳体的震动和本艇机动所引起的噪声都是无用信号，所以必须尽量避免，比较有效的办法就是自适应噪声抵消，即在每一个水听器的附近放置一个专门接收潜艇壳体震动的传感器，将该传感器的输出信号用于抵消水听器输出信号中的壳体震动噪声。

要注意的是，原则上每个水听器附近都应该有一个本艇震动噪声接收传感器，这样才能确保所接收的噪声之间最大限度的相关性。但是这样做的代价是巨大的，即整个声呐的通道数要增加一倍，亦即一个 N 通道的舷侧线列阵声呐需要有 N 通道的本艇震动传感器，以及 N 通道的自适应噪声抵消滤波器。

舷侧线列阵声呐与一般声呐不同的地方在预处理部分，它有两种截然不同的输入信号，一种是水听器信号，另一种是加速度传感器信号。后者为本艇的震动信号，并用做自适应滤波器的参考输入。

一些研究者指出，潜艇壳体震动的主要贡献是引起噪声中线谱分量的大量出现，所以对本艇震动的抵消应把重点放在消除线谱分量上。在这种情况下，可以减少本艇震动传感器的数量，因为单频信号的相关性并不会因为位置的差异而受到影响，所以，国外一些舷侧线列阵声呐本艇震动传感器的数量，大约是水听器数量的1/4。也就是说，把水听器进行分组，每4个分为一组，每组的几何中心的位置放1个接收本艇震动噪声的传感器，由它抵消该组4个水听器中的噪声。

（2）水听器的减/隔震和声阻尼材料

目前在舷侧线列阵声呐中所采用的水听器有两种不同的类型：一类是普通的点状水听器，另一类是称为聚偏二氟乙烯的面元水听器。后者对抑制流噪声有一定优势。无论采用哪一种水听器，都要在水听器基座上加阻尼和隔震材料。一方面，使本艇的震动尽量不传给水听器；另一方面，作为吸声体，使辐射噪声或主动声呐信号有效地被吸收。

对水声吸声材料的最基本要求有两个：一个是阻抗匹配，使声波由水中无反射地进入吸收系统；另一个是材料内耗尽量大，使声波在材料内部传输时很快地衰减掉。一般希望吸收系统的吸收系数大于99%（相当于声压反射系数小于1%）。

材料本身的吸收机理，大体上可以分为两类：一类为利用运动（由于摩擦）产生损耗，另一类为利用形变（由于弛豫效应）产生损耗。目前使用的吸声材料主要为橡胶和塑料，基本途径为：通过加入填料和增塑剂来改变材料的弹性模量和内耗；在均匀的吸声材料内部用机械办法打孔，改变孔的密度与大小以调节材料的有效弹性和有效损耗。

去耦材料用于水听器与底座之间的声隔离时，要求其声阻抗比水听器所用的材料（金属、陶瓷）小得多，并且具有一定的内耗。

好的减/隔震材料在舷侧线列阵声呐中起着特别重要的作用，它是自适应噪声抵消之前隔离本艇震动的一道屏障。

（3）不同信噪比下的多基元波束成形

舷侧线列阵声呐的基元布放在艇的左右两侧，由于水听器的位置不同，所接收的本艇螺旋桨噪声会有较大的差异。这一点与拖曳式线列阵声呐不同。但是有一点是肯定的，那就是本艇的噪声从艏到艉是逐步衰减的，由此可见，舷侧线列阵声呐的各基元是在不同信噪比下工作的，这种工作方式与其他声呐的工作方式是不同的。

在具体做波束成形时，往往试图把干扰、噪声项减掉，所采用的方法就是在一次积累之后，把空间波束中的最小值减去，这样可以在一定程度上减少由于各基元信噪比不同所带来的问题。

（4）基阵的后档问题

世界各国的潜艇从壳体结构来说，分为两种：一种是单壳体；一种是双壳体，即在耐压壳体之外还有一层非耐压壳体，在两层壳体之间除了潜艇结构本身的管线之外，充满着海水，这为声呐湿端的设计带来了新的难题。

潜艇耐压壳体内的空气，是水声信号的全反射体。因此，对于把水听器安装于非耐压壳体的舷侧线列阵声呐来说，就要考虑耐压壳体对声波的反射所引起的干扰。这种现象无论对水面舰艇声呐还是潜艇声呐都是存在的。水面舰艇基阵一般需要在圆柱形基阵后面附加一个由消声瓦构成的声障板，同时，圆柱形基阵本身必须有空气腔的后档装置。对于潜艇来说，水听器之后也要加空气腔，并且空气腔必须紧贴水听器。使用 PVDF 薄膜的水听器的湿端，其最外层为 PVDF 薄膜，然后依次是空气腔—阻尼材料—非耐压壳—海水—耐压壳。

典型的舷侧线列阵声呐

现代潜艇如英国的机敏、法国的凯旋、日本的 2900 苍龙，以及德国的 212、214 等一大批新型潜艇都装备了舷侧线列阵声呐，美国的 BQQ 6、BQQ 10 系列都有体积庞大的大孔径三元子阵式舷侧被动测距声呐。以此可以看出各潜艇建造国对于舷侧线列阵声呐的运用都是相当重视的。

弗吉尼亚级攻击核潜艇上安装的光纤大孔径阵列（fiber optic wide aperture array，LWAA）由 6 个阵列构成（如图 6.4），每个基阵有 8 个声学模块，450 个平面光纤水听器，共 2 700 个基元。此阵列的应用是光纤水听器监测级别的声学传感器第一次应用于作战平台。该系统仍然采用美国海军实验室在 20 世纪 80 年代末提出的常规水听器、复用激光器等的概念。

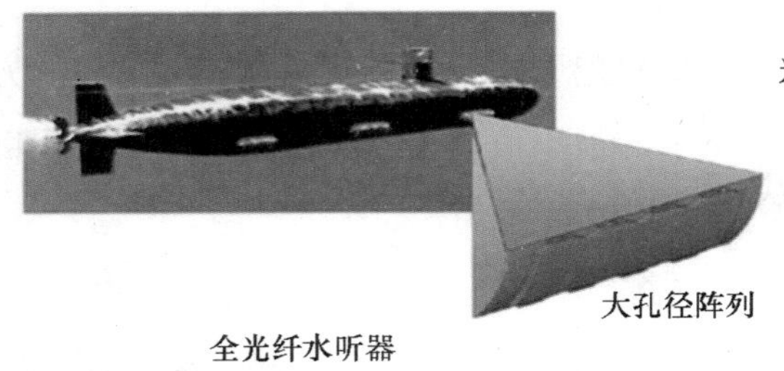

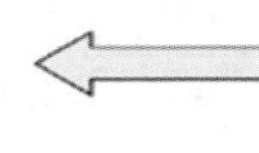

（a）结构分解图

（b）实物图

图 6.4　弗吉尼亚级攻击核潜艇装备的舷侧线列阵声呐 LWAA

德国 STN ATLAS 公司研制的 FAS 3－1 舷侧线列阵声呐，其湿端结构如图 6.5 所示。所用的水听器是无指向性水听器，每 4 个水听器有 1 个传感器专门用于噪声抵消，该声呐阵长 28 米，两舷各有 192 个水听器，形成 192 个波束，可自动跟踪 16 个目标。

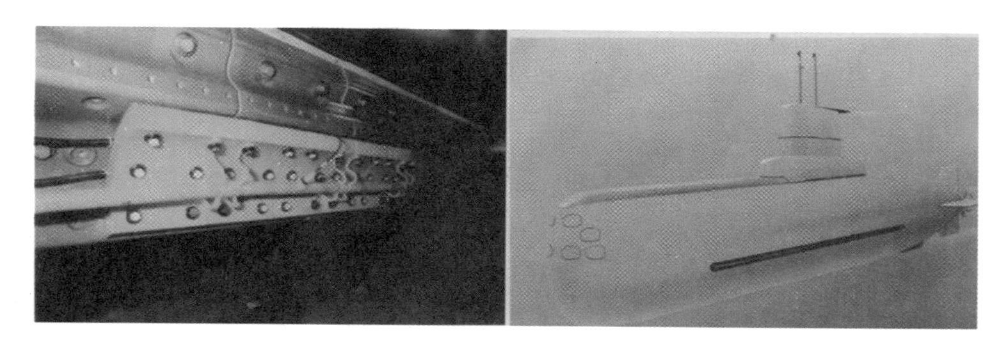

图6.5　德国 STN ATLAS 公司研制的舷侧线列阵声呐 FAS 3－1

以色列 RAFAEL 公司研制的 CORIS－5 舷侧线列阵声呐，是一种把拖曳线列阵的湿端移到舷侧的声呐。有 48×2 个基元，两舷的水听器装在尼龙套管内，8 个为一组，基元间隔为 0.5 米，工作频率为 10～1 500 赫兹，A/D 变换为 12 节，采样频率 5.12 千赫，自适应噪声抵消用 LMS 算法，权系数为 32，两侧各形成 128 个波束，硬件 CPU 为 ADSP 21020，LOFAR 分析采用 1 280 点 FFT，分辨力为 0.375 赫兹，目标识别算法采用最小邻近准则，正确识别率为 85%。

6.1.3　固定式岸用声呐

固定式岸用声呐是声呐家族中的一个特殊成员，它是声呐领域中研究开发较早的品种。如苏联的沃尔霍夫站、美国的 AN/FQQ－6 岸站，早在 20 世纪 50 年代就开始建设了。岸用站的特点是固定于海底，这就决定了它的致命弱点：一旦暴露就易遭破坏。但是它也有许多显著的优点，例如背景噪声低、便于使用大孔径基阵等。至于易遭破坏的缺点，也不是不可克服的。因为岸用站一般安装于重要港口和航道，这些场所可以由其他手段加以保卫。

近年来，固定式岸用声呐的发展概念也正在发生变化，那就是声呐的湿端不再是老式的、笨重的、不能移动的水听器阵，而是轻便的、可以快速部署的柔性基阵，这样可以更灵活地实现海军的战略意图。

岸基声呐是以海岸为基地，把水下基阵布放在近岸或敏感水域的固定声呐，用于海峡、基地、港口、航道和近海水域对地方潜艇的活动进行远程警戒和监视，该系统具有全天候实时监测、监测范围广、隐蔽性好、背景噪声低等特点，因而受到各国海军关注。

为了满足当前与未来的海军作战需要，提高水下综合作战能力，尤其是水下探测、监视与侦察能力，谋求水下作战的军事优势，美国海军正在大力发展先进的水下探测系统。随着水下信息技术的快速进步和水下信息体系集成技术的发展，包括水下、水面和空中等多个、多种平台组成的立体的海空联合水下战概念受到越来越多的重视，成为有着广阔发展前景的水下战形式。美军为有效地实施水下战场监控，早在20世纪50年代即开始进行水下监视系统的开发和部署，到目前已经建立了集中体现声监视系统（SOSUS）、拖曳阵传感器系统（SURTASS/LFA）、固定分布式系统（FDS）、先进可布设系统（ADS）、快速部署监视系统（如分布式自治系统DADS）等系统优点的综合水下预警系统（IUSS）（如图6.6）。这些水下探测系统以其快速的处理能力、强大的存储能力、灵活的展开和自治能力、大量采用民用技术而具有更高的

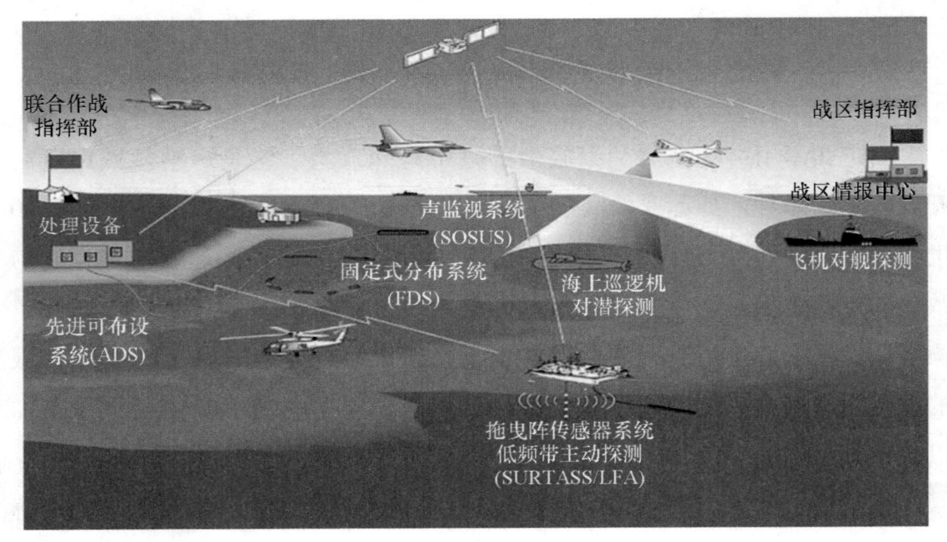

图6.6　美军综合水下预警系统

可靠性，为美军现代反潜战提供了有力的支持。反潜巡逻飞机和专用水声侦察船等可提供辅助信息，反潜潜艇、反潜水面舰艇和反潜飞机则可获取战术型水下目标信息，这些信息全都传送到指挥中心，经处理、分析后得到完整的水下战场态势图，形成相应的作战方案和指挥控制命令，再发送到各水下作战平台，完成相应的作战任务。

岸用声呐站发展简介

美国从20世纪50年代开始在本土东、西海岸建立水下收听系统，到20世纪60年代初在大西洋和太平洋海岸建成“凯撒系统”，作用距离为16~27海里，20世纪60年代末，美国在苏联东海岸和日本海附近布设了36个站（堪察加半岛至千岛群岛13个，宗谷海峡5个，津轻海峡9个，对马海峡9个）。同时，美国在“凯撒系统”外围建立了SOSUS（sound surveillance system），这是一种用光纤联结的分布式预警系统，据说作用距离最大可达50海里。

美国原计划反潜预警体系的岸用站采用主、被动联合工作方式，并从20世纪70年代开始试验，但这一计划在试验过程中遭受重大挫折，最后被迫中止。该设计名称为Artomus，利用百慕大附近的Argus岛作为基地，用船拖曳一个重数百吨的发射换能器，接收水听器则是一个边长为数千英尺的三角形基阵。原预计作用距离可达到数百千米，该计划与SVLA（steered vertical line array）计划一起，共耗资12亿美元，但最后都中止了。

苏联也有类似系统，最早的型号为BonxoB，西方称苏联的预警系统为SOSS（Soviet ocean surveillance system），其范围包括堪察加半岛至南中国海，从印度洋至埃塞俄比亚，从安哥拉至西非的广大地区。

据报道，1968年苏联Golf级战略核潜艇在夏威夷西北约1 200千米的深海沉没，苏联用SOSS未能找到，而美国的SOSUS却准确地在4 877米深的地方找到了它。

岸用声呐的信号处理系统设在岸上，从早期的单一点对点通信，发展到现在的水下传输线、浮标、卫星及侦察船的多点综合处理，数据的处理中心仍设在岸上。近年来美国海军着力研究开发的网络中心节点预警体系，更是一种把岸站、拖曳式线列阵、浮标、新概念武器 MANTA 等融合在一起的复杂系统。水下信号的传输也发展到用同轴电缆和光缆的方式。

岸用声呐站主要特点及关键技术

在所有声呐种类中，岸用声呐是干端和湿端有线联结方式中基阵离信号处理机最远的一种。因为信号处理系统在岸上，发射换能器基阵在离岸较远的海底，中间用电缆或光缆保证信号的传输，虽然声呐的信号处理部分在岸上，并起到主要的指挥决策作用，但从投资来讲，岸用声呐的湿端（包括基阵、增音机、密封接线盒和多路数据融合系统等）占整个声呐的 70% ~80%，这种比例在其他声呐中是没有的。

一般来说，发射基阵置于顶部，而接收基阵放在下面，由于是岸用站，只要施工条件许可，基阵的孔径就可以做得大一些，以便低频使用，基阵上应有专门的密封接线盒，用于放置前放、滤波以及其他必需的转换电路部件，然后由电缆与岸用设备联结。

投放基阵的海底应事先经过仔细的勘察，包括海底地质与地貌、水文条件、自然环境噪声、海流和潮位等，概括起来应使基阵投放点满足以下条件：

（1）海底在比较大的范围内比较平坦、开阔，在基阵观测范围内无凹坑或隆起的水底山包。

（2）海底地质以沙石底为好，烂泥底或过分松软的海底会引起基阵下沉。

（3）海底深度不宜大于 100 米，便于基阵需要打捞时施工。

（4）基阵投放点一年四季的流速应在 2 节以下，防止海水流速过快对基阵产生推力。

（5）尽量不在渔场附近。

（6）自然噪声较低。

对投放点一年四季的水文条件、环境噪声和水声传播进行实验是必须的，否则无法预计岸用声呐的性能。

岸用声呐站的特殊问题

岸用声呐的湿端长期放置于海底，因此应当假定它是很少需要维护或者在一定时间内不必维护的，这就需要可靠性设计方面有特殊的保证。另外，岸用声呐的水听器接收阵远离信号处理系统，如何把水下多路信号传送到岸上来，并且不发生畸变，这是一个信号传输方面的热点问题，其他声呐虽然也存在类似的问题，但其重要性是不同的。下面重点介绍这些问题。

（1）水下信号传输

岸用声呐基阵信号的传输方式按信号形式可分为模拟和数字两种，按传输媒体可分为电缆和光缆两种。当用光纤传输水下信号时，需要在水下有一个光端机，即把电信号转换为光信号，如果传输距离较短（不超过 80 千米），那么信号可以直接经光缆传输上岸，否则就必须用转发器。

在用光纤传输水下数字信号时，和同轴电缆一样，需要数字信号的多路混合、编码以及解码，这一类技术对同轴电缆和光缆是一样的。

（2）水下设备的可靠性

岸用声呐湿端有大量设备在水下，包括电缆线接盒、增音机、水听器、光端机、光缆或电缆。于是水下设备的可靠性就成为特别突出的问题。

设计者希望水下设备在放下去之后不发生故障，也无须打捞，但要做到这一点几乎不可能。

要保证水下系统工作的可靠性，首先要尽量减少元器件。另外，水下设备所用到的元器件应尽量采用最高级别的可靠元器件。当然，采用水密性能良好的水下接线盒，也是一个重要的保证可靠性的途径。

20 世纪 70 年代末，美国海军实验室专门成立了水下设备的可靠性测试小组，用于水下硬件（包括水下光缆、换能器、接头、拖缆、水流计等）的加速寿命测试，其制定的标准可以使寿命测试的时间缩短到原来的 1/5。

缩短水下系统寿命的一个重要因素是光缆和电缆的损坏。一种是人为的无意损坏，另一种是鲨鱼的撕咬。美国 AT&T 公司曾报道，直流供电的光缆会产生一种电场，从而引起鲨鱼的攻击，只有采用一种特殊的技术才可以避免。

典型的岸用声呐站

（1）声监视系统

声监视系统（sound surveillance underwater system，SOSUS）是美国从 20 世纪 50 年代起斥巨资开发建立起来的水下警戒系统，它在美国本土东西两侧的大西洋和太平洋中建立起一系列深水的水听器阵列，通过电缆连接到岸上的观察站。

在太平洋区域，SOSUS 构成了南北方向的三条警戒线：前沿海域警戒线、中间海域警戒线和本土西部海域警戒线。前沿海域警戒线由俄罗斯的堪察加半岛起，经千岛群岛、日本群岛向南延伸到菲律宾和马六甲海域中部，中间海域警戒线由阿留申群岛到夏威夷群岛东部，本土西部海域警戒线覆盖了美国西海岸外 200~300 海里长、最大 600 海里宽的区域。

在大西洋海域中也构成了三道海域警戒线。东部警戒线从斯匹次卑尔根群岛到挪威的西北部，中部警戒线自纽芬兰经格陵兰、冰岛法罗群岛、英国、法国至西班牙西部，西部警戒线在美国东海岸至墨西哥一带，宽达 240 千米。

（2）固定分布式系统

20 世纪 90 年代美军结合新的作战需求和新技术，开发了固定分布式系统（fixed distribution system，FDS）。FDS 是被动低频海底警戒系统，其水声传感器阵密集布置在敏感海域海底，用于探测和跟踪“极安静”的水下威胁目标（尤其是对安静型潜艇的探测、分类识别和跟踪），以及在深海和近岸水域活动的水面目标。其特点是采用新的光纤技术以及先进的信号与信息处理技术，增强了对高背景噪声环境弱信号的提取技术。

FDS 由两部分组成（如图 6.7），一部分是由可以大面积分布的水声探测器构成的海底基阵，另一部分是具有处理、显示和通信功能的岸基信息处理设备。

1994 年美军对 FDS 的改进型 FDS-D（可开展的 FDS）进行了演示，成功

图 6.7　FDS 系统示意图

地实现对潜艇目标的声学发现和跟踪。FDS-D 实验成功推进了先进可布设系统（advanced deployable system，ADS）的发展。1996 年美军对 FDS 电缆进行了升级，使用光纤电缆替换了普通电缆，使 FDS 达到完全运作能力。

为满足现代局部战争应急作战的需要，美军进一步研发了战时可快速部署、短期使用的 ADS 系统，该系统可在出现危机的海域快速隐蔽部署，任务完成后可回收利用，从而弥补了 FDS 系统固定、不可重复利用的缺点。

（3）先进可布设系统

ADS 是继 FDS 之后的布放系统。它能够隐蔽和公开布放，模块化便于适应从浅海到深海的环境，如图 6.8 所示。

ADS 系统由以下三部分组成：水下组件、分析处理组件和战术支持端。水下组件是由一次性电池供电的、大面积布放的传感器组成的水下被动监听阵。分析处理组件安装在标准化、模块化的平台内，通过电缆与水下组件相连。ADS 系统可以被迅速部署到需要进行监视的前沿区域，直接为作战部队提供目标位置信息，并为部队指挥官提供近实时、精确、可靠的海上图像，以保持水下空间的作战优势。战术支持端将每个 ADS 系统子阵所接收的声学

图 6.8　ADS 系统示意图

数据汇总后，通过有线通信或者无线通信等方式将数据分片发送到美海军 C⁴I 系统，其终端可以是岸站或水面船只。另外，美军在 1999 年以后开展了分布式自治系统（deployable autonomous distributed systems，DADS）研究，该系统可提供自动波束形成、目标探测和跟踪。

6.1.4　艇艏声呐

现代艇艏声呐系统一般以圆柱状声呐基阵和球形声呐基阵为主，圆柱阵和球阵将阵元沿圆柱面或者球面排列，通过补偿器形成波束和实现波束扫描，或者以相控阵方式，在每一个基元中均加一个移相器，利用调整移相来获得波束扫描。圆柱阵和球阵的空间监测范围大，配合现代声呐的相控阵数字多波束技术，扫描速度快、多目标跟踪能力强。圆柱阵和球阵的体积较大，导致声阵孔径增大，工作频率降低，可以接收海水中衰减小的更低频段噪声，并利用海底反射、深海声道等多种传播途径，让声呐系统的工作距离进一步延伸，探测性能得到了有效的提高。艇艏声呐往往具备主、被动工作能力，并能保障潜艇进行警戒、搜索、跟踪、识别、攻击等多种作战任务。也因为艇艏声呐的多功能化、多任务性特点，艇艏声呐难以在个别的任务特性上进行突出的优化设计，在探测性能上有均衡、全面、中庸的特点。

海狼级和弗吉尼亚级潜艇使用的 BQQ 6、BQQ 10 型声呐的球型基阵，体积更大（海狼的球形基阵直径据说超过了6米）、功率更高，采用的技术更先进，性能也更为优秀。艇艏声呐后面安装一障板的目的是阻止来自潜艇的声信号与声呐信号相互作用。SSN 774 的艏部综合声呐同样采用了大型球艏基阵，BQQ 10 的球型基阵是在洛杉矶的 BQS－13DNA 和海狼6米直径的 BQQ 6 基础上发展而来，具体性能数据尚无处可查。

不过球形基阵也有一些弊端，其硕大的体积挤占了艇艏的全部空间，鱼雷发射只能采用肩部发射方式，发射管位置需要向后位移，导致发射管在耐压艇体的开口上椭圆度较大，给潜艇的艇艏舱室布置和耐压艇体的开口控制以及建造工艺，都带来了一些困难。另外，大型球阵的加工工艺高，造价也相当昂贵。根据美国海军发布的公开信息，美国海军决定在弗吉尼亚级核潜艇的后续艇上，用共形基阵来代替球形基阵声呐。共形基阵是指按潜艇壳体外型安装的换能器阵，基阵外形和艇体外型相似，阵元紧贴艇壳体，从艇艏到艏侧均可安装阵元，又叫贴壳声呐、保角声呐等。这种基阵也可以获得类似球形阵的空间增益，并可预先形成波束，但也会使换能器的物理特性变得复杂，给波束形成带来困难。弗吉尼亚级早期型号的球形声呐被共形基阵所代替（如图6.9）。

图6.9　弗吉尼亚级艇艏充水型共形基阵代替了空气腔型球形基阵

6.1.5 机载声呐

随着潜艇活动能力的加强，提高探潜速度就显得格外重要。舰载声呐在高速航行时，由于本舰噪声的急剧增加而影响探测距离，从而影响探潜速度。在空中用机载声呐探测水中目标就显示出很多优点。

首先，空中探测机动灵活，可任意自由地搜索各海区，迅速完成搜索任务；其次，飞机的飞行速度远比水下任何潜艇快，可以快捷地追击目标，使被探测的潜艇难以逃脱，飞机在空中居高临下，易攻击水下目标，而水下潜艇却相对难以发现和对付空中飞机；再次，飞机还可以编队飞行，增大搜索区域，同时又易与陆上、海上基地及其他反潜部门交换信息；最后，可以充分利用水文条件，适时调整水下吊放装置的入水深度，以检测舰艇声呐盲区内的目标。

空中拖曳声呐是机载声呐的一种，装在水上飞机、飞船或直升机上，其最大搜索速度达40节，可发现半径2~5海里以内的目标。飞机低空飞行时，通过电缆拖动和控制水中的换能器。在发现目标后，通过机上通信设备与基地指挥所交换信息。但是，拖曳体的运动将产生流体动力噪声和空泡噪声，飞机螺旋桨及机械噪声也会通过电缆注入水中，影响探测距离，致使飞机速度不能过快。

空中吊放式声呐是另一种机载声呐，它安装于直升机上。直升机低飞至各预定点悬停后，通过电缆将换能器吊入水中逐点进行探测。换能器入水深度决定于具体海区的传播条件，通常将换能器系统放至温跃层（一般在60~90米深处出现，厚度为几米到几十米）以下，避免温跃层对声呐探测的影响。由于风浪的影响，吊放声呐换能器在水中会经常飘动，位置不稳定，因此需用稳定系统来保证正常工作（如图6.10）。

空中拖曳声呐和吊放声呐在进行探测工作时，飞机必须低空飞行或停留，这样就限制了飞机对海面的观察范围，影响探测速度。且检测时必须用电缆拖吊水中的换能器，约束了飞机的自由度，影响了飞机及时投入战斗的能力。

图6.10　机载声呐系统使用场景

6.1.6　潜标、浮标声呐

解决机载声呐问题的另一种声呐是潜标与浮标系统（如图6.11），这种系统分为主动式和被动式两种，被动式又有定向式和非定向式之分。被动非定向式只能检测目标有无，而被动定向式可判定目标方向。多个这样的标结合其他设备，便可定出目标位置。

图6.11　潜标、浮标声呐

主动式声呐比被动式声呐多一个受控声发射装置。不论何种标，大多都作为一次性使用的消耗性器材。这些标探测到目标后均通过它们的天线将信号转发到飞机或舰船上，由飞机或舰船上的信号处理设备进行综合处理。

它的特点是体积小，成本低，布放灵活，无人值守，可长期、连续对重要海区及航道进行监测。

6.2 水声对抗典型系统

水声对抗系统是一个复杂的综合系统，它融合了电子、计算机、通信和信号处理等多项先进技术。一般包括3个序贯工作的分系统，分别进行探测、决策和对抗实施。其中，威胁目标探测是水声对抗决策和实施的基础，其主要功能是利用专用的鱼雷报警声呐，辅以其他舰载声呐和探测设备对来袭鱼雷进行预报；决策分系统在收到鱼雷报警信号后，经过综合分析，并结合对抗方案数据库的支持，做出合理的对抗决策；具体的对抗措施则由实施分系统执行，其根据决策分系统的指令，利用各种对抗武器，采取相应的战术战法与来袭鱼雷进行正面的对抗，以最终消除威胁。图6.12给出了传统水声对抗系统的一般组成结构。

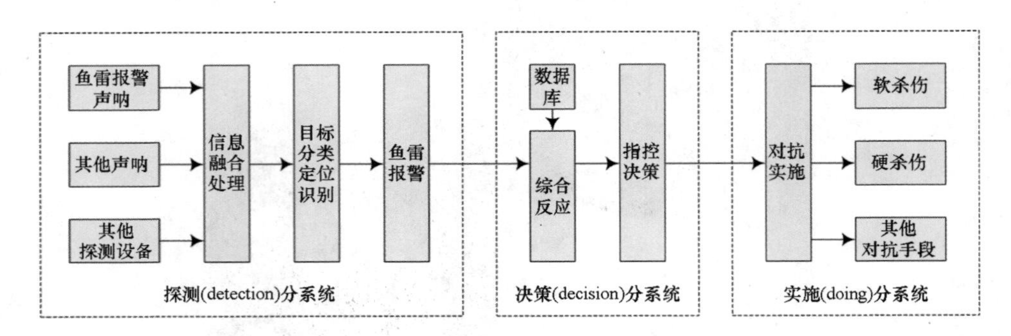

图6.12 传统水声对抗系统组成结构

最早的水声对抗系统于20世纪70年代出现在美国，称为潜艇水声战系统（submarine acoustic warfare system，SAWS）。该系统主要包括：AN/WLR-9A或

AN/WLR-12侦查警戒设备、MMH DT-511/512多模水听器、AN/BLR-14水声对抗指挥控制单元、MK-1型干扰器和MOSS潜艇模拟器等设备。它采用计算机技术，使原各自独立的水声对抗装备形成了一个自动化程度较高的完整的系统，实现了缩短对抗的反应时间、辅助指挥员决策、设定武器发射参数、提高水声对抗效果的目的。

典型的水声对抗系统包括以下5类：鱼雷报警声呐系统、潜艇水声对抗系统、水面舰艇水声对抗系统、编队水声对抗系统、网络水声对抗系统。

6.2.1 鱼雷报警声呐系统

鱼雷是水下战场的主要武器之一，给水面舰艇和潜艇带来了巨大威胁。如图6.13所示为美制MK 50鱼雷发射图与英国海军“黄貂鱼”鱼雷空中平台发射图。资料显示，MK 50鱼雷可以从反潜飞机上发射，也能由水面舰艇的鱼雷发射管发射，自导作用距离达2 743米。

图6.13 鱼雷发射示意图

水声对抗系统和装备是舰艇防御来袭鱼雷攻击的最重要的手段之一。舰艇为了有足够多的时间实施对抗和机动规避，需要远距离对鱼雷进行报警。在鱼雷发射出管后，能立即发出鱼雷预警信号。先期发现来袭鱼雷是水声对抗系统能否有效防御鱼雷的关键，而要获取鱼雷信息必须依赖专用的鱼雷报警装置。因此，鱼雷报警声呐是舰艇水声对抗系统的最重要组成部分。

一般大中型水面舰艇上装备有舰壳声呐和拖曳线列阵声呐，其主要任务是进行水下警戒、探测水下目标。虽然它们都具有鱼雷警戒功能，但只是把鱼雷当作一种水下目标进行分类和识别而已，从设计到功能使用上并没有全面兼顾鱼雷所特有的特征信息频段及其提取和处理方法，也不具备鱼雷报警和定位能力，因此要求它们在完成反潜任务的同时完成鱼雷报警任务是非常困难的。

20 世纪 80 年代中期以来，鱼雷报警得到了相当的重视，随着潜艇综合声呐系统的发展，鱼雷报警功能已作为一个专门的处理通道。相对潜艇而言，水面舰艇更易受到鱼雷的攻击，但由于水面舰艇可以使用火箭助飞方式将对抗器材发射到远离本舰的距离上，从而实施多层次的对抗，因此水面舰艇对鱼雷报警功能的要求与潜艇有明显差别。如果将鱼雷报警功能纳入其他声呐系统中（如舰壳声呐、拖曳线列阵声呐），而不提供一系列信息处理功能，显然不能满足作战需要。因此，研制专用水面舰艇鱼雷报警声呐成为各国海军的主要发展方向，如法国已列装的 ALBATROS 鱼雷报警声呐、俄罗斯的 VIGNETTE – EM 型鱼雷报警声呐等。

主要特点及关键技术

目前鱼雷报警声呐的结构及信号处理流程与常规拖曳线列阵声呐类似，但作为专门的鱼雷报警声呐又具有其特殊性。

（1）潜艇为了避免水面舰艇声呐的探测和免遭远程深水炸弹的攻击，一般要在 15 千米左右的距离上发射线导鱼雷，并使用艇上声呐引导鱼雷攻击目标。因此，水面舰艇为了有足够多的时间实施对抗并进行机动规避，必须实现对来袭鱼雷的远程快速报警。

（2）来袭鱼雷可能采取迎击或尾追方式实施攻击，因此要求鱼雷报警声呐具有 360° 监视能力，并可与其他声呐配合使用，实现方位上的全景覆盖。

（3）在作战环境下，危险无处不在无时不有，要求鱼雷报警声呐必须是全天候工作的，包括在恶劣的气候和海况下，即实现时间上的持续性。

（4）由于要求时间上的持续性，又不能加重操作人员的负担，因此要求鱼雷报警声呐的自动化程度要高、虚警概率要低。

鱼雷报警声呐这些特点决定了其设计与常规拖曳线列阵声呐存在一定的差别，主要有以下几个方面。

（1）频率范围

一般战术拖曳线列阵声呐的频率在20～2 000赫兹，主要兼顾了水面舰艇和潜艇的辐射噪声，并没有完全覆盖鱼雷辐射噪声的主要频段。对实测鱼雷辐射噪声的分析表明，鱼雷辐射噪声的主要频段集中在500～8 000赫兹，因此鱼雷报警声呐的频率范围要比常规拖曳线列阵声呐的频率范围宽，并且覆盖较高频段。资料表明，俄罗斯研制的鱼雷报警声呐的频段为500～4 000赫兹，英国研制的鱼雷报警声呐的频段为100～5 000赫兹，法国研制的鱼雷报警声呐的频段为1 000～6 000赫兹。根据对实际鱼雷辐射噪声数据的分析，鱼雷报警声呐的合适频段为500～6 000赫兹，以1 000～6 000赫兹为主要频段。

选择这一频段的主要原因有两方面：其一，这一频段的连续谱基本包含了鱼雷辐射噪声中能量最大的区间，与潜艇辐射噪声相比有明显的强度特征；其二，对于鱼雷来说，在1 000赫兹附近频段，还有较丰富的线谱特征，这也与潜艇频谱特征有明显的区别。

（2）左右舷分辨能力

左右舷模糊问题是常规拖曳线列阵声呐的主要缺点之一，当需要对目标进行左右舷分辨时，本舰必须执行一次机动。一般5 000吨左右的驱逐舰机动一次，拖曳基阵的稳定时间约5分钟，这对于执行远程监视或跟踪任务的常规拖曳线列阵声呐是允许的，但当本舰受到鱼雷攻击时，这种机动是不能够容忍的。快速确定来袭鱼雷的左右舷对水声对抗系统来说是至关重要的，一是对抗器材的布放，二是本舰进行机动规避时，都必须确切知道鱼雷的方位。因此，快速完成左右舷分辨是鱼雷报警声呐必须解决的问题，也是区别于常规拖曳线列阵声呐的主要特点。

系统组成

以某型鱼雷报警声呐为例，图 6. 14 所示为鱼雷报警声呐的组成图，主要组成模块的功能描述如图所示。

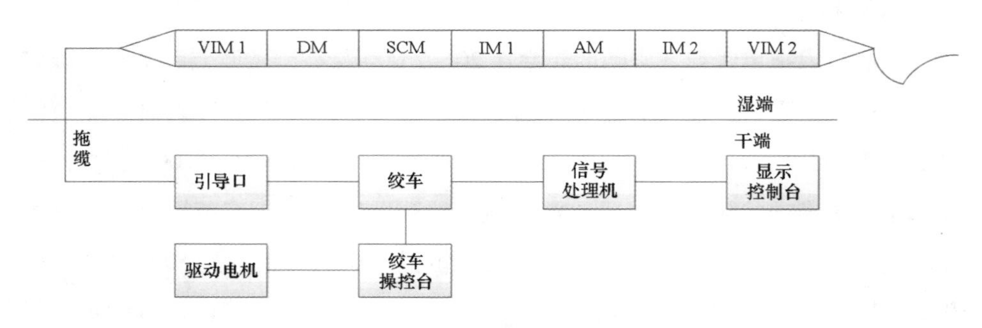

图 6. 14　鱼雷报警声呐组成图

系统应用实例

（1）法国 ALBATROS 专用鱼雷报警声呐

法国 ALBATROS 专用鱼雷报警声呐使用在 SLAT 水面舰反鱼雷防御系统内的鱼雷报警子系统 ALTO 中。其采用被动探测方式对来袭鱼雷进行探测和分类，利用鱼雷辐射噪声的宽带能量特征和频谱特征作为检测依据。

系统采用三元组拖线短线阵（32 元 ×3 组），配备专用鱼雷报警接收处理机，可以实现对鱼雷瞬态信号的检测，具有目标强度小、机动性大、频段高的特点。它在 1 ~6 千赫的频段上对鱼雷进行探测和分类，能够全向、全自动地探测到 20 千米外的现有线导鱼雷和 10 千米左右的低噪声鱼雷，能够自动完成左右舷目标的模糊分辨，能在 6 千米距离上以高于 90% 的概率完成对鱼雷的分类，在 3 千米距离上对鱼雷进行定位。

（2）俄罗斯 UAD－1M 防鱼雷系统

该系统软硬杀伤相结合，可用深水炸弹、气幕屏障、干扰器、声诱饵组成多层防鱼雷器材，装备包括航母在内的大型水面舰艇。

（3）以色列 ATC－1 型防鱼雷系统

20 世纪 80 年代后期，以色列拉发尔公司研制完成的 ATC－1 型拖曳式防鱼雷系统，由于体积小、重量轻，可装备各型水面舰艇，甚至商船。

6.2.2 潜艇水声对抗系统

主要特点及关键技术

潜艇水声对抗系统，也称为潜艇水下防御系统，它以潜艇水声对抗器材为基础，把和潜艇通过声学手段进行防御时所有相关的装置、设备、器材集成为一体，完成信息的检测、传输、综合处理、对抗方案的设定、水声对抗器材的发射等任务。

潜艇水声对抗系统必须能在全方位、大目标舷角中早期探测鱼雷；能在作战控制台上对威胁信号进行实时显示、识别、分类；能自动进行鱼雷报警且虚警率低；系统的整个反应时间短：操作控制实现智能化；能对鱼雷对抗效果进行跟踪评价等。

系统组成

潜艇水声对抗系统主要由以下几部分组成：

（1）水声侦察声呐站，包括各种侦察功能的声呐站，如侦察声呐、噪声声呐和被动测距声呐等。

（2）温度、深度记录仪。

（3）对抗控制系统，包括信息传输、综合处理、发射控制仪及发射装置。

（4）水声对抗器材，如气幕弹、悬浮式噪声干扰器、悬浮式声诱饵、自航式噪声干扰器、自航式声诱饵、潜艇模拟器等。

潜艇水声对抗系统属于潜艇作战系统的一个子系统，其信息综合处理部分一般嵌在潜艇指控系统中，以充分利用作战系统其他部分的信息资源，如导航信息、目标信息等。

潜艇水声对抗系统组成如图6.15所示。

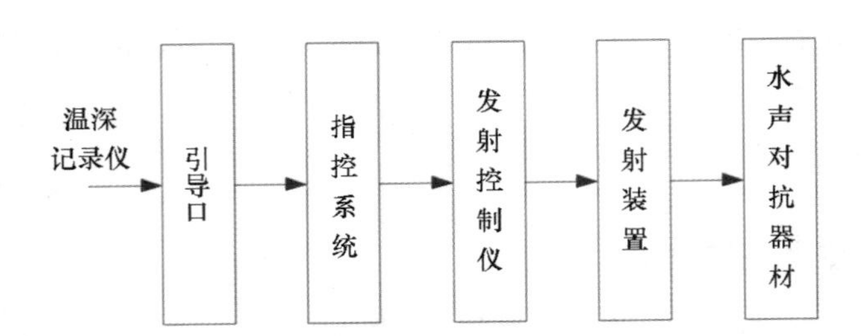

图 6.15 潜艇水声对抗系统组成图

系统应用实例

作为国外潜艇水声对抗系统的典型，意大利白头公司研制的潜艇水声对抗系统最具有代表性，目前已研制成功三代，即第一代潜艇水声对抗系统 C 300，第二代潜艇水声对抗系统 C 303，第三代潜艇水声对抗系统 C 303/S。其主要特点如下：

（1）系统使用“软杀伤”手段。

（2）利用小型一次性使用的消耗式水声装置作为战斗部件，尽可能拉大受诱骗鱼雷与被攻击潜艇之间的距离。

（3）考虑鱼雷战术性能和多次攻击能力，采用特殊的机动规避措施，拉大潜艇与鱼雷之间的距离。

6.2.3 水面舰艇水声对抗系统

主要特点及关键技术

与潜艇水声对抗系统不同，水面舰艇水声对抗系统可以利用火箭助飞等手段，将对抗器材发送到较远的距离上，形成多层次反鱼雷防御网。

和潜艇水声对抗系统一样，水面舰艇水声对抗系统对抗来袭鱼雷需要完成三个阶段的任务：报警阶段完成对来袭鱼雷的探测、识别，并发出报警信号；对鱼雷攻击的快速反应与决策阶段，把环境信息、战术信息和鱼雷动态位置信息进行综合，做出舰艇规避和发射对抗器材的对抗方案；对抗阶段一方面要在舰艇机动过程中占领有利阵位发射对抗器材，另一方面要继续检测鱼雷的运动状态，以防鱼雷丢失目标后重新搜索。

系统组成

和潜艇水声对抗系统一样，水面舰艇水声对抗系统也是由鱼雷报警子系统、综合反应子系统、对抗实施子系统组成。对抗实施子系统主要包括各类水声对抗器材、对抗方案以及武器发射系统等，它把各种水声对抗器材发送到一定距离之外，形成由远到近的多层次、软硬结合的防御体系。

水面舰艇水声对抗系统由舰壳阵声呐和拖曳线列阵声呐构成被动声探测系统，具有良好的全景覆盖和定位能力。两声呐阵接收的鱼雷信号被采样后送至接收机，经分类识别后生成各类观测图形和听测信号，再通过两阵的信息融合对鱼雷定位，并发出正确的鱼雷报警信息，同时将这些信息提供给其他防御系统。综合反应子系统对获取的目标信息、导航信息及有关的作战态势和条件进行综合分析，将综合分析的信息与系统对抗方案数据库中预存信息进行比较，拟定出最佳对抗方案，提供给指挥部门进行决策（或系统自动决策），然后向对抗器材发射装置或对抗装备发送各种确认指令，并按照鱼雷航向、航速、对抗器材位置及特性，计算出最佳机动规避方案，给舰艇指挥人员提供决策参考，同时保持对来袭鱼雷的跟踪，必要时重新采取防御对抗措施以及对对抗效果的评价等。对抗实施子系统接收到综合反应子系统的指令后，采用软杀伤、硬杀伤、非杀伤多种对抗手段，发射对抗器材，利用水声环境进行恰当的机动规避等，使来袭鱼雷航程耗尽或直接将其摧毁。

系统应用实例

（1）SSTD 水面舰防鱼雷计划

从不断透露的情报看，20 世纪 80 年代以来，美国为水面舰艇实施的鱼雷防御计划（SSTD）分三个阶段：

第一阶段主要是将现有的 AN/SLQ－25 拖曳声诱饵系统改进为 AN/SLQ－25A（Nixie 增强型）拖曳式声诱饵系统（如图 6.16），1988 年开始批量生产，

1991 年装备于海军。主要侦察来袭鱼雷主动寻的信号，发射宽带噪声，应答鱼雷寻的回波信号等。至今已提供 300 多套系统给美国海军大约 190 条水面舰艇以及世界上 20 多个国家的海军使用。

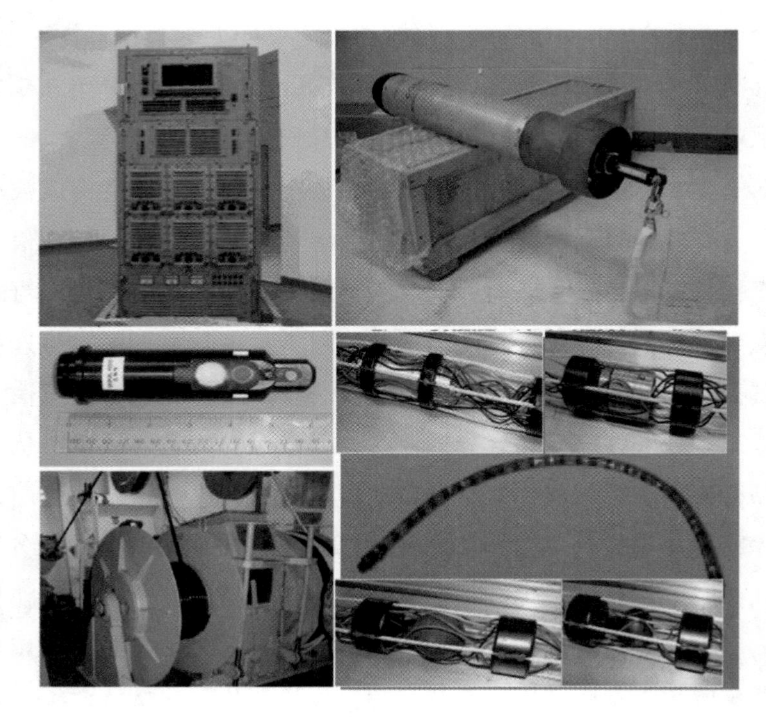

图 6.16　AN/SLQ－25A 拖曳式声诱饵系统

第二阶段主要研制新型对抗装备器材，以保证有效对抗 21 世纪初面对的主战鱼雷（如图 6.17）。主要是从 20 世纪 90 年代末，开始发展 AN/SLQ－25B 第二代反鱼雷防御系统。其中主要改进包括：被动探测水声系统（拖线阵专用鱼雷报警声呐）AN/SLR－24，提高对来袭鱼雷的报警能力；广泛开展硬杀伤研究，包括反鱼雷鱼雷、反鱼雷深弹、反鱼雷网等，以对来袭鱼雷实施软硬兼备的杀伤；研制新型拖曳式声诱饵 AN/SLQ－36，增加硬杀伤功能，以代替 AN/SLQ－25；研制火箭助飞式 MK 36 干扰器，以增大对抗区域；改进 ADC EX－10 对抗器材等。

图6.17　AN/SLQ－25B 第二代反鱼雷防御系统

第三阶段研制一种能对抗具有多种制导系统和多种攻击方式的未来智能鱼雷，能进行多层次、远程、大区域防御的新型防御系统。特别重视研制高可靠探测鱼雷的设备和情报处理系统，能对发现鱼雷进行识别、分类、定位和确定运动参数，以确定最佳对抗方案。还特别重视多种硬杀伤手段研究，利用第二阶段硬杀伤研究成果及技术基础，很可能是研制实用的反鱼雷鱼雷、水雷、水下电子枪、反鱼雷网、引爆式诱饵中的某几种，使对抗的来袭鱼雷失效率大大提高。第三阶段主要强调研制一种“多层次”的防鱼雷系统，这种系统包括：

1）在足够远的距离外探测到危险性威胁，并加以识别，使得受攻击的舰船能利用规避性机动，逃避鱼雷的攻击。

2）使用各种对抗鱼雷的措施。

3）最后一道防鱼雷层次就是使用各种硬杀伤武器。

美、英开发 SSTD 的目的是要建立一种可信赖的防御鱼雷手段，使得两栖攻击舰能足够抵近敌方滩头以发起一次登陆攻击，或者使航母能更长驱直入地靠近敌方海岸，在复杂水文海域把飞机弹射出动，这种海域恰好又是敌方潜艇也可以作战的理想水域。很显然，就水面军舰防御鱼雷的整体而言，最困难的技术还是探测与识别。探测能力的开发涉及软件算法方面的工作，海军希望能探测与识别如今在研的低噪声新型鱼雷，工业部门的研究同时考虑了各种软杀伤与硬杀伤对抗措施。

（2）法国 SLAT 水面舰船反鱼雷作战系统

法国 SLAT 水面舰船反鱼雷作战系统又称火箭助推反鱼雷诱饵系统，它具有诱饵和杂音干扰器，可诱骗和干扰来袭鱼雷（软杀伤）；可使用炸药包、障碍物及反鱼雷鱼雷摧毁鱼雷（硬杀伤）；从接到报警时起，就可由微机软件操纵本舰机动规避航行，使鱼雷能源耗尽（非杀伤）。由于 3 种杀伤手段齐备，故是一种先进的、全面的反鱼雷系统。

该系统的另一特点是使用了火箭助推式的诱饵代替常规的拖曳式与自航式诱饵。诱饵/干扰器与火箭发动机的组合类似于炮弹的弹丸与其弹药筒壳，全重40 千克，其中诱饵自重小于30 千克，直径127 毫米，长1.8 米。射出后入水前有一套减速系统在空中弹道后段打开，保证着弹点精度。入水后的诱饵在预设定深度正确定位且自动保持平衡，使换能器不在倾倒和摇晃情况下工作。由于采用火箭助推技术，诱饵离本舰较远，鱼雷去攻击诱饵，对本舰而言是很安全的。

系统图如图 6.18 所示。这是一种远—中—近多层防御系统，并同时具有软硬杀伤能力。图 6.18 中上方 ALTO 鱼雷报警子系统能连续全景地探测、识别和定位鱼雷，使用 ALBATROS 专用鱼雷报警声呐。中间 RATO 是一套计算机平台，它接收来自 ALTO 的来袭鱼雷信息，结合兵力部署，对战场态势进行综合分析，可拟定最佳战术，即确定最优对抗方案和本舰机动参数。下方 CMAT 是反鱼雷声对抗子系统，其功能是用助推火箭将一次性使用高性能声诱饵/噪声干扰器投放到 3 800 米远的方位距离，今后还可发射正在开发的硬杀伤器材。

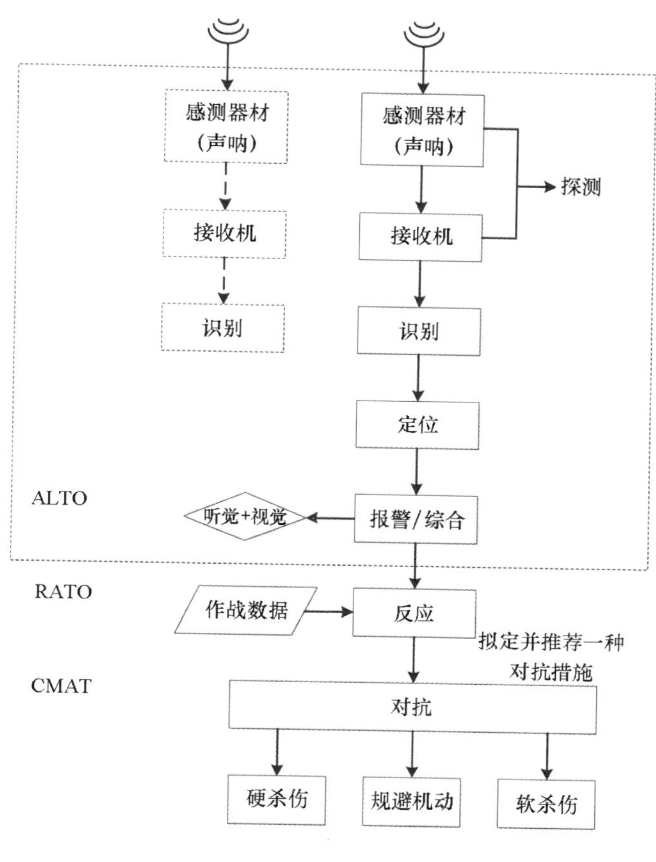

图6.18　SLAT系统图

6.2.4　编队水声对抗系统

主要特点及关键技术

未来海战是以信息控制为中心的全方位、一体化战争，协同作战、快速反应、系统化、一体化的对抗将成为制胜的关键，编队作战成为必然的选择。目前，世界各国对空中威胁防御研究较多也比较成熟，点防御、区域防御、软硬杀伤武器一体化的多层次防御体系相继出现，而对水下威胁的防御，特别是编队作战水下防御的研究相对较少。随着水中武器（主要是鱼雷和潜艇）

的飞速发展，各种远程、大威力、高精度、智能化的攻击武器不断出现，使水下防御面临着新的考验。

因此，在建立单舰艇水声对抗系统的同时，考虑到一些重要舰船（如航母、指挥舰、重要运输船）对安全性的更高要求，还应积极开展在复杂海战场条件下编队水声对抗总体方案、优化配置、功能及效能评估系统的研究，逐渐开展多防卫圈舰艇之间组合协同对抗技术、区域进攻性水声对抗武器、机载和舰载布放大功率干扰技术的研究，提高编队和区域攻防能力。

编队水声对抗系统是水声对抗技术的发展趋势，也是现代海战的一个新特点，从整个编队的角度设计编队防鱼雷系统，采用合理的编队配置，共享信息和资源，优化配置对抗武器，从而形成一个互相支援、互相协同的“防御整体”对抗来自敌方的鱼雷袭击，这是编队水声对抗系统的主要内容。水声对抗从单一的水声对抗器材发展为水声对抗系统，进而发展到编队水声对抗系统，是历史的必然。作为编队系统，该系统应具有足够的开放性和灵活性，一般由不同型号和数量的舰船组成，各舰艇防御子系统既要完成本舰的单舰防御，同时又承担编队分配的防御任务，力求整个编队的防御安全。

编队航行作战时，各种对抗作战数据信息的支援和共享是十分重要的。例如，通过对多艘舰船获取的情报信息进行融合，可以更精确地对目标进行定位和识别，增大监控的纵深和宽度，同时多艘舰船对同一水下目标进行干扰，会引发威胁目标的声呐回波波阵面畸变，产生波束指向误差，导致跟踪命中概率下降。另外，编队内各舰要处理好各探测源、传感器的电磁兼容问题，防止相互干扰和影响。在对威胁目标进行机动规避时，要充分重视编队内各舰之间的协同和配合，不仅要确保本舰的安全，同时也要考虑其他舰船的安全。例如，采用诱骗手段进行软对抗时，要防止把威胁目标引到编队内其他舰船的方位上，更要重视保护指挥舰的安全，力求从整体上确保编队的安全。编队水下防御系统还要求在一定的距离和范围内，使编队内各舰船之间有互相支援和保护能力，尤其要重视对编队内没有水下防御能力或水下防御能力较弱的舰船提供支援和保护，作为一个编队系统，可以互相取长补短，利用集体的优势来取得局部作战优势，从而得到最好的防御效果。

系统组成

编队水声对抗系统能在足够远的距离进行水下监视，对威胁目标（潜艇、鱼雷）及时报警，然后结合编队兵力部署情况，对战场态势进行快速决策反应，采取多层次对抗防御。编队水声对抗系统主要由多传感器、信息源目标识别及报警分系统、编队综合电子信息分系统、多功能综合快速反应分系统、编队水声对抗指挥分系统、对抗实施分系统等组成。

编队指挥中心在接收到来自编队成员的威胁报警信息后，进行数据融合、特征提取、目标分类决策，然后给出正确可靠的报警信息，送往编队指挥中心的显控台供指挥员进行分析决策，同时向上级和编队内的其他作战单元进行报警；结合已有的作战数据库资料对敌我态势做出正确估计和评价，合理配置编队资源、选择最优的编队对抗方案，并发送对抗指令到编队的各个子系统。反潜机一般采用投放浮标、深弹、反鱼雷鱼雷等在较远距离上对敌发起预警并攻击，同时编队内的水面舰艇、潜艇也将根据要求占领有利阵位，以有利阵型对敌进行对抗，形成由远至近的空中—海面—水下的立体防御体系，提高编队的安全防卫能力。

编队水声对抗系统的主要分系统如下。

（1）多传感器、信息源目标识别及报警分系统

其主要功能为：连续、准确、高概率地对目标实施探测和跟踪；对鱼雷出管、航行信息进行正确检测、识别、分类；准确地对鱼雷目标进行定位；及时、准确、可靠地鱼雷报警。

鱼雷报警声呐、多基阵声呐和高智能化声呐等已成为鱼雷报警的主要传感器。由于鱼雷和潜艇的目标特性差别很大，鱼雷的突发性、威胁性、隐蔽性比潜艇要大得多，因而鱼雷报警声呐比普通声呐性能要求更高。

（2）编队综合电子信息分系统

单舰作战系统和编队综合电子信息系统是构筑编队水声对抗系统的基础，编队综合电子信息系统的主要特点如下：

1）为编队内各主要指挥员提供时空一致的信息，使编队内各平台最大限度地共享编队内部和外部信息，实现编队各平台协同作战。

2）编队综合电子信息系统最大限度地实现了信息连通性和互操作性。连通性是获得时空一致的战术态势图像和信息共享的关键，连通性在垂直方向能保障从编队最高指挥人员、岸上高级指挥官到各平台乃至武器操作员的指挥信息快速传送。在垂直方向的互操作性可以使各级指挥员在紧急情况下以最短路径快速准确完成作战任务。在水平方向上，连通性能保障信息从传感器到武器系统的直接连接，实现编队综合电子信息系统与传感器和武器系统的综合，做到对目标的探测和打击无缝衔接。

（3）多功能综合快速反应分系统

该系统有5项基本功能：

1）根据获取的目标报警、导航以及其他相关信息，结合编队作战态势和战场环境等加以综合分析。

2）将综合分析的信息与系统数据库中的数据进行相关处理，优选出编队最佳对抗方案，提供给指挥决策层。

3）向编队内各作战单元的对抗分系统传达各种作战指令。

4）对鱼雷航向、航速和编队内各舰配置状况进行综合解算，并及时向指挥决策层提供最佳机动规避方案。

5）保持对来袭鱼雷的跟踪，以便必要时重新采取有效的对抗措施。

（4）编队水声对抗指挥分系统

为了提高编队的区域作战能力，需要将各作战单元分别与反潜传感器（含编队外的传感器）、指挥控制设备（含火控设备）和武器（含软、硬武器）集成为一个编队作战系统，充分发挥编队的整体优势，体现编队的作战原则。

（5）对抗实施分系统

对抗实施分系统的基本功能是对水下威胁目标进行一体化、多层次的对抗和防御，这里的对抗和防御主要是指机动规避、软杀伤和硬杀伤，对水下威胁目标（主要是鱼雷）的对抗设备包括各种软杀伤和硬杀伤武器。

系统应用实例

编队水声对抗系统的具体应用和配置层次如下。

第一道防卫圈是由岸基和机载水下电子战系统构成的警戒监控圈。它可使用声呐、声呐浮标及磁探测设备对敌威胁目标（潜艇、鱼雷等）进行探测监控，发出预警信息；在最高探测精度和最远探测距离情况下，根据实战态势，综合各方面的因素，进行编队规避，也可使用相应的软、硬杀伤手段阻止、迷惑、延缓敌方标的攻击。

第二道防卫圈由编队外围的护航驱逐舰、护卫舰等利用编队数据网、各类声呐、雷达、红外及激光探测手段，监控超越了第一道防线的潜艇和鱼雷等，同时采用舰载防御手段对威胁目标进行软对抗和硬对抗，采用诱骗手段进行软对抗时，要注意防止把威胁目标导引至己方或友方其他舰的方位上。

第三道防卫圈是从第二道防卫圈的“面”防御缩小到各舰的“点”防御作战，即近程的单舰水声对抗系统，它以硬杀伤为主，软杀伤为辅，灵活采用包括规避在内的各种对抗手段，同时与编队内其他各舰密切协同、相互支援，减少来袭鱼雷攻击编队内其他舰船的可能性。

6.2.5 网络水声对抗系统

主要特点及关键技术

水声对抗技术是电子对抗在水下的重要应用形式，经过数十年的发展，已经取得了巨大进步。就潜艇和水面舰艇的鱼雷防御来说，使用现有的水声对抗系统能够取得一定的效果。然而，鱼雷技术的不断发展，新型鱼雷的不断出现，对现有的水声对抗系统提出了新的要求；另外，除了鱼雷以外，各种新的水下威胁（如蛙人、无人潜航器等）也要求水声对抗系统必须有应对的能力。就目前情况看，单纯依靠提高声呐的探测能力无法满足上述两个方面日益增长的需求，因此，现有水声对抗系统的发展遇到了一个瓶颈。

随着“网络中心战”概念的提出及应用，水声对抗迎来了新的发展机遇。网络技术的飞速发展及水声网络的出现带来了解决水声对抗技术发展瓶颈的希望，可以利用水声网络，采用积极的手段，充分利用网络信息共享的优势，实现网络化水声对抗。

系统组成

水下网络中心战主要由水下传感器信息网、综合指挥系统、水下作战武器组成。水下传感器信息网包括固定式水下声呐基阵、移动式水下声呐基阵、声呐浮标和水下数据通信链路；综合指挥系统包括水下自主决策指挥系统和岸基综合指挥系统；水下作战武器包括具有通信功能的鱼雷、水雷、水声对抗器材等。当然，鱼雷、水雷等作战武器不仅具有攻击和防御能力，而且当其具有双向水声通信能力时，便可以成为水下网络战的信息节点，实现多种功能，如图 6. 19 所示。

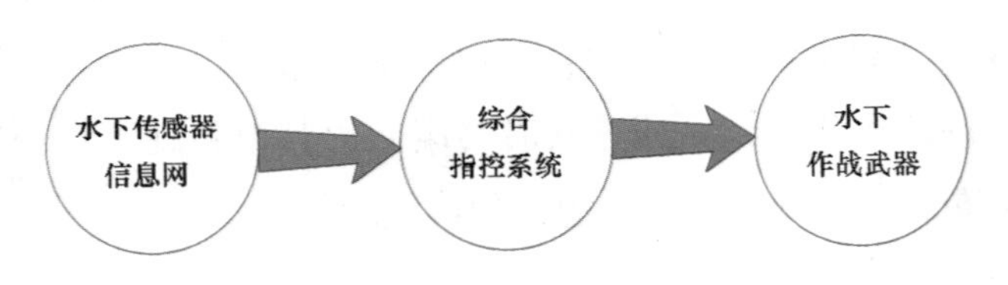

图 6. 19　水下网络战信息流

目前，普遍认为水下网络中心战包括传感器、指挥与控制、交战三级控制，需要进行信息收集、综合决策和作战指挥三个步骤。只有广泛收集信息，才能去伪存真，掌握准确、完整的敌我态势。在此基础上对战场态势进行综合分析，进行综合决策，对鱼雷、水雷等武器装备等进行协调控制，使各种武器装备有效地发挥作战效能，取得最佳的整体作战效果。

系统应用实例

1997 年 4 月 23 日，美国海军作战部长约翰逊在海军学会的第 123 次年会上称“从平台中心战法转向网络中心战法是一个根本性的转变”，并称“网络中心战”是21世纪来军事领域最重要的变革。2002年8月1日，美国国防部在向国会和总统提交的2003财年《国防报告》中，正式提出了“网络中心战”的理念，称美国对阿富汗的军事打击行动是“网络中心战”的雏形。报告把“网络中心战”列为美军未来的主要作战样式。

网络中心战具体由三个可互操作的作战网络组成，即联合计划网络、联合战术网络和联合监视/跟踪网络。这三个网络将传感器、射手（射击武器）、指挥节点全部连接在一起，如图6.20所示。

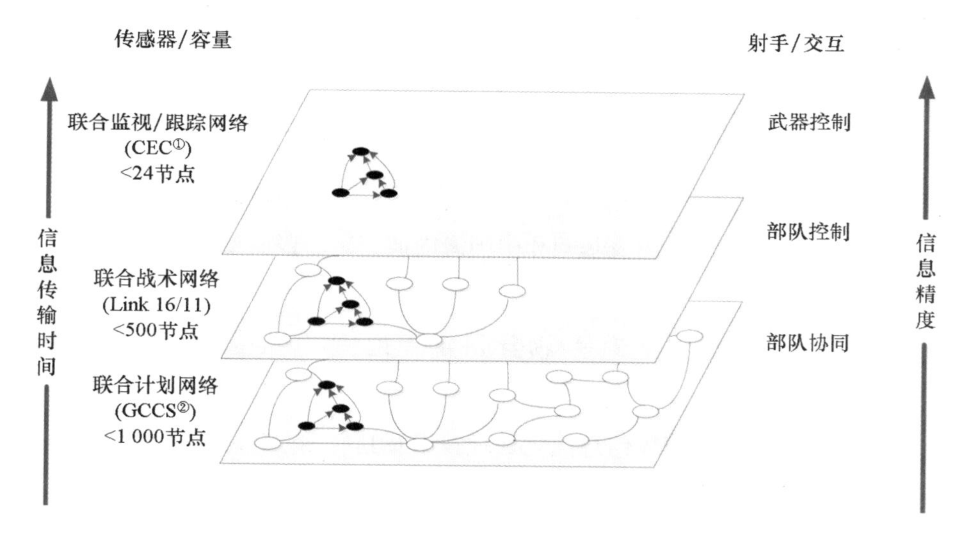

注：①CEC：coorperative engagement capability，联合作战能力；

②GCCS：global command and control system，全局指挥控制系统。

图6.20　网络中心战网络示意图

参考文献

[1] 包澄澜. 海洋灾害及预报[M]. 北京:海洋出版社,1991.

[2] 方欣华,杜涛. 海洋内波基础和中国海内波[M]. 青岛:中国海洋大学出版社,2005.

[3] 冯士筰,李凤岐,李少菁. 海洋科学导论[M]. 北京:高等教育出版社,1999.

[4] 黄崇福,王家鼎. 模糊信息优化处理技术及其应用[M]. 北京:北京航空航天大学出版社,1995.

[5] 黄崇福. 自然灾害风险评价:理论与实践[M]. 北京:科学出版社,2005.

[6] 李军. 地理空间信息与区域多目标规划研究[M]. 北京:电子工业出版社,2006.

[7] 李凤岐,苏育嵩. 海洋水团分析[M]. 青岛:青岛海洋大学出版社,1999.

[8] 刘忠臣,刘保华,黄振宗,等. 中国近海及邻近海域地形地貌[M]. 北京:海洋出版社,2005.

[9] 刘玉光. 卫星海洋学[M]. 北京:高等教育出版社,2009.

[10] 刘良明. 卫星海洋遥感导论[M]. 武汉:武汉大学出版社,2005.

[11] 孙湘平. 中国近海区域海洋[M]. 北京:海洋出版社,2006.

[12] 苏纪兰. 中国近海水文[M]. 北京:海洋出版社,2005.

[13] 侍茂崇,高郭平,鲍献文. 海洋调查方法导论[M]。青岛:中国海洋大学出版社,2008.

[14] 中国人民解放军总参谋部气象水文局. 军事海洋环境技术发展与应用[M]. 北京:解放军出版社, 2009.

[15] 孙文心,李凤岐,李磊. 军事海洋学引论[M]. 北京:海洋出版社,2011.

[16] 侍茂崇. 海洋调查方法[M]. 北京:海洋出版社,2018.

[17] 汪德昭,尚尔昌. 水声学[M]. 北京:科学出版社,2013.

[18] 宋志杰. 潜艇水声对抗原理与应用[M]. 北京:兵器工业出版社,2002.

[19] 刘孟庵. 水声工程[M]. 杭州:浙江科学技术出版社. 2002.

[20] 李启虎. 数字式声纳设计原理[M]. 合肥:安徽教育出版社,2002.

[21] 戴锋,邵金宏,王力. 军事运筹学导论[M]. 北京:军事谊文出版社,2002.

[22] 甘应爱,田丰,李维铮,等. 运筹学:第 3 版[M]. 北京:清华大学出版社,2005.

[23] 郭齐胜,郅志刚,杨瑞平,等. 装备效能评估概论[M]. 北京:国防工业出版社,2005.

[24] 中国人民解放军总装备部军事训练教材编辑工作委员会. 国防系统分析方法[M]. 北京:国防工业出版社,2003.

[25] 李登峰,许腾. 海军作战运筹分析及应用[M]. 北京:国防工业出版社,2007.

[26] 李登峰. 微分对策及其应用[M]. 北京:国防工业出版社,2000.

[27] 邱启荣,吕蓬. 运筹学及其应用[M]. 北京:中国电力出版社,2009.

[28] 吴洪宝,吴蕾. 气候变率诊断和预测方法[M]. 北京:气象出版社,2005.

[29] 袁亚湘,孙文瑜. 最优化理论与方法[M]. 北京:科学出版社,1999.

[30] 张坤石. 潜艇潜望镜[M]. 北京:国防工业出版社,1983.

[31] 张军. 军事气象学[M]. 北京:气象出版社,2005.

[32] 张韧. 海洋环境特征诊断与海上军事活动风险评估[M]. 北京:北京师范大学出版社, 2012.

[33] 张韧,洪梅,黎鑫,等. 南海 - 印度洋海洋环境风险评估与应急响应[M]. 北京:国防工业出版社, 2014.

[34] 朱松春,张树义,韩春立,等. 军事运筹学[M]. 北京:解放军出版社,1988.

[35] 阿兰·P. 特鲁希略,哈罗德·V. 瑟曼. 海洋学导论[M]. 张荣华,李新正,李安春,等译. 北京:电子工业出版社, 2020.

[36] 卡莱尼. 大气模式、资料同化和可预报性[M]. 蒲朝霞,杨福全,邓北胜,等,译. 北京:气象出版社,2005.

[37] 杜涛,吴巍,方欣华. 海洋内波的产生与分布[J]. 海洋科学,2001,25(4):25 - 28.

[38] 何贤强,潘德炉,黄二辉,等. 中国海透明度卫星遥感监测[J]. 中国工程科学,2004,6(9):33 - 37 + 96.

[39] 王彦磊,黄兵,张韧,等. 基于 Argo 资料的世界大洋温度跃层的分布特征[J]. 海洋科学进展,2008,26(4):428 - 435.

[40] 薛存金,苏奋振,周军其,等. 基于形态学的海洋锋形态特征提取[J]. 海洋科学,2008,32(5):57 - 61.

[41] 蔡秀华,曹鸿兴. 资料插值的进展[J]. 气象,2005,31(8):3 - 7.

[42] 李代金,张宇文,党建军,等. 潜艇垂射导弹出筒姿态的研究[J]. 弹箭与制导学报,2009,29(4):171 - 173 + 178.

[43] 刘雄,张绳,蔡勇. 潜艇隐蔽性建模与仿真研究[J]. 舰船科学技术,2009,31(8):103 - 107.

[44] 庞云峰,张韧,徐志升,等. 基于多级层次结构的潜艇作战效能水下环境影响评估[J]. 解放军理工大学学报(自然科学版),2009,10(S1):33 - 37.

[45] 彭鹏,张韧,李佳讯,等. 基于益损分析的鱼雷战术效能的海洋环境影响评估[J]. 指挥控制与仿真,2010,32(3):54 - 57.

[46] 孙文胜,毕玉泉,白春华. 舰载直升机的舰面效应研究[J]. 航空计算技

术. 2006,36(2):9 - 12.

[47] 汪杨骏,张韧,王哲,等. 气候变化背景下北极航线综合评估模型研究[J]. 海洋开发与管理, 2017,34(12):118 - 124.

[48] 王永忠. 气温、气压对飞行安全的影响分析[J]. 南京气象学院学报, 2001,24(2):291 - 294.

[49] 夏维华,王一璐. 潜艇通信系统综述[J]. 计算机与网络,2002,9(17):55 - 57.

[50] 杨理智,张韧. "21 世纪海上丝绸之路"地缘环境分析与风险区划[J]. 军事运筹与系统工程, 2016,30(1):5 - 11.

[51] 张韧,彭鹏,黄志松,等. 海洋环境影响航母编队反潜效能的三级评估模型[J]. 指挥控制与仿真, 2008,30(6):66 - 69.

[52] 张韧. 海上应急救援的环境影响评价指标与评估方法[J]. 气象水文装备,2010,21(3):31 - 36.

[53] 张韧,彭鹏,徐志升,等. 航母战斗群海洋环境保障体系构架初探与实验建模[J]. 解放军理工大学学报(自然科学版),2011,12(1):97 - 102.

[54] 张韧,徐志升,黄志松,等. 非对称信息扩散理论模型及其小样本灾害事件影响评估[J]. 地球科学进展,2012,27(11):1229 - 1235.

[55] 张韧,徐志升,申双和,等. 基于小样本案例的自然灾害风险评估——信息扩散概率模型[J]. 系统科学与数学,2013,33(4):445 - 456.

[56] 祝晓青. 鱼雷武器纵横谈[J]. 现代舰船,2000(7):26 - 28.

[57] 徐建平. Argo 应用研究论文集[G]. 北京:海洋出版社,2006.

[58] 彭鹏,张韧. 基于 ER 算法海洋环境潜艇效能影响评估[C]//中国军事运筹学会 2009 学术年会论文集. 北京:军事科学出版社,2009.

[59] 钱龙霞,张韧. 基于战场环境气象条件变化的兰彻斯特对抗模型[C]//中国军事运筹学会 2010 学术年会论文集. 北京:军事科学出版社,2010.

[60] 钱龙霞,张韧. 海洋环境对舰载直升机起降与搜救的风险分析与威胁评估[C]//中国军事运筹学会 2010 学术年会论文集. 北京:军事科学出版

社,2010.

[61] 陈建,张韧.战场环境影响红、蓝双方武器对抗动态评估与微分对策[C]//解放军理工大学2009年科学报告会论文集.北京:军事谊文出版社,2009.

[62] 黎鑫,张韧.基于GIS南海－印度洋海洋环境风险评估[C]//第六届海洋战略与发展论坛论文集.北京:海潮出版社,2009.

[63] 林霄沛.副热带海区季节内Rossby长波及其对东海黑潮的影响[D].青岛:中国海洋大学,2004.

[64] 林鹏飞.南海和西北太平洋中尺度涡的统计特征分析[D].北京:中国科学院研究生院(海洋研究所),2005.

[65] 王彦磊.影响潜艇活动的海洋环境场特征提取与评估[D].南京:解放军理工大学,2008.

[66] 王桂华.南海中尺度涡的运动规律探讨[D].青岛:中国海洋大学,2004.

[67] BENGTSSON L, GHIL M, KÄLLÉN E. Dynamic meteorology: data assimilation methods[M]. New York:Springer-Verlag,2001.

[68] BALLABRERA P. Application of a reduced-order Kalman filter to initialize coupled atmosphere-ocean model[J]. Climate. 2001,14:1720－1737.

[69] BECKERS J M,RIXEN M. EOF calculations and data filling from incomplete oceanographic datasets[J]. Journal of Atmospheric and Oceanic Technology, 2003,20(12):1839－1856.

[70] ENDERSON J L. An ensemble adjustment Kalman filter for data assimilation [J]. Monthly Weather Review. 2001,129(12): 2884－2903.

[71] GHIL M, MALANOTIE-RIZZOLI P. Data assimilation in meterology and oceanography[J]. Advances in Geophysics. 1991,33:141－265.

[72] HOUTEKAMER P L,MITCHELL HL. A sequential ensemble Kalman filter for atmospheric data assimilation[J]. Monthly Weather Review. 2001,129(1): 123－137.

[73] MILLER R N, GHIL M, GAUTHIEZ P. Advanced data assimilation in strongly nonlinear dynamical system[J]. Journal of Atmospheric Sciences, 1994,51(8): 1037 - 1056.

[74] PETER C C, WANG G H. Auto-correlation to determine the spatial and temporal scale in the Japan Sea[J]. Journal of Physical Oceanography, 2002,32:3596 - 3615.

[75] ZHANG R, XU Z S, LI J X. A risk assessment modeling technique based on knowledge extraction and information diffusion with support specification [J]. International Journal of General Systems2013,42(8):807 - 819.

[76] BAI CZ, ZHANG R, HONG M, et al. A new information diffusion modelling technique based on vibrating string equation and its application in natural disaster risk assessment [J]. International Journal of General Systems, 2015, 44(5):601 - 614.

[77] CHELTON D B, MICHAELG S. The accuracies of smoothed sea surface height fields constructed from tandem altimeter datasets [J]. Journal of Atmospheric and Oceanic Technology , 2003, 20(9): 1276 - 1302.

[78] CHELTON D B, MICHAELG S, SAMELSONR M , et al. Global observations of large oceanic eddies[J]. Geophysical Research Letters, 2007, 34(15):L15606.

[79] CHELTON D B, MICHAEL G S. Global observations of oceanic Rossby waves[J]. Science, 1996, 272(5259): 234 - 238.

[80] HUANG Z S, Hou T, ZHANG R, et al. Divisions of hydrological environmental in the northwest Pacific Ocean sea area and risk assessment on maritime navigation [C]//The First International Conference on Risk Analysis and Crisis Response (RACR - 2007), Shanghai, China. Proceeding, France: Atlantis Press, 2007.

[81] NAGATA Y , TAKESHITAK. Variation of the Kurohsio in the Tokara Strait

induced by meso-scale eddies[J]. Journal of Geophysical Research Oceans, 2001,57:55 - 68.

[82] QIU B. Seasonal eddy field modulation of the north pacific subtropical countercurrent: TOPEX/ Poseidon observations and theory[J]. Journal of Physical Oceanography, 1999, 29(10): 2471 - 2486.